時裝設計
第一本教科書

高村是州 著

前言

綜觀學習時裝的學生大致上分為三種。

一種是喜歡打扮的學生。每天穿得漂漂亮亮的出門。然後逛遍各種商店，享受購買新商品的樂趣。這些人喜歡買衣服來穿。

其次是喜歡縫紉的學生。從小就喜歡家政課，縫紉各種小東西，當中也有人曾做過連身裙。這些人非常喜歡縫紉。

最後一種是喜歡漫畫或動畫，喜歡繪畫的學生。現今日本的漫畫和動畫是值得在全世界誇耀的文化。近年來這類學生所占的比例也越來越多。這些人喜歡描繪人類。

也就是因為這樣的興趣而踏進時裝界的領域。我也是如此。不過，也有很多學生開始學習時裝之後，對於沒有靈感，畫不出有特色的設計圖而深感苦惱。

喜歡打扮或縫紉而進入時裝界的學生當中，有些人不同於美術系的學生，以前很少繪畫，所以會因為無法順利畫出腦海中的設計圖，抓不到設計的要領而苦惱。

喜歡漫畫或動畫而喜歡繪畫的學生當中，也有人當要自己設計時，卻一直侷限在以往的繪畫風格，雖然有構想卻畫不出來。

看到這些人很努力的想要將自己的設計描繪出來，就想要出一本可以幫助他們的書…，這本書就是這樣誕生的。

本書針對時裝設計構想的展開方法和其表現方法進行解說，學習時裝設計的要領。那麼，讓我們開始吧。

本書是以時裝設計為主題，設計出將其構想教導他人的方法。
要會設計必須要具備以下三項知識和技術。

1

服裝的構造

不了解服裝的構造就只會有籠統的構想。所以必須要了解每個部份的設計變化。所謂設計構想是累積知識(過去的設計)創造出不同的設計(新的設計)。重點在於要如何暢快的打破既有的概念。

2

紡織原料(素材)

不管任何設計款式大都受素材的影響。成衣製造批發商(Apparel Maker)會根據素材來設計款式，比賽時使用(選擇)適合設計款式的素材是非常重要的。要充分了解素材，利用素材特性設計適合的款式。

3

表現力

參考我的著作『Fashion Design Drawing Super Reference Book』、『時裝設計技巧』，希望能激發出更有特色的構想。因為是個人特色，所以必須要自己思考其方向性，給別人帶來深刻的印象可以說是共同的主題。試著想想自己可以怎麼做。

舉例來說以「古今中外的日本」為主題設計四種款式。樣式以連身裙為主，輪廓是強調身材的曲線和韻味，所以以上半身富有設計感，裸露出下半身為概念，利用時裝人物素描畫的技法所設計而成的。本書結尾記載了製作流程，供讀者做為參考。

制服(學生服)　將模特兒打扮成偶像，深深融入日本的年輕人文化到連穿便服上學的女高中生也穿制服上學。這次是和角色扮演截然不同的vector設計。一反下襬寬鬆的制服的外型。因此，大膽設計了象徵制服的水手領，和完全不同於制服的緊縮腰部的弧型。
素材為前後身加以伸縮的絲綢。

摺紙　這是日本傳統的遊戲之一。只要將原本是平面的紙張重複摺疊就能創造出立體的造型。裙子的部份是採用摺紙的造型所設計出來的。髮型則是以過去經常摺的「頭盔」造型。
素材為前後身以「縐綢」為主。

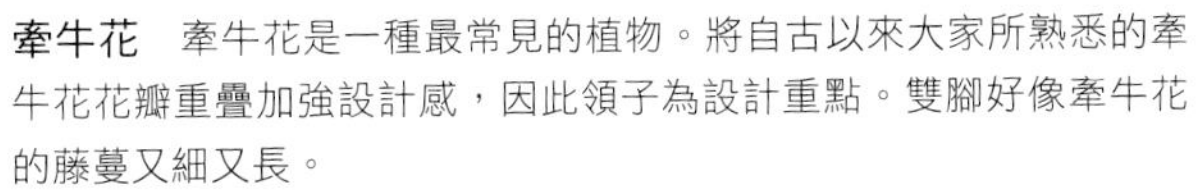

牽牛花　牽牛花是一種最常見的植物。將自古以來大家所熟悉的牽牛花花瓣重疊加強設計感，因此領子為設計重點。雙腳好像牽牛花的藤蔓又細又長。
素材是用楊柳、綃紗和雪紡綢。

和服　和服是日本自古以來的傳統服裝，裙長修短到若隱若現的長度。裙襬和袖口做成束口狀創造出韻味。裸露出來的雙腳混搭了綁腿帶和花魁木屐。
素材是用「羽二重」絹織物。

CONTENTS

Chapter 1
真我霓裳

Real Clothes

何謂Real Clothes (真我霓裳)？

R e a l

Real Clothes (真我霓裳)是當今讓市場上喧騰的流行時尚，意思是「具真實性的衣服」。

這是和在時裝秀或精品店所看到「有設計感、藝術性過高不適合日常生活穿著」或「價格昂貴買不起」的衣服成對比的詞彙，是可以當「便服」穿的衣服。

設計感和機能性適當，好搭配是重點所在，在以層疊式(Layer)(多層式穿著)為主流的今天逐漸發展起來。

Real Clothes (真我霓裳)的發展

我們來看看Real Clothes (真我霓裳)成為流行尖端的發展史

十九世紀以前

在十九世紀中期之前時裝業界的結構和現在有很大的不同，是完全分工的。

顧客(customer)在衣料行買布料，在裝飾品店採買裝飾品，將材料帶到縫紉店，縫紉師傅再依顧客的身材設計衣服，縫紉則是委託另外的縫紉工才完成。

也就是說，並不是由設計師所設計，而是顧客自己獨自設計。

所以當時時裝的最高地位是豪華的紡織品，設計本身的地位並沒有那麼高，設計所帶來的影響並不大，在某種程度的規格下依個人喜好設計裝飾這樣的小規模是處於非常被動的。

高級時裝店(haute couture)的誕生

不過，服裝界因為英國人的Charles Frederick Worth而改革。

在倫敦的衣料店工作的他，1845年20歲的時候到法國，在1858年開立時裝店獨立創業。

認為以前的時裝業界的方式非常沒有效率的Worth，創造出製作事先設計好的服裝，讓顧客看過後接受訂單，配合顧客製做衣服這樣有效率又主動的方式。

此新的方式就是「高級時裝店」。

「Haute Couture」這句法語的意思是「高級訂做時裝」。

Coutur (設計師)從挑選紡織品、設計、完成品的檢查…等，從頭到尾都要負責。

價格方面，即使是簡單的下午茶洋裝一件也要150萬日幣(約50萬台幣)(晚宴裝的話是它的數倍)，但是Worth因為是拿破崙三世時代的皇室御用設計師而揚名，成為宮廷和上流階層的話題，在時裝流行界很有影響力。

Worth在1868年創立了高級時裝協會(The Chambre Syndicale De La Confection Et De La Couture Pour Dames Et Fillettes)(現在稱為法國高級時裝公會 The Chambre Syndicale De La Haute Couture通稱Syndicale)。

1911年時裝協會又開始活動，一年發表二次時裝秀，將統合經營和創作的一連貫的營運法組織化，奠定了現在時裝界的基礎。現在在巴黎和羅馬一月份舉辦AW(秋冬)時裝秀、七月份舉辦SS(春夏)時裝秀，但是除了香奈爾(Chanel)等一部分的公司(品牌)以外，幾乎都因為虧損而有逐年縮小的傾向，1946年多達100家的公司到了2010年只剩下香奈爾(Chanel)、迪奧(Christian Dior)、紀梵希(Givenchy)等12種品牌。現在價位還是非常高(香奈爾大約200萬日幣起跳)，雖然顧客只有少數的大富豪，卻還是保留下高級時裝部門，據說因為它本身就是品牌的權威的象徵，藉由參加時裝秀，可以對流行成衣(prêt-à-porter)、香水、進出口事業的營業額帶來很大的影響。

流行成衣的抬頭

高級訂做時裝到現在還是具有使用奢華的材質、運用高難度的剪裁、縫紉技術，利用服裝展現藝術的功能，而後起之秀則成為流行的發信源。

流行成衣(prêt-à-porter)登場。

prêt-à-porter這句法語的意思是「已經準備好」的prêt和具「穿著」意思的à-porter所組合的詞，是指馬上可以穿的衣服，也就是指成衣。

狹義上為高級訂做時裝的設計師所做的「高級成衣」，是為了和一般次級品的成衣做區分而命名的。高級訂做時裝(高級訂做的服裝)是接受特定客戶的指定，再將每一個地方都親手製作的服裝交給客戶，流行成衣(高級成衣)基本上是大量生產販售給大眾的衣服。

會演變成流行成衣是因為年輕人的文化抬頭。

第二次世界大戰的嬰兒潮所誕生的小孩已經十幾二十歲的1960年代，只有分為小孩和大人的文化當中，多了擁有很多時間和金錢的年輕人的文化。

十幾歲到二十幾歲的年輕人占所有具有購買能力的50%此壓倒性的數字發揮了作用，這些年輕人享受自己所喜歡的服飾，摩登(Modern)、迷幻藝術(psychedelic)、嬉皮風(hippie)、迷你裙等很多嶄新的街頭風，對社會造成影響。

流行的發信源從「上流社會」轉移到「一般年輕人」，時裝的大眾化逐漸滲透下去。

其中支持那樣的年輕人文化之一的就是流行成衣。

1959年高級訂做時裝的設計師皮爾卡登(Pierre Cardin)初次發表流行成衣。

1966年伊夫聖羅蘭(Yves Saint Laurent)在學生街的左岸而不是高級品牌林立的塞納河(seine)的右岸開立了流行成衣時裝店。將時裝的大眾化具體呈現出來的伊夫聖羅蘭左岸(Yves Saint Laurent rive gauche)引起熱烈的話題。

結果很多高級訂做時裝的品牌也跟著擴張成衣部門，全力製作流行成衣。

不同於高級訂做時裝，只要稍微努力就可以買得到流行成衣的風潮，獲得以年輕人為主的多數人的壓倒性支持滲透到社會中。

結果，到了1973年，堅守傳統的高級時裝協會也創立了流行成衣部門。

1960年代開始源始於巴黎的流行成衣時裝秀很快的在世界五個國家舉辦，每年舉辦二次時裝秀。

時裝秀在實際的季節到來前半年舉辦，三月舉辦AW時裝秀，十月舉辦SS時裝秀。

時裝秀依序在紐約、倫敦、米蘭、巴黎各舉辦一週，一個月後在東京舉辦，稱為五大時裝秀。

會有很多流行成衣品牌在時裝秀提出新的設計，Real Clothes (真我霓裳)也會參加時裝秀，一天比一天進步。

也因此進入了一提到時裝就想到Real Clothes (真我霓裳)的時代。

所謂Real Clothes (真我霓裳)的流行

Real Clothes (真我霓裳)的「流行」是如何產生的呢？首先是在兩年前由INTERCOLOR (國際流行色彩委員會。世界十四個國家加盟) 決定「流行色」。6月決定春夏的顏色，12月決定秋冬的顏色。

接著是決定趨勢(流行的傾向)。

到了一年半前，與會的各國流行色彩趨勢或情報中心(趨勢情報公司)會根據國際流行色彩委員會所決定的顏色，預測綜合性時尚，發表「趨勢書(TREND BOOK)」。

在日本是由INTERCOLOR(國際流行色彩委員會)的日本代表團體「日本流行協會色彩情報中心(JAFCA)」發表「JAFCA FASHION COLOR」。

接著是決定紡織品(素材)。

到了一年半～一年前，舉辦掌握到流行色彩的紗線的展覽會「Yarn Expo紡織紗線展」，一年前會舉辦展覽素材的「紡織布料展」。巴黎舉辦的「PREMIERE VISION」布料展很有名。

根據紡織紗線展、布料展的情報，在半年前舉辦的是一年二次的國際時裝展、國際成衣展等時裝秀。

打著流行週(Fashion Week)的旗號，在紐約、倫敦、米蘭、巴黎、東京…展開世界規模的時裝秀。

然後「VOGUE」、「ELLE」等世界性的時尚雜誌會分析時裝秀詳細的解說即將流行的服飾和造型。在日本也有「FASHION NEWS明周時尚」(INFAS PUBLICATIONS)、「MODE et MODE」(MODE et MODET出版社)、「gap PRESS」(Gap Japan公司)等流行時尚雜誌。

時裝秀上出現的服裝，有的穿上街會太華麗，雜誌會分析時裝設計師(以下簡稱設計師)的設計理念，教導如何搭配成外出服的方法。經營Real Clothes (真我霓裳)的成衣製造商(apparel maker)也開始有動作。Real Clothes (真我霓裳)是由成衣製造商所製造的。

Apparel泛指所有的服飾(衣服及其裝飾品)，apparel maker是企劃、製造、販售衣服(尤其是成衣)的企業，有的企業是不但自己公司有自己的品牌，又負責OEM(Original Equipment Manufacture委託代工)製造別家公司品牌的產品的企業二者兼具。

設計師接受採購經裡(merchandiser，MD)提出的品牌概念，在根據每個季節不同的趨勢情報(流行的服飾顏色和素材、造型、細部等)來構思。

設計師所描繪出來的設計素描(idea sketch)稱為時裝設計圖(以下簡稱設計圖)，打樣師再根據設計圖打樣，製作生產圖紙，在縫紉廠縫製成製品。

有的廠商一年會舉辦二次展示會讓商品曝光。成衣製造商舉辦展示會時，國內的一般時裝雜誌也會發出趨勢資訊，流行趨勢就這樣慢慢的滲透到消費者之間。

當流行趨勢的情報滲透到消費者之間時，商品也透過批發商陳列在店頭。

真我霓裳就這樣在分工制度中生產出來，所以設計師必須具備設計能力以及了解趨勢整體的動向、應變能力。

因此，除了要感性並具備對服飾的高知識、對社會情勢及時代的潮流有眼光、還要有能應付各種人的能力。

耗時二年所創造出來的「流行」不一定都能獲得所有消費者的青睞。那是很難辦到的。

當中前面曾提到過的「SPA企業(Specially store retailer of Private label Apparel 從設計、生產到零售的一體化營運)=服飾製造零售業」因為「快速」而成功。

因為是自己公司企劃、開發、生產品牌，在直營店直接販售給消費者，所以可以「馬上」設計「現在」暢銷品，「馬上」製造，「馬上」展示在店頭。

不僅價格低，而且上市速度快提供流行的資訊，所以被稱為「Fast Fashion快速流行」。

此潮流在重視設計師的創造性的傾向暫告段落的1990年代初期造成很大的改變，在2000年代後期紮根。除了營業額在業界是世界第一的H&M(1947-/瑞典)以外，ZARA(1975-/西班牙)、FOREVER21(1984-/美國)、GAP(1969-/美國)、TOPSHOP(1964-/英國)、UNIQLO(1984-/日本)等世界性的連鎖企業成為話題。

在二十世紀之前，因為是在1-2年前開始企劃商品，所以這可以說是很大的變化。

因此，成衣製造商的展示會不僅在半年前，連在販售期間也會舉辦。

設計師的情報來源也不一樣了。1-2年前的色彩和素材自不用說，現在所販售的時尚雜誌的情報也很重要。

託街拍的福，在街道上來來往往的時髦男女的時裝拍攝下來的「街拍STREET SNAP」最適合用來調查當季消費者的動向，可以從雜誌和網站獲得很多訊息。

日本的「STREET」、「FRUiTS」、「TUNE」(都是街拍編輯室)雜誌從很早以前就注意到街拍，內容幾乎都是照片，反倒成為思考什麼是「時尚」的好題材。

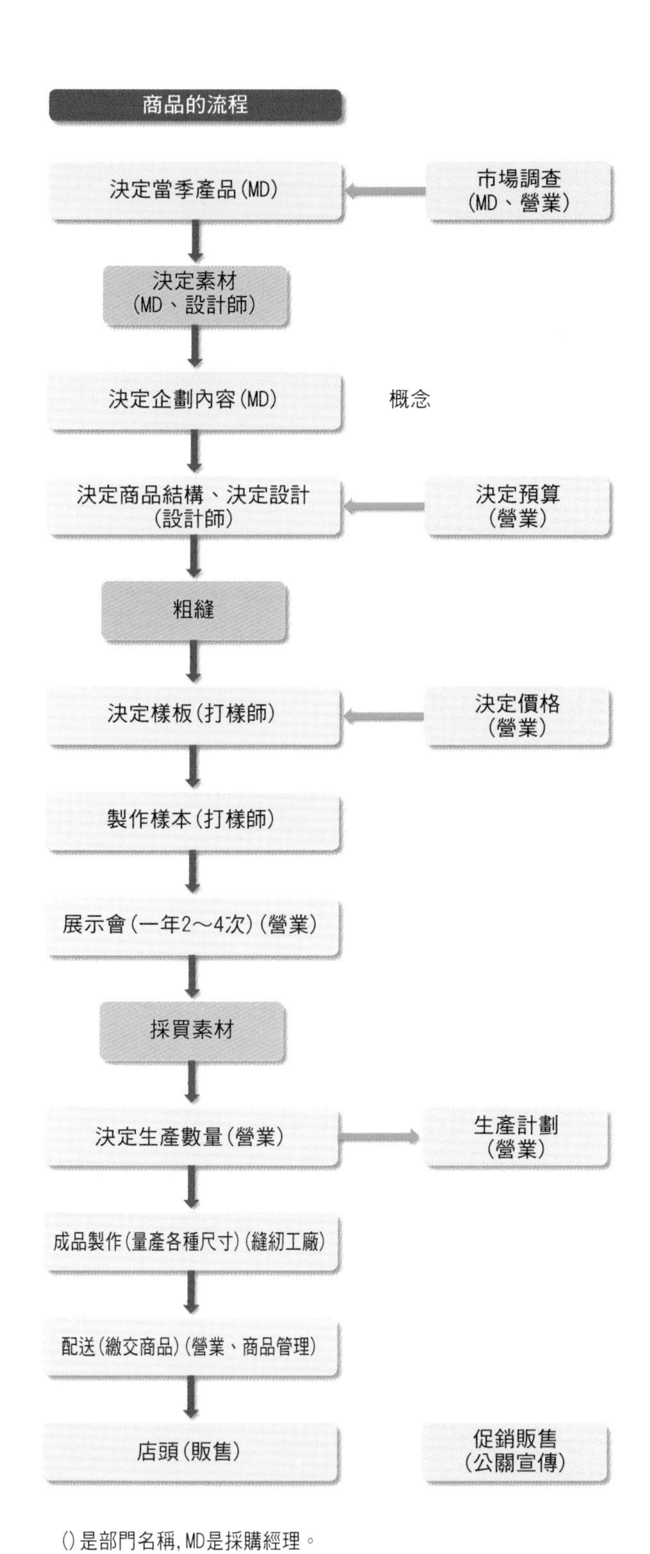

()是部門名稱，MD是採購經理。

命名

產品名稱是由造型、發源處(有因緣的地名、團體名稱、運動名稱)、各部位細部的設計等，用表達出產品當中最具特徵性的部份的詞彙來命名。所以有的產品名稱不只一個。

範例

使用者或目的 —— 例：飛行員襯衫、畫家褲

素材、花樣 —— 例：皮夾克、格子裙

細部 —— 例：臂章襯衫、雙排扣夾克

造型、衣服長度 —— 例：迷你裙、A字連身裙

一個以上名稱的產品

素材、花樣 ______ tartan check (蘇格蘭紋)

細部 ______ pleats(打褶)

造型 ______ 迷你

→ ①百褶裙

②格子裙

③迷你裙

④組合成「格子迷你裙」

也就是說，自己設計的產品的名稱可以加入自己所認為的設計重點的部份的名稱。在此舉了幾個設計上有特徵的產品為例子。在人類長久的歷史中經過不斷的改良，不斷的嘗試摸索之後，創造出來的都是深受更多人們喜愛的長壽的產品。觀察設計的特徵試著做做看。

Section 1 服飾變奏曲

Real Clothes (真我霓裳)目的是要更多的人穿，所以可以説大多講求好穿、簡單。
也就是説，Real Clothes (真我霓裳)是服飾的基本型，也是設計的完成型。
學習什麼是基本，就可以找到該「設計」的部份。

服飾的種類和素材

布帛 是指棉、麻、絹等天然纖維或聚脂纖維、尼龍等合成纖維、以及將這些纖維混合而成做為原絲的布、紡織品等。
一般而言其特徵是和編織物的針織品不同，受到拉力也不會變長。

01 TOPS 上半身所穿的衣服的總稱

- 內衣(Innerwear)(中衣、inner)：直接罩在肌膚上的衣物的總稱。
  ●襯衫(shirt) ●女用襯衫(blouse)
- 外衣(Outerwear)(外衣、outer)：穿在貼身內衣外面的衣服的總稱。
  ●夾克(Jacket) ●西裝外套(Blazer) ●外套(Jumper) ●背心(Vest) ●大衣(Coat)

02 BOTTOMS 下半身所穿衣服的總稱

- ●裙子(Skirt) ●褲子(Pants)

03 連身裝(One-piece dress) 從上半身到下半身一件式的衣服

編織品 編織而成的衣服的總稱。因為具伸縮性，所以即使不用靠構造線，也很容易做出合身的衣服。又稱：針織品。

04 編織衣物 編質材質的衣服的總稱

- ●毛衣(sweater) ●針織布衫cut and aewn (將針織品用剪裁和縫紉所做出來的衣服)
  ●其它

05 貼身衣物 指內衣褲。素材大多是編織衣料，但也有布帛做的。

- ●胸罩 ●內褲

01 上半身 衣物的服飾變奏曲

Shirts

襯衫

襯衫是做為內衣穿的衣物的總稱。長久以來一直是做為男性服飾，也有像無袖背心當作內衣穿、或使用厚的材質做成外衣穿。

布料的紋路
設計時的注意事項
衣領(p046)
領高(p068)領高的高度也要分開畫
肩育克(shoulder yoke) (p067)：因為是做為補強用的，所以材質的紋路要橫向
上衣的扣子要在前面正中央
門襟(placket)p052)
前身(p052)
胸前口袋如果放東西就會變型，所以最近很多襯衫沒有做口袋
袖子(p058)
因為大多直接接觸皮膚，所以要折出前折(p038)以合乎身體的立體
袖頭(cuff)(p061)做為補強用的所以布料紋路要橫向
下襬(p065)

1 正式襯衫(regular shirt)

標準襯衫的總稱。衣領、前後身、袖子、袖口等最基本的部位做簡單的設計。別名：dress shirt、plane shirt、cutter shirt、white shirt

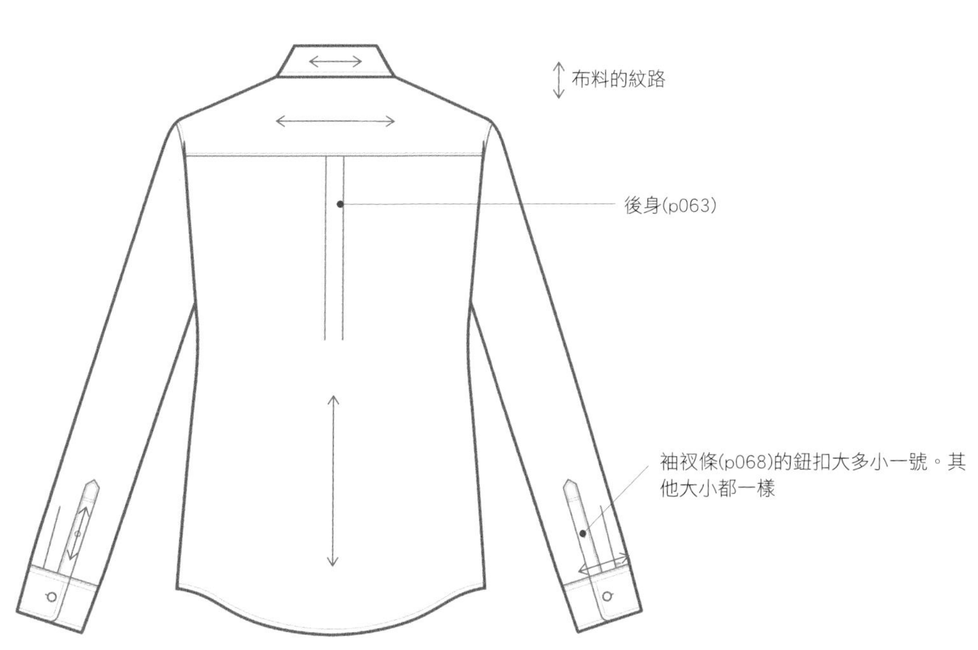
布料的紋路
後身(p063)
袖衩條(p068)的鈕扣大多小一號。其他大小都一樣

2 美式學院風襯衫(Ivy shirt)

美式學院風格常穿的襯衫。門襟是明門襟(Panel Front)，領子有扣領(button down)，領子後面中央也有鈕扣。布料是使用有色不帶花的條紋布料或府綢布料的條格平紋布或馬德拉絲(madras)格子布。別名：扣領襯衫(B.D shirts)。

3 正狩獵衫(safari shirt)

到非洲打獵旅行穿的襯衫。其特徵為肩章搭配有蓋貼袋(patch&flap pocket)、腰帶。

4 緊身襯衫(body shirt)

連到胯下的襯衫，開口閉口處在褲檔。特徵是不管怎麼動都不會敞開或亂掉。也有很多是彈性材質所做成的。

Blouse

女用襯衫

女士用襯衫的總稱。

1 正規女用襯衫(regular blouse)

採用襯衫的款式再加上褶子或立體褶邊配合女性體型所設計的衣服。

2 V領交叉短上衣(Cache coeur)

是一種沒有鈕扣，包覆住身體類型的女用短上衣。別名：wrap blouse。

3 娃娃裝上衣(tunic)

桶型的女用短上衣。Tunic拉丁語是指貼身衣物。

4 荷葉無袖上衣(tiered)(女用短袖襯衣camisole)

指利用細肩帶露出肩膀，無袖的女用上衣。大多使用地薄的布料。原本是女性內衣，現在則被用來做為女短衫。長度長的稱為荷葉無袖連身裙。

Jacket

夾克

夾克是指紳士服的上衣。

1 西裝外套(tailored jacket)(單排扣)

指前襟有一排鈕扣的紳士服的上衣。

設計的特徵

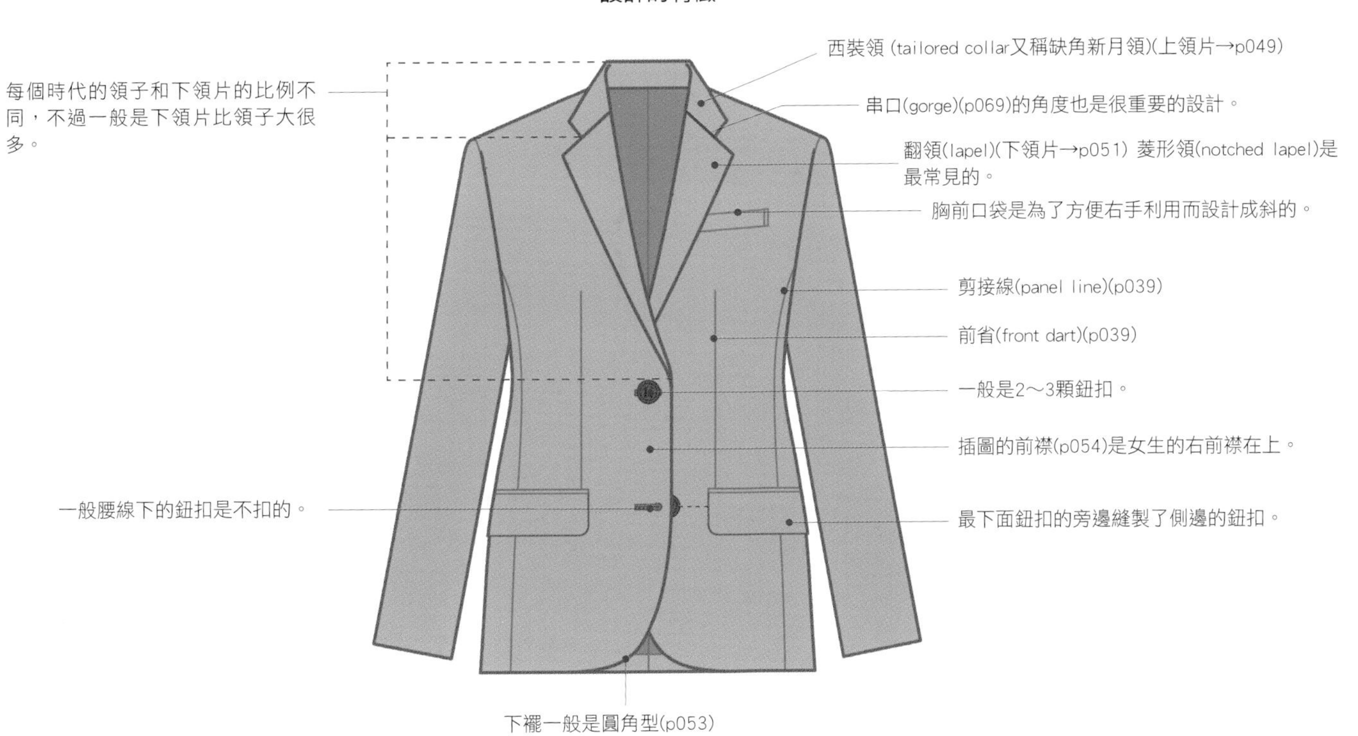
西裝領 (tailored collar又稱缺角新月領)(上領片→p049)
每個時代的領子和下領片的比例不同，不過一般是下領片比領子大很多。
串口(gorge)(p069)的角度也是很重要的設計。
翻領(lapel)(下領片→p051) 菱形領(notched lapel)是最常見的。
胸前口袋是為了方便右手利用而設計成斜的。
剪接線(panel line)(p039)
前省(front dart)(p039)
一般是2～3顆鈕扣。
插圖的前襟(p054)是女生的右前襟在上。
一般腰線下的鈕扣是不扣的。
最下面鈕扣的旁邊縫製了側邊的鈕扣。
下襬一般是圓角型(p053)

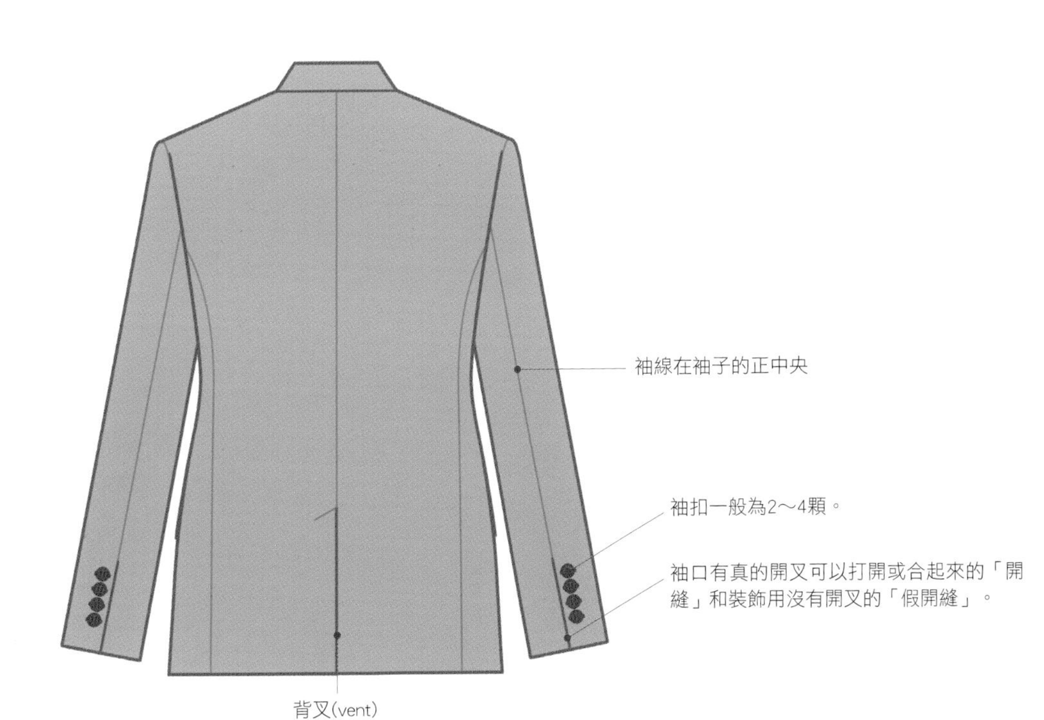
袖線在袖子的正中央
袖扣一般為2～4顆。
袖口有真的開叉可以打開或合起來的「開縫」和裝飾用沒有開叉的「假開縫」。
背叉(vent)

2 西裝外套
(tailored jacket)(雙排扣)

前襟有二排扣子的紳士服上衣。下領片是劍領(peaked lapel)，鈕扣有4～6顆，下襬一般是平下襬(square cut)。

3 獵裝夾克
(shunting jacket)

是一種運動夾克，原本是用獵槍打獵穿的外套。肩膀上的槍托墊布(gun patch)(p069)和肘部墊布(elbow patch)(p069)為其特徵。別名：Hunting jacket。

4 諾福克夾克
(Norfolk jacket)

運動夾克的一種。原本是英國諾福克公爵的狩獵裝，是獵裝的一種。充滿鄉村風味非機能性的設計別有風味。從肩膀到兩旁口袋的二條吊帶和腰帶是它的設計特徵。

5 無領夾克
(Colorless jacket)

沒有領子的夾克的總稱。插圖的衣服是軟呢材質、圓頸、毛皮鑲邊為特徵，稱為CHANEL夾克(Chanel jacket)。

6 斯賓塞夾克
(spencer jacket)

為一種衣長較短的短夾克(short jacket)，由於是英國的斯賓塞伯爵所穿的而以此命名。下襬是菱形尖角(pointed front)(p065)。

7 細腰狹裙上衣
(Peplum jacket)

細腰狹裙(peplum)(p065)為特徵的外套。

Blazer

西裝夾克

源自英國的男式女用(tailored jacket)運動外套。
金屬扣、貼袋(p073)、徽章(po69)為其特徵。材質為法蘭絨。

1 傳統西裝夾克(Teaditional blazer)

藏青色的法蘭絨、線條自然輕薄的自然墊肩(Natural shoulder)(P056)、單排三扣西裝(P051)、金屬扣為其特徵。別名：Ivy Blazer、Brooks Model

2 校園風西裝夾克(School blazer)

也就是做為學生制服的西裝夾克。金屬扣、徽章為其特徵。也有如插圖般袖口衣領處鑲邊(Trimming)(p069)的夾克。

3 俱樂部西裝夾克(Club jacket)

英國運動俱樂部等制定的制服。其特徵為徽章及俱樂部條紋(club stripe)(俱樂部色彩clubcolor，也就是俱樂部所制定以主題色彩為主所設計出來的條紋)。

Jumper

外套

長度及腰的夾克的總稱。大多是以運動、工作、休閒活動等活動度大為前提重視機能性的設計。
別名：寬身束腰上衣(Blouson)、短夾克(Short jacket)

1 騎士夾克(Rider's jacket)

一種皮革外套，機車騎士用的外套。別名：摩托車夾克(Motorcycle jacket)

2 牛仔外套(Jeans jumper)

單寧布製的短腰外套。原本是套頭式工作服的樣式，後來隨著設計和機能的改變而演變成緊身且機能性強的外套。別名：單寧外套(Denim jacket)

3 羽絨外套(Down jacket)

主要是尼龍材質，裡面裝有羽毛長度及腰左右的外套。

4 N-3

美國空軍開發在極寒地帶穿的軍用外套。N-3A是藍色，N-3B是灰綠色。

5 棒球外套(Stadium jumper)

原本是棒球選手的保暖外套。現在已成為年輕人的外出服。

Vest

背心

穿在襯衫等外面，沒有袖子長度及腰的襯裡。
別名：gilet、waistcoat

1 傳統背心(regular vest)
標準的背心的總稱。一般是單排扣、菱形尖角(pointed front)的下襬。

2 西裝背心(Odd vest)
替換用的背心。輕便舒適的衣物，其特徵為和襯衫不是同一塊布料。別名：Fancy vest

3 針織背心(Knit vest)
針織品製成的背心。一般是V字領，羅紋編織的袖子、下襬。

4 長版背心(Long gilet)

5 羽絨背心(Down vest)
裡面裝有羽毛的背心。

Coat

大衣

有袖子長度較長的外衣。是衣物當中穿在最外面的衣服。長度到膝蓋上的稱為短版大衣(short coat)、長度及膝的稱為中版大衣(half coat)、長度過膝的稱為大衣(over coat)或稱為長版大衣(long coat)。

1 海軍大衣(Pea coat)(Pea jacket海軍夾克)

英國海軍艦上用的短版大衣流傳出來的大衣。Pea是源自於具有呢絨含意的荷蘭語pij演變而來的材質名稱。現在是使用墨爾登呢(melton)。雙排六顆扣搭配暖手口袋(muff pocket)(p074)為其特徵。別名：值班大衣(Watch coat)、軍官大衣(Bridge coat)、領航員大衣(Pilot coat)

2 雙排扣附腰帶(防雨)短大衣(Trench coat)

原本是第一次世界大戰中英國陸軍壕溝戰爭用所開發出來的大衣。非常具有機能性，每一個構造都有它的功能性。以Burberry公司、Aquascutum公司的較為有名。材質一般是使用一種稱為Burberry的防水棉軋別丁(gabardine)。

3 披風(cape)

像是變短的斗篷由肩膀覆蓋到背部無袖的外衣。長達下半身的不是披風，而是稱為斗篷大衣(cloak)。

4 帶帽粗呢牛角扣大衣(Duffle coat)

以連身帽(hood)(p070)和牛角扣(toggle)為特徵厚羊毛的中版大衣。Duffle是比利時的鄉鎮名稱，在該鄉鎮所編織出來的毛織物的名稱也由此命名。原本是勞動者工作用的大衣，因為在第二次世界大戰被英國海軍採用，戰後就急速普及。

5 披風大衣(Cape coat)

指帶披風的大衣。

02 下半身 衣物的服飾變奏曲

Skirt

裙子

覆蓋下半身雙腳沒有分開的筒狀服飾的總稱。

1 波浪裙(flared skirt)

指從腰部到下襬越來越寬，波浪緩緩起伏的裙子。有一片裙到八片裙。

設計上的注意事項

裙頭(waist band)(p040)大部份是前低後高。

側開式時要開在左側。

縮褶(gather)(p041)和裙襬的波浪(p066)要朝同一方向。

左右張開的角度要一致。

波浪讓波浪起伏有層次感。

2 百褶裙(pleated skirt)

有很多褶子(pleat)(p071)的裙子的總稱。

3 節裙(tiered skirt)

指層層排列(tiered)的裙子。

4 圓裙(circule skirt)

展開裙子形成一個圓形的裙子。因為是將布料接成一個圓形而成的，所以波浪狀的裙襬非常美麗。

5 吉普賽裙(Gypsy skirt)

指歐洲吉普賽女性所穿的裙子。依裙子的長度不同有褶子很多的裙子和二層或三層重疊的裙子，以及有很多波形褶邊的裙子。

6 漩渦裙(escargot skirt)

指如鍋牛班斜向成漩渦狀接合的裙子。也有纏繞型的。別名：Spiral skirt

7 多片裙(Gored skirt)

指接有三角形布(gore)(p072)的裙子。接在裙襬讓裙子張開的一種波浪裙，所接上的三角形布從二片到八片的都有。

8 育克裙(Yoked skirt)

臀部附近是用其它布料剪接的裙子。

9 雙層裙(skirt on skirt)

指裙子上面還有一層裙子的裙子。

10 魚尾裙(Prairie skirt)

指在臀部有接片，裙擺成喇叭狀張開的裙子。在美國是做為跳舞裙用。

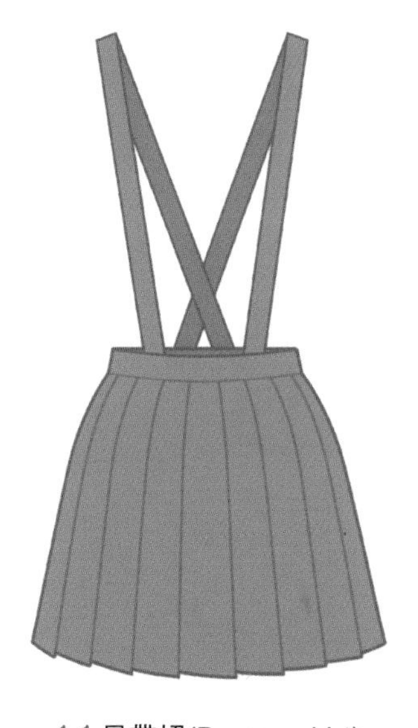

11 吊帶裙(Braces skirt)

利用裝在腰部的一對帶子從肩膀垂吊下來的裙子。

12 海灘裙(Pareo)

原本是大溪地的民族衣裳，是指纏繞在腰上的裙子。大小為90cmx180cm，鮮豔的圖案和顏色是它的重點。將布的兩端打結纏在腰上做成裙子。主要是纏在泳裝上。

13 裙褲(Rap culotte)
前面看來像是覆蓋著一片海灘裙的布，後面看來像短褲的衣物。這是在19世紀後半維多利亞(Victoria)時代騎馬時方便女性跨馬所設計的。

14 褲裙(Culotte skirt)
像褲子一樣分成二條褲管，但往下襬張開，看起來像裙子的衣物。

Pants

褲子

包覆下半身，雙腳分開之衣物的總稱。別名：Jupon　同義詞：Trousers(特指男性用)(和上衣為一套，套裝的長褲)、Slacks(沒有和上衣成套的替換褲子)、Pantalon(下襬較寬的褲子)

設計上的注意事項

前開襟在中間，正中間沒有鈕扣。

男生是左襟在上。

回針縫(p072)也是很重要的設計。

前貼布(Fly Front)不要設計到下擋。

內接縫也要確實設計出來。

後口袋(back pocket)(p075)因為是設計在看不到的地方，所以口袋口鬆鬆的張開。

皮標(Leather patch)是牛仔褲重要的設計之一。

利用輪廓和下襬的幅度變出各種造型。

1 牛仔褲(Jeans)
Jean是一種斜紋織布，Jeans是指單寧(denim)布料作成的褲子。單寧這個名詞是來自於法國Nimes製的嗶嘰(serge)(一種斜紋織布)，從serge de Nimes延伸而來。別名：Denim pants、Jean-pants

2 畫家褲(Painter pants)

指漆匠穿的工作褲。

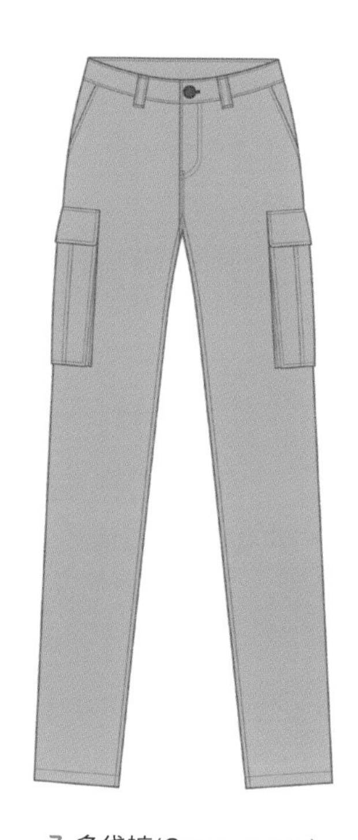

3 多袋褲(Cargo pants)

以前貨輪的船員所穿的褲子，用厚而堅韌的棉布所做成的工作褲。

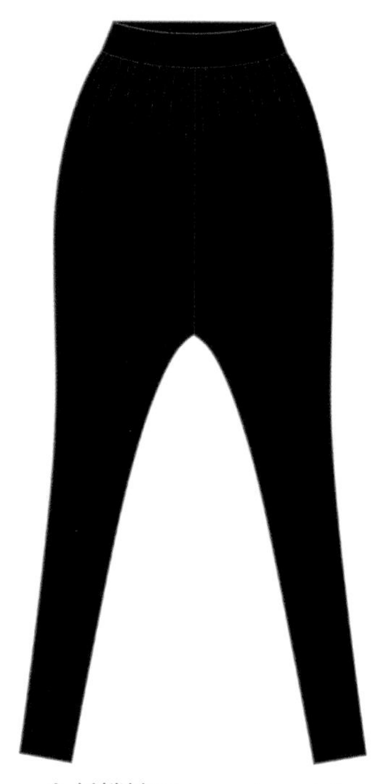

4 低襠褲(Sarrouel pants)

伊斯蘭的民族服裝，其特徵是褲襠的部份下垂。

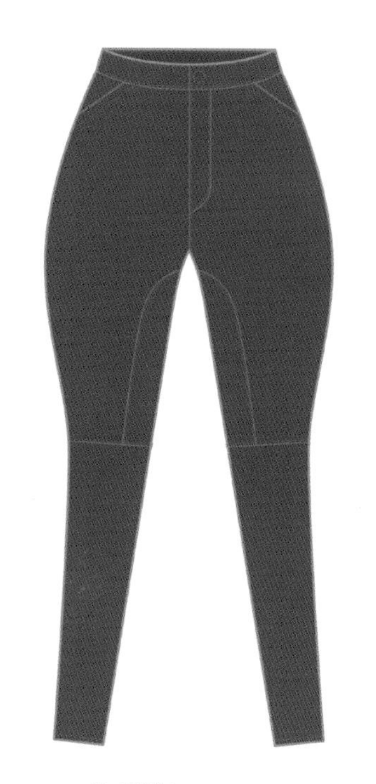

5 馬褲(Jodhpurs)

一種騎馬用的褲子，上面寬大的輪廓是它的特徵。

6 七分喇叭褲(Gaucho pants)

南美草原地帶的牛仔所穿寬鬆、下襬較寬的七分褲。

7 燈籠形紮口短褲(Knickerbockers)
(Knickers)

長度到膝下，下襬用帶扣紮起來的野外專用運動褲。布料是用法蘭絨或蘇格蘭絨。讓裙子張開的一種波浪裙，所接上的三角形布從二片到八片的都有。

8 短褲(Short pants)
短褲的總稱。

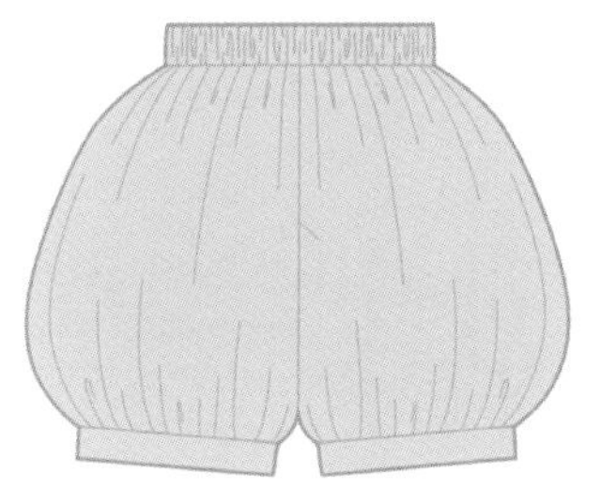

9 南瓜褲(Pumpkin pants)
指外型像南瓜的褲子。

10 哈倫褲(Harem pants)
伊斯蘭教女性教徒所穿褲管紮起來造型像氣球的褲子。印度的民族服裝也有這種褲子。別名：Indian pants、Balloon pants

11 燈籠褲(Zouave pants)
從腰部到褲腳有多褶子，褲腳再勒小的褲子的總稱。源自於1830年組成的法國所屬殖民地阿爾及利亞步兵隊所穿的制服。

12 飛鼠褲(Flying squirrel pants)
因為造型類似飛翔中的飛鼠而命名。別名：Aladdin pants阿拉丁褲

One-Piece Dress

連身裝

從上半身到下半身一件式的衣服

1 連身裙(One-piece dress)(One-piece)

指上半身和下半身一件式的女裝。Piece是指部份、小片的意思。女性內衣・睡衣(lingerie)類型的長版的稱為睡衣(negigee)，和短褲成套的稱為可愛性感睡衣(baby doll)。

2 襯衫式洋裝(Shirts one piece)

襯衫造型的連身裝。

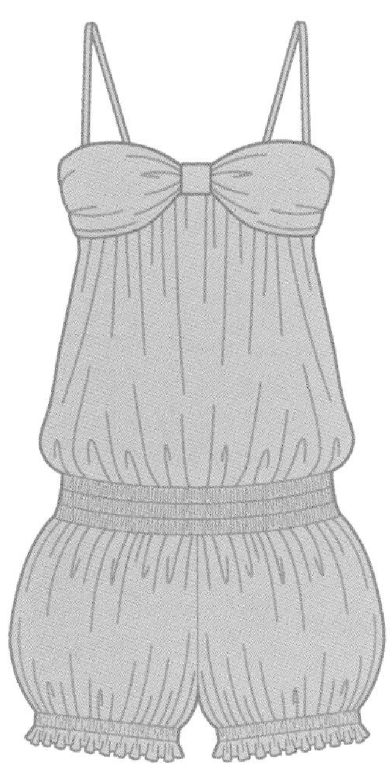

3 連身裝(Combinaison)

指有袖子的上半身和褲子造型的下半身一件式的衣服。英語稱為Combinaison，本插圖稱為「短袖連衫褲(Rompers)」，原本是嬰兒服。別名：連身褲 同義詞：連身衣褲(jumpsuits)上衣和褲子上下連成一件的工作服。
*(all in one)是兼具胸罩、緊身短褲、緊腰衣功能的內衣。又稱為全身連衣褲(bodysuit)。

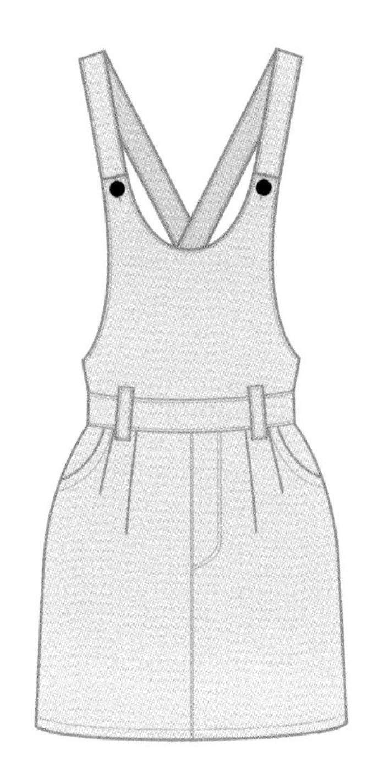

4 吊帶裙(Salopette skirt)

吊帶褲的下半身是裙子的衣服。

5 吊帶褲(Salopette)

指有護胸部的褲子或裙子，背部是裸空的。「Salopette 」有容易弄髒的工作時穿的工作服的意思，是從法語salope(弄髒、骯髒)所衍生而來的語彙，英語稱為overall(工作服、防護服)。

6 背心裙(Jumper skirt)

指上下相連、沒有袖子的連身裝模樣的裙子。不是單穿這一件，而是套在女用短衫、襯衫、毛衣等上面。

Knit

編織衣物

編質材質的衣服的總稱

毛衣(sweater) 指編織衣物的上衣。

1 套頭毛衣(pullover)

指從頭部套下來穿的毛衣。又單稱為毛衣。

2 (胸前開扣)羊毛衫(cardigan)

指前開的毛衣。

3 連身針織衫(Knit one piece)

上半身的長度變長就變成連身裙。

針織布衫(cut and aewn) 將針織品用剪裁和縫紉所做出來的衣服的總稱

1 T恤(T shirt)

沒有領子的汗衫。兩袖張開看起來就像是T字而命名。原本是做為內衣，從1950年代以後就逐漸變成外衣。

2 無袖上衣(Tank top)

領圍很寬，或者是領口開得很深，無袖的上衣。

3 吊帶背心(Camisole)

除了針織布衫以外，也有聚脂纖維、尼龍或喬治紗(georgette)等有光澤或透明感的材質。(p104)

4 貼腿褲(Leggings)

剪裁和雙腿非常合身的褲子。

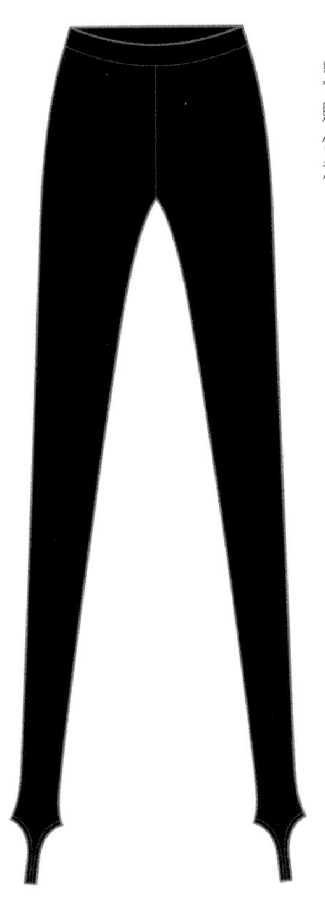

5 踩腳褲(Trencker Leggings)

貼腿褲的褲腳有套住腳後跟的部份。Trencker是源自於具有“拉伸”意思的trecker。

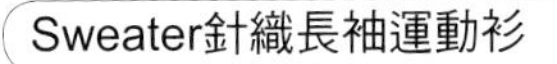

Sweater針織長袖運動衫

針織布衫的一種，內層有刮起絨毛的棉針織材質的衣服。運動性、吸汗性、禦寒性極佳。

1 運動衫(Trainer)

特指長袖運動衫中的運動系衣服。別名：sweatshirt棉織長袖衫

2 連帽運動衫
(Parka)(Hooded parka)

指頸部有帽子的長袖運動衫。

其它

1 運動套衫(Jersey)

利用針織使布料具有伸縮性的針織衣物的總稱。因為具有伸縮性，活動方便，所以大多用來做為運動製服或訓練的專業服飾。語源是來自於英國的澤西(Jersey)島漁夫的工作服的布料。別名：Track jacket運動外套

Underwear

貼身衣物

內衣褲。也有的將貼身衣物區分為稱為lingerie的襯衣和穿在最裡面稱為under wear的內衣褲。

胸罩(Brassiere) 指調整胸部形狀的貼身衣物。

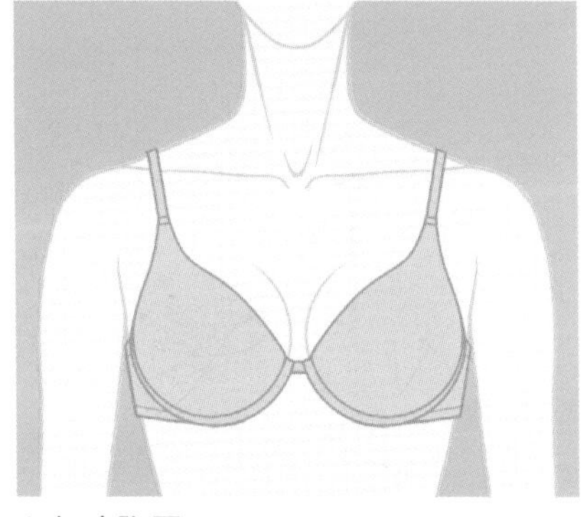

1 無痕胸罩(seamless Bra)
罩杯表面沒有接縫(縫合處)的胸罩。穿薄的衣服時很方便。

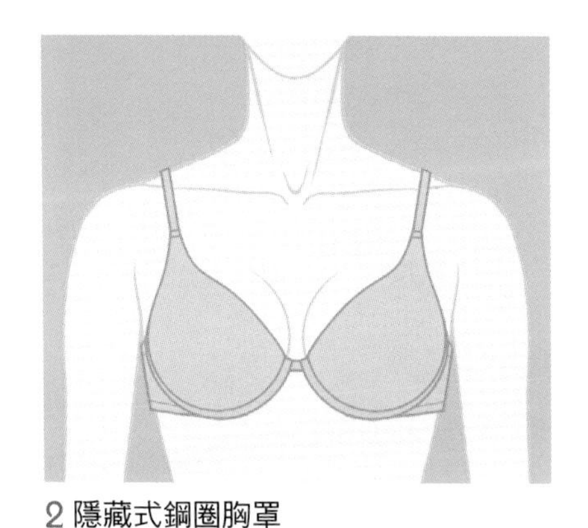

2 隱藏式鋼圈胸罩
(Concealed wire bra)
胸罩表面看不到鋼圈的針腳的胸罩。感覺像是泳裝，和無痕胸罩一樣方便穿薄的衣物時穿。

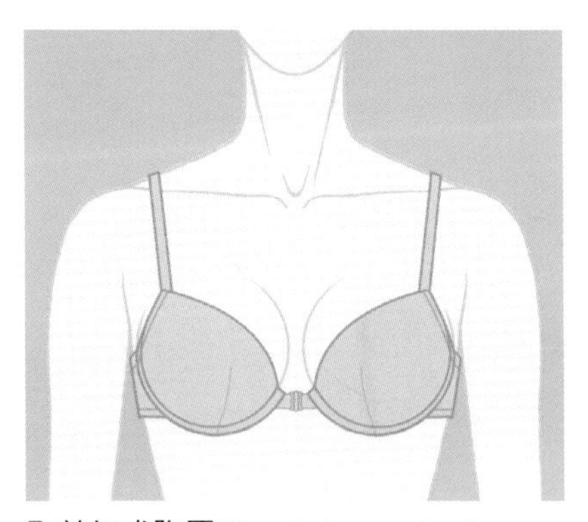

3 前扣式胸罩(Front closure bra)
在日本稱為Front hook bra。指用前面的扣子扣住的胸罩。背部的線條看起來會很美。

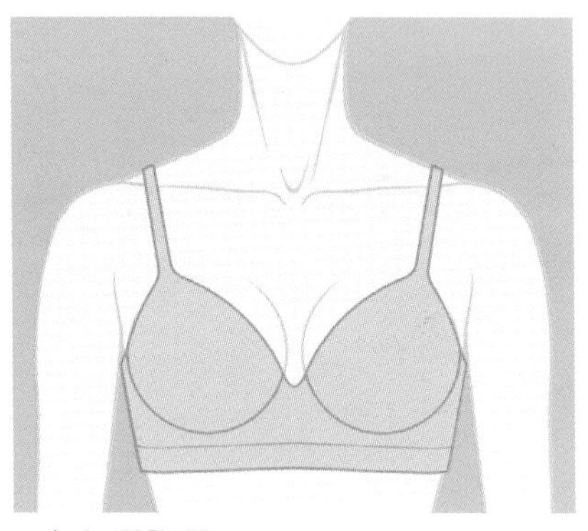

4 無鋼圈胸罩(No wire bra)
沒有鋼圈，穿起來沒有束縛感的胸罩。也適合運動時穿。

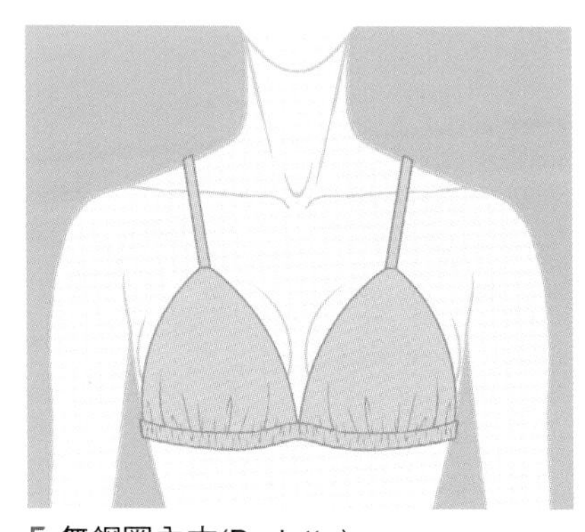

5 無鋼圈內衣(Bralette)
沒有鋼圈造型像泳裝的胸罩。

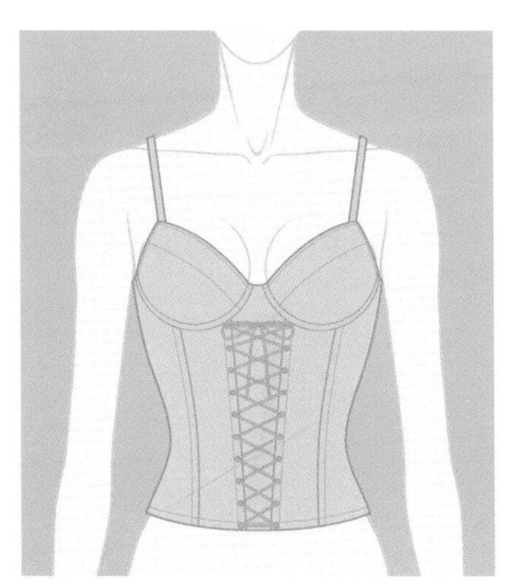

6 馬甲(Bustier)
指包覆整個胸部的胸罩。也有人拿來當外衣穿。

罩杯造型變奏曲

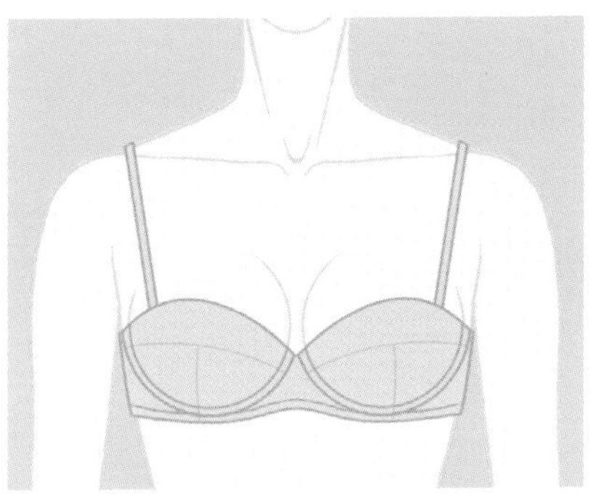

1 半罩杯胸罩(Demi cup bra)

demi是一半的意思，如文字所述般罩住一半的乳房，調整成圓形往上提。

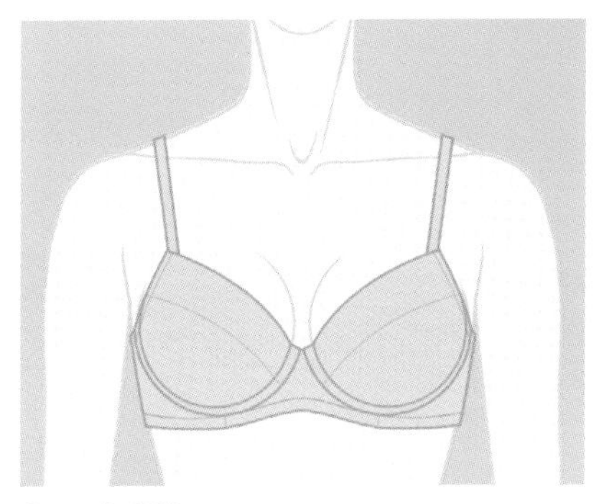

2 3/4杯罩杯

罩杯的上1/4從兩旁往中間斜切的胸罩。讓胸部往中間靠，看起來較豐滿。

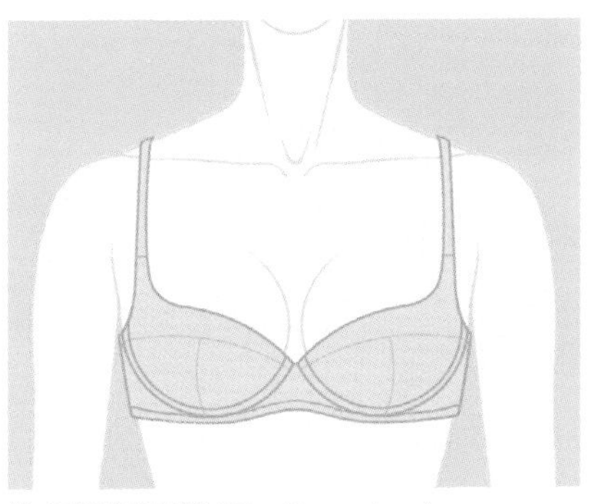

3 無罩杯胸罩(Shelf cup bra)

將乳房往上提到擱板(shelf)形狀的罩杯的上面放置的胸罩。因為將乳房往上推的力量很強，所以適合有點下垂的乳房使用。

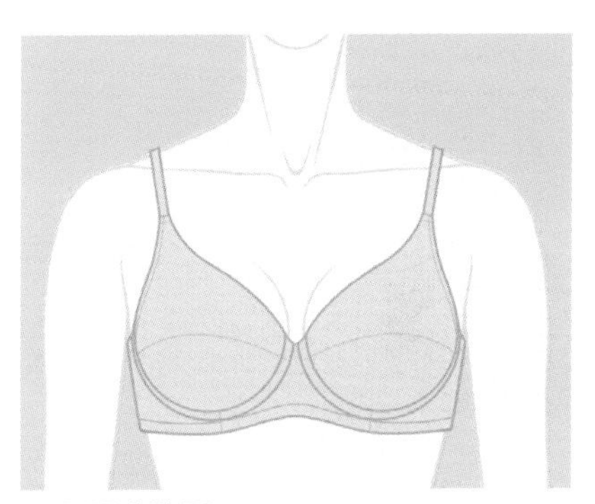

4 全罩式胸罩 (Full figure)(Full cup bra)

將整個乳房完全包覆住的胸罩。不易搖晃，很安穩。

肩帶(strap)造型變奏曲

Strap是指肩帶。

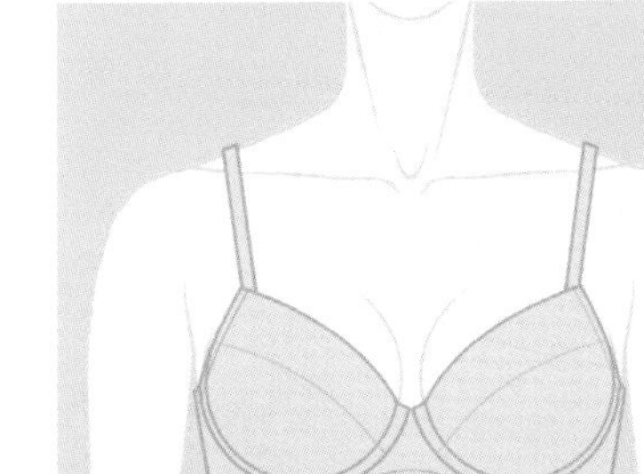

1 普通肩帶(regular)

最常見的造型。從罩杯的頂點連到兩旁。

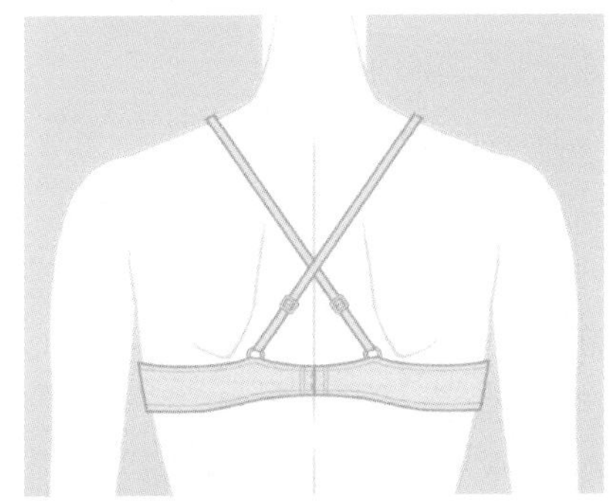

2 交叉肩帶(Crisscross)

肩帶在背部交叉。

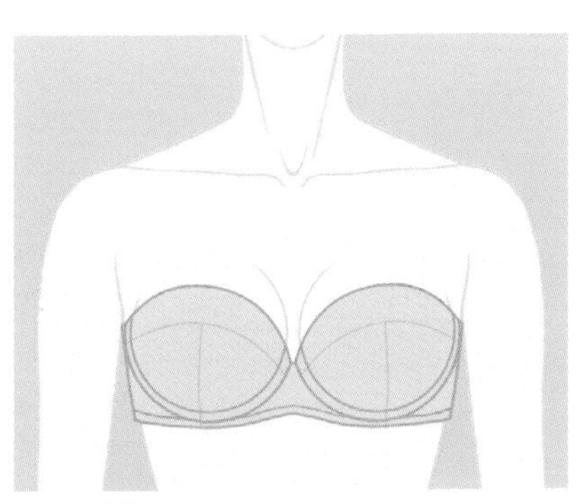

3 無肩帶(strapless)

沒有肩帶的胸罩。

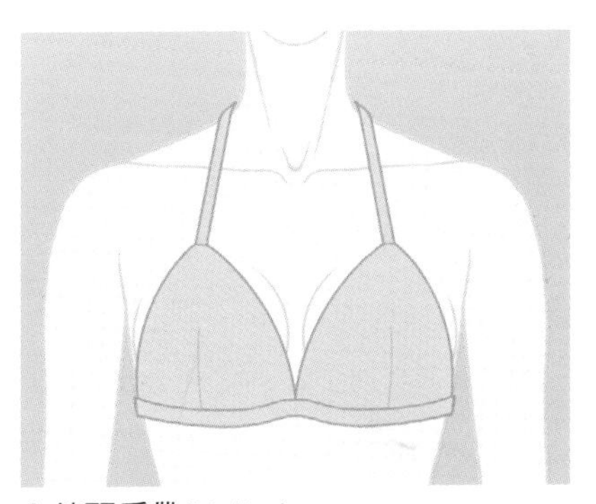

4 繞頸肩帶(Halter)

因為肩帶繞在頸部，所以不會遮住背部。

Short短褲　包覆下半身的貼身衣物。

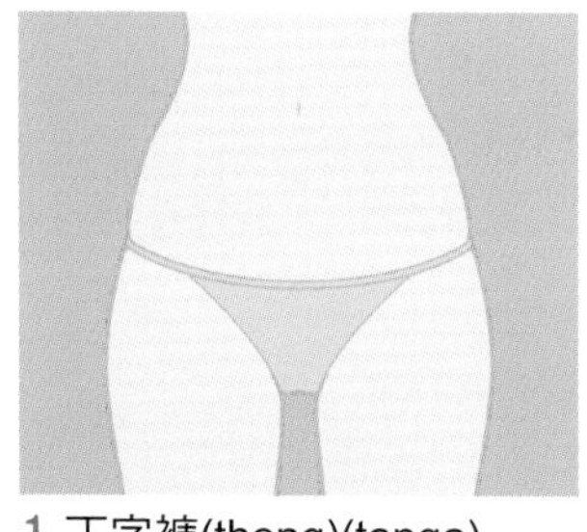
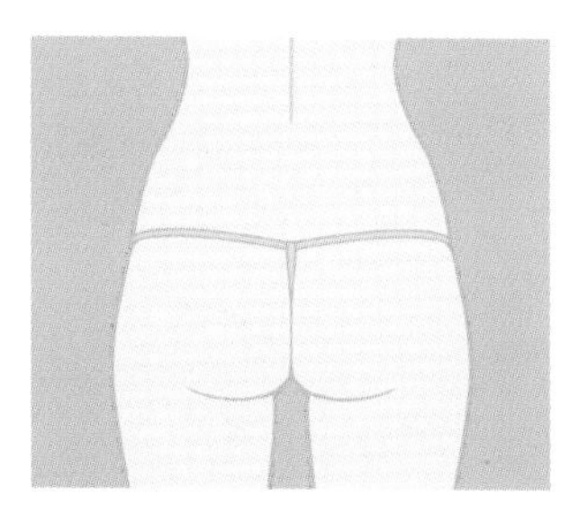

1 丁字褲(thong)(tanga)

前面為比基尼，後面沒有包覆臀部，也就是所謂的T-back。

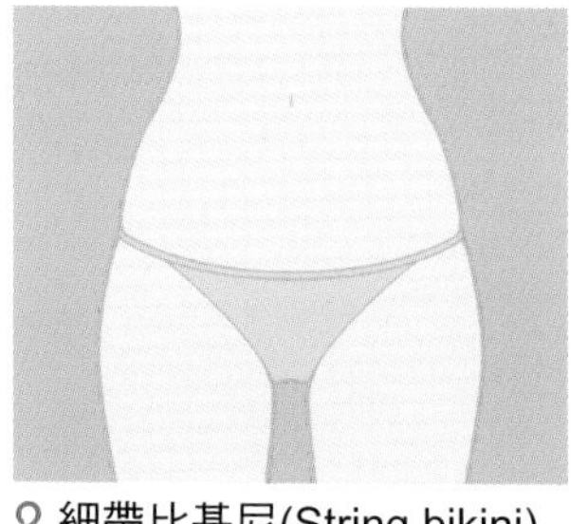
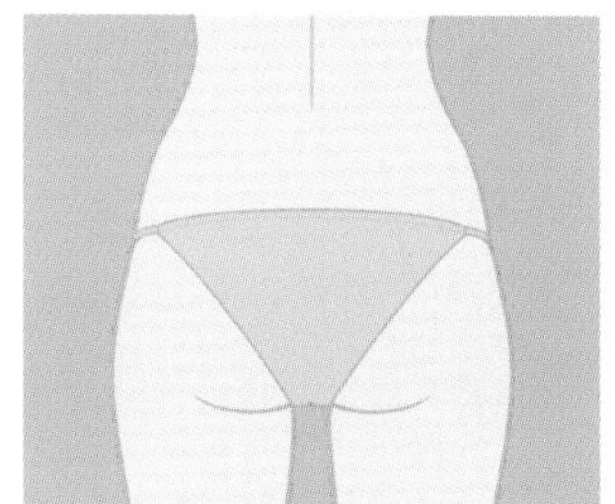

2 細帶比基尼(String bikini)

兩旁是帶狀的比基尼。

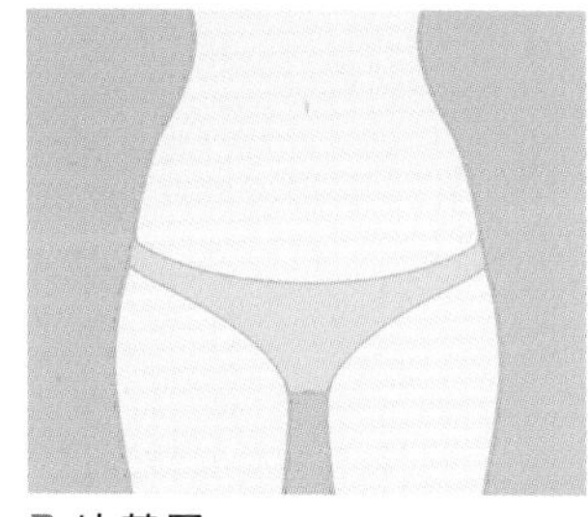
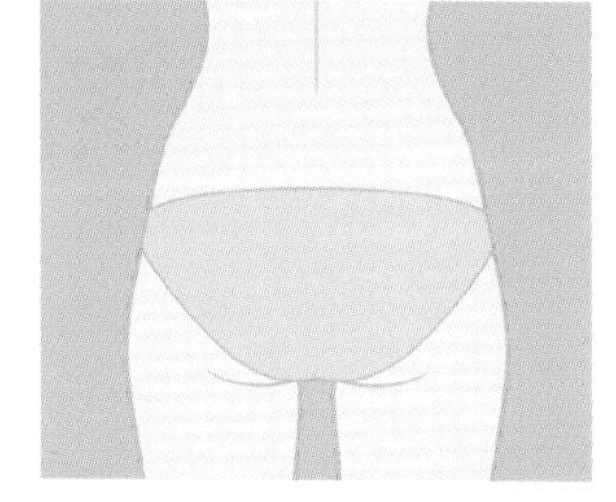

3 比基尼(Bikini)

最基本的短褲。名稱來自於二截式泳裝的Bikini。

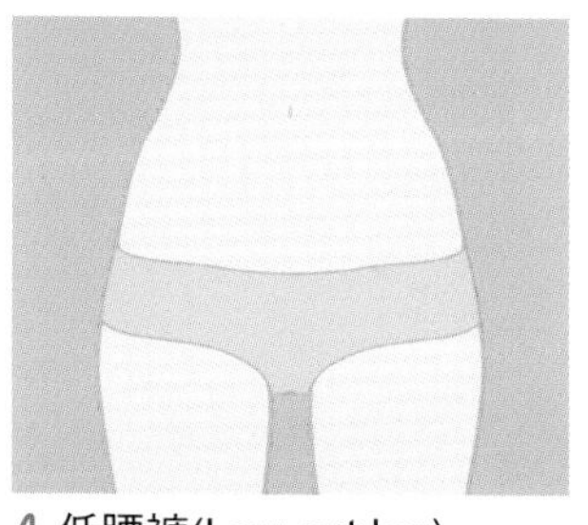
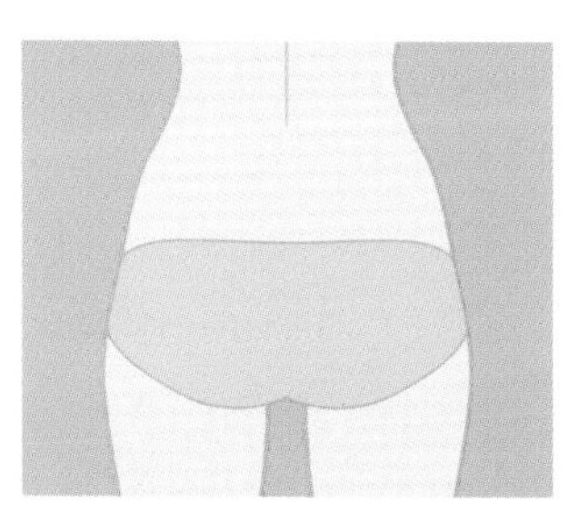

4 低腰褲(Low cut leg)

介於比基尼和男孩短褲之間。不容易勒住腹股溝。

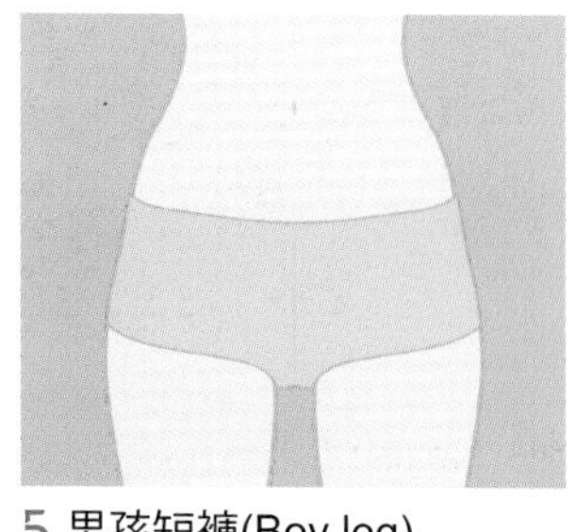
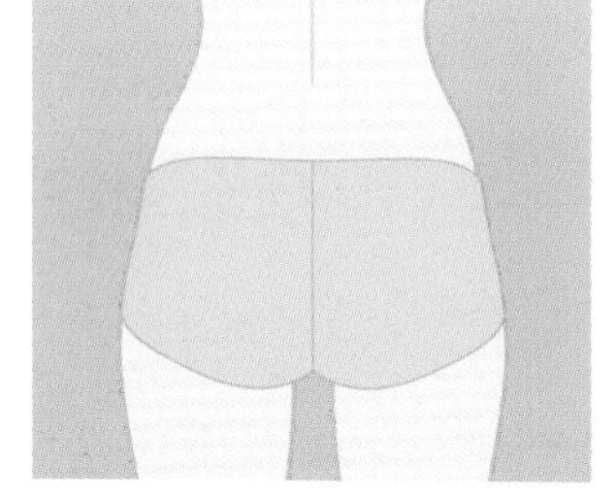

5 男孩短褲(Boy leg)

褲腳像男性的運動短褲(trunks)一樣呈水平的褲子。具穩定性。

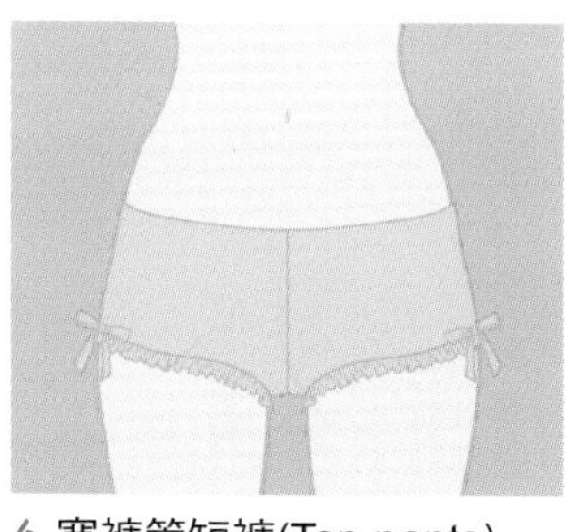
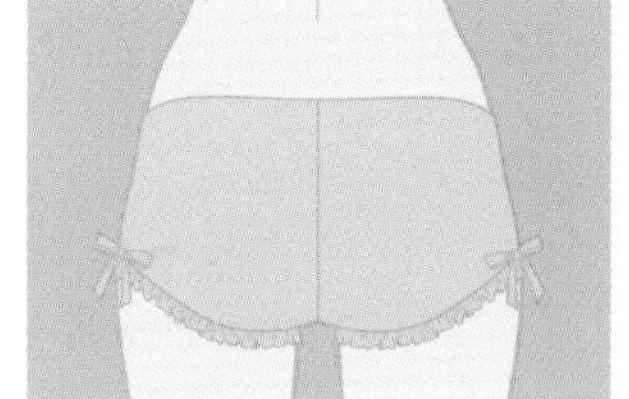

6 寬褲管短褲(Tap pants)

褲腳教寬的褲子，流行元素高。

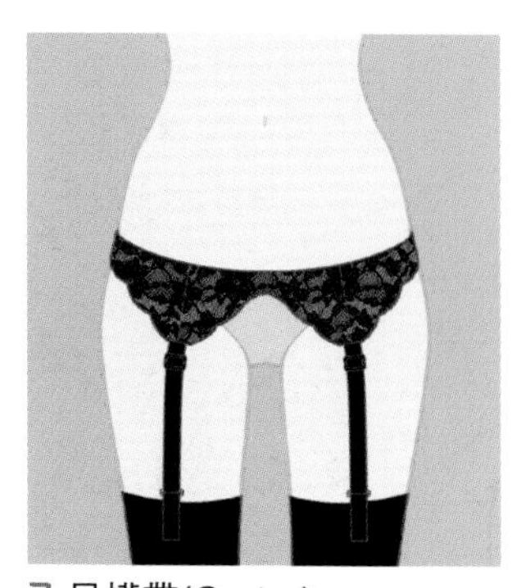
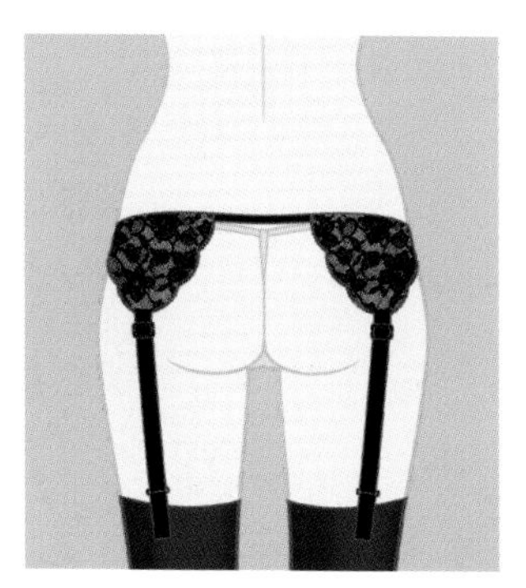

7 吊襪帶(Garter)

懸掛著長筒襪帶有別扣的帶子。

8 襯褲(Drawers)

指長度到膝蓋附近的內褲。常用於羅莉塔風時裝(Lolita fashion)。

臀圍線(Hip line)的造型變奏曲

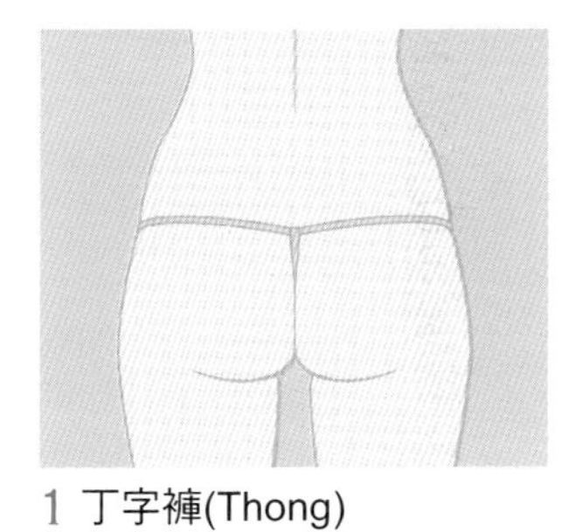

1 丁字褲(Thong)

不想露出內褲的痕跡。完美呈現整個臀部。

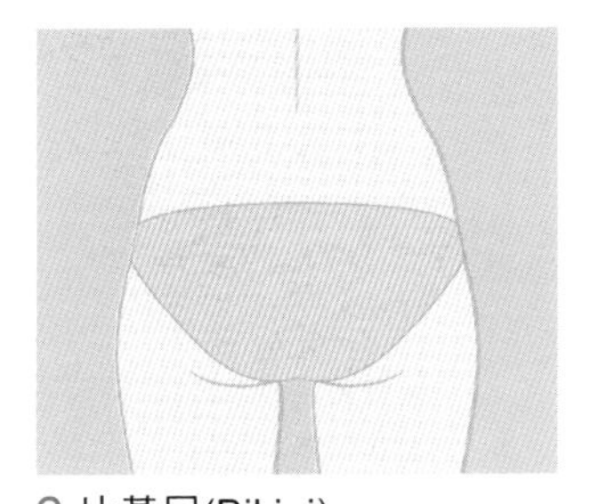

2 比基尼(Bikini)

包覆3/4的臀部，集中臀部。

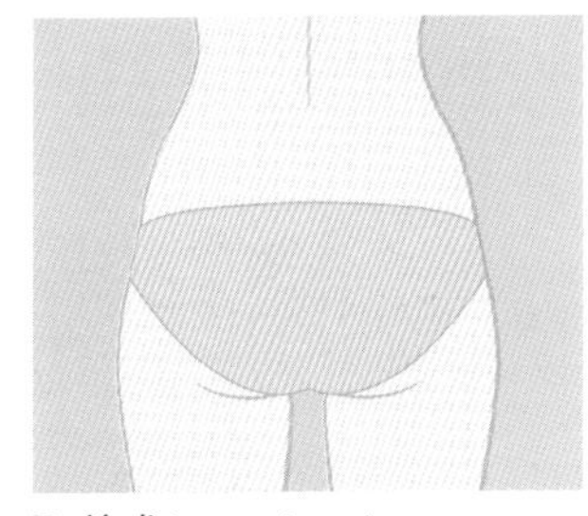

3 美式(American)

看得到臀部的下面部份。

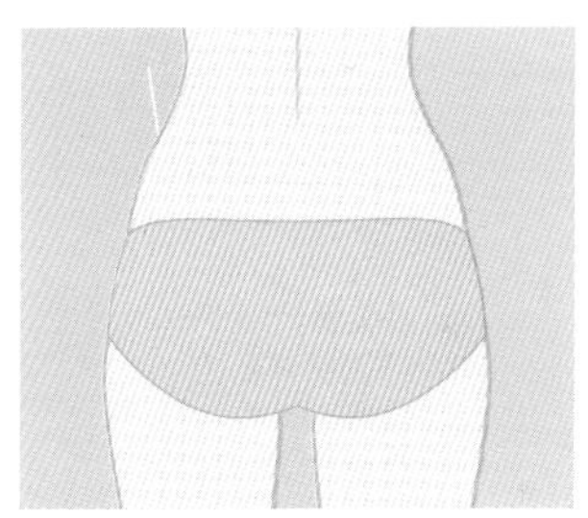

4 全包式內褲(Full Hip)

將整個臀部包起來。

束腹褲(Girdle)的造型變奏曲

束腹褲是指調整下半身外型的內褲。

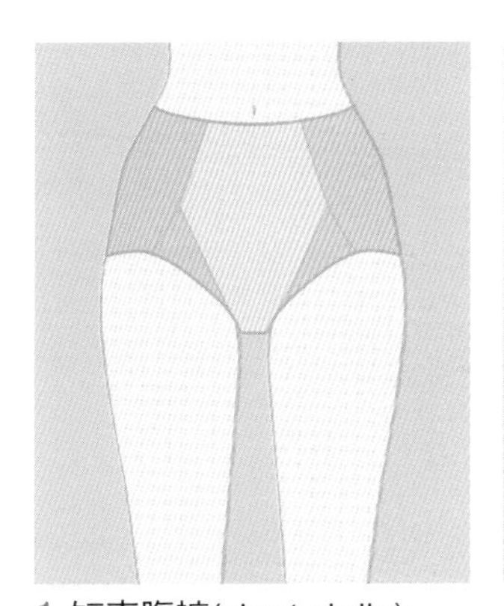

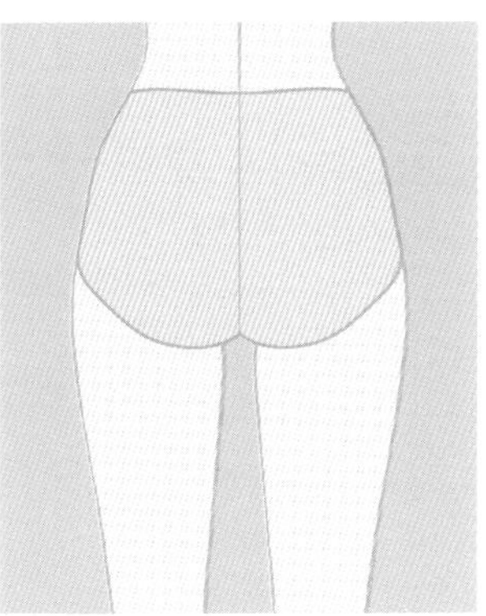

1 短束腹褲(short girdle)

短內褲感覺的束腹褲。

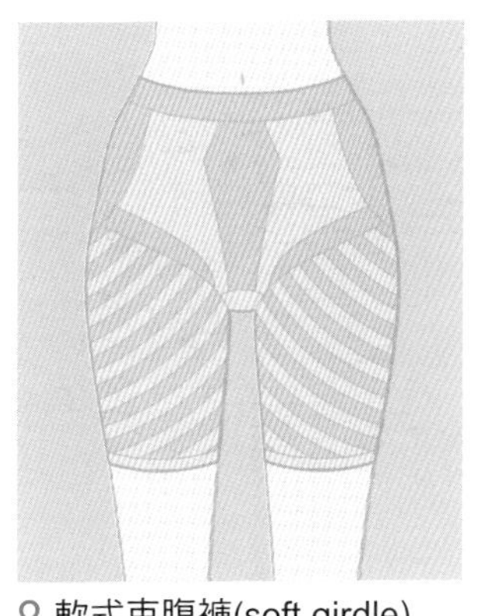

2 軟式束腹褲(soft girdle)

使用長筒襪材質質感較軟的束腹褲，但因為是利用複雜的不同編織技術，所以矯正效果絕佳。

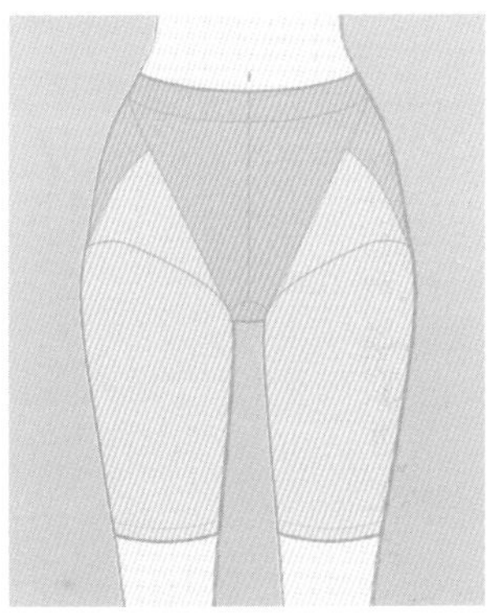

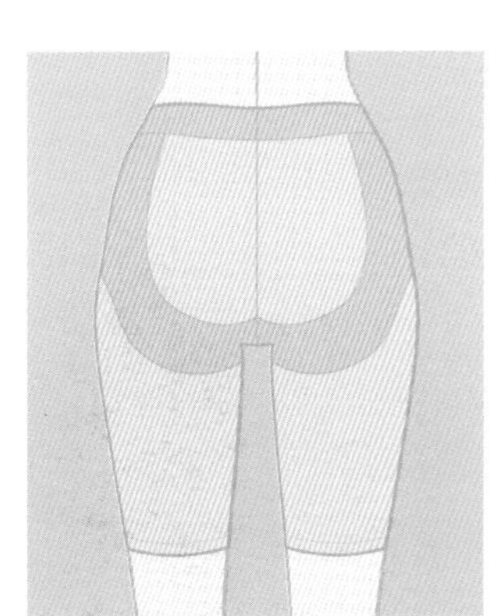

3 長筒束腹褲(long girdle)

長度較長，調整腹部到大腿。

Section 2
設計變奏曲

輪廓(silhouette)

指衣服整體的外型。包覆身體部份的長度(length)(尺寸=長的平衡)和輪廓線(outline)(體積感=寬的平衡)、以及構成造型的構造線這三項是重點所在。

Length：長度
Outline：指衣服的輪廓線。別名：forme(form)(樣式)

Outline輪廓線變奏曲

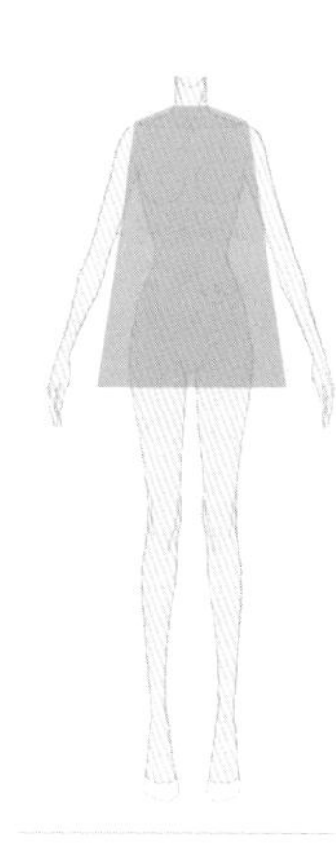

1 A形線條(A-line)
指像「A」字般下襬外張的輪廓。Christian Dior在1955年春夏發表，如今已成為固定的剪裁外型之一。別名：帳篷線條(Tent Line)、梯型線條(Trapeze Line) (指台型的輪廓)、金字塔線條(Pyramid Line)、三角形線條(Triangle Line)(這也包含倒三角形的輪廓)

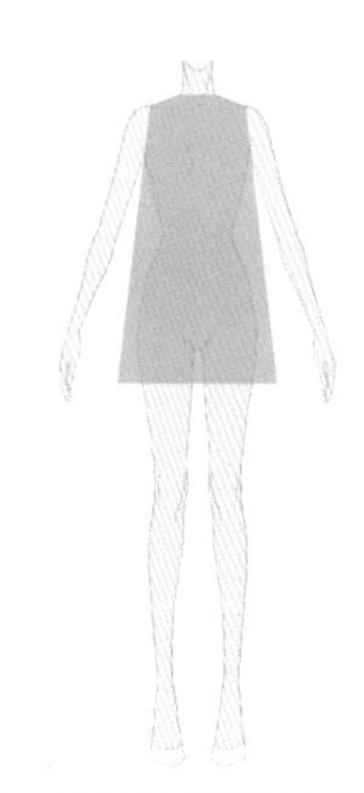

2 (Shift Line)
shift是指貼身衣物的女性無袖寬鬆內衣(chemise)。像無袖寬鬆內衣一般從肩膀筆直下垂細長的輪廓。

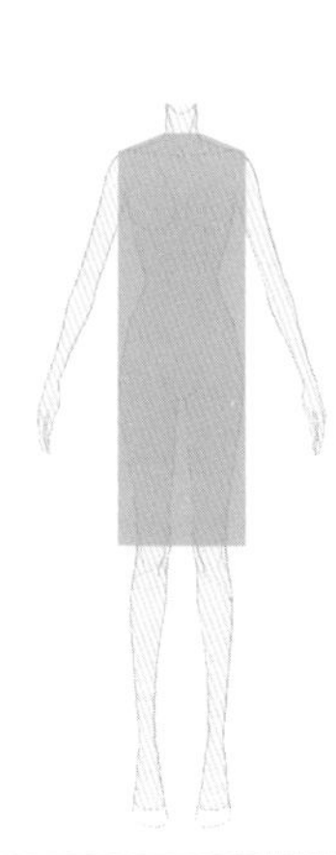

3 I 形線條(I Line)
如「I」字般纖細而長的輪廓。別名：Pencil Line

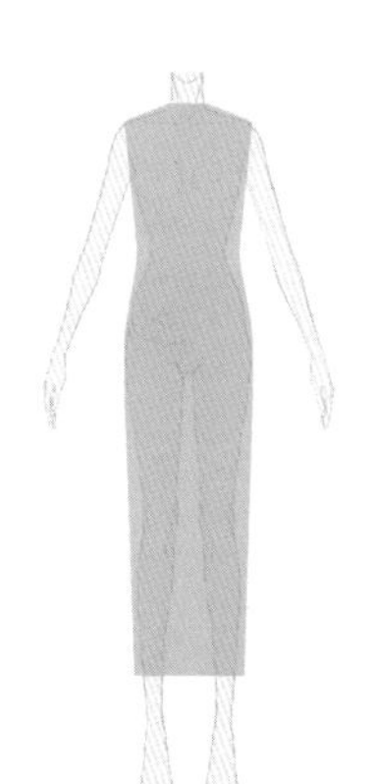

4 鞘形線條
(Sheath Line)
sheath是指刀鞘或劍鞘。指修長的將身體包覆住的線條。

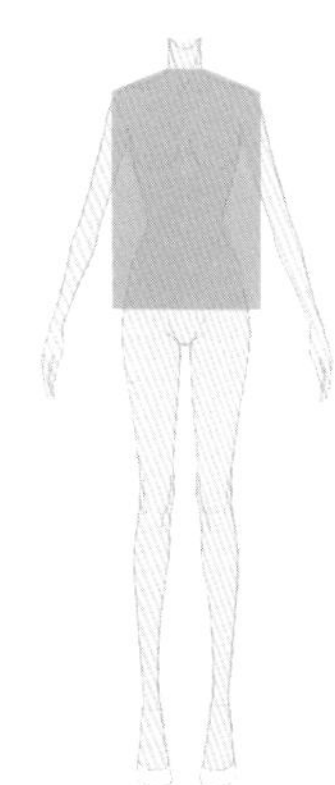

5 直形線條
(Straight Line)
指直線的輪廓。別名：Box Line箱型線條(指箱型的輪廓)、Rectangular Line(指正方形、長方形的輪廓)

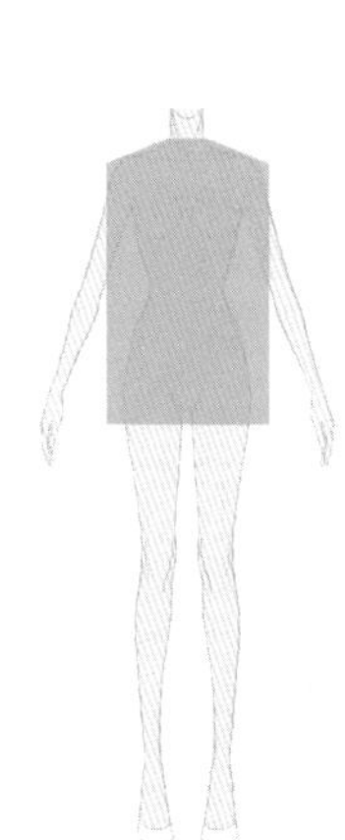

6 袋形線條
(Sack Line)
袋(sack)狀般有點寬大的輪廓。

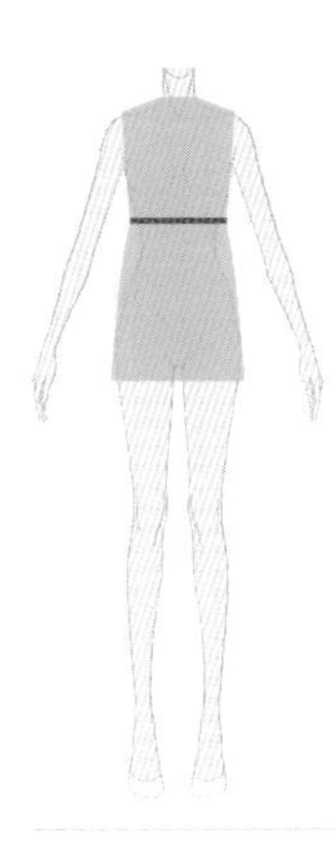

7 H形線條(H Line)

狀似「H」形解除腰線的纖細輪廓。用腰帶或接縫來呈現出H的橫桿。Christian Dior在1954年秋冬發表。

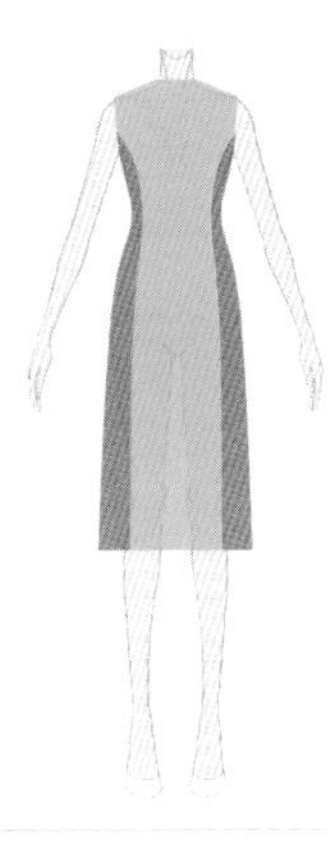

8 公主線條
(Princess Line)

只用縱向的嵌線(panel line)(接縫線)緊縮腰身讓衣服合身，從腰部往下襬微微外張的輪廓。嵌線(panel line)有的會稱為公主線條Princess Line，為了區分，有的稱為Princess Silhouttee。曾是十九世紀後期英國的愛德華(Edward)七世的皇后愛麗珊德拉(Alexandra)於王妃時代所愛用。

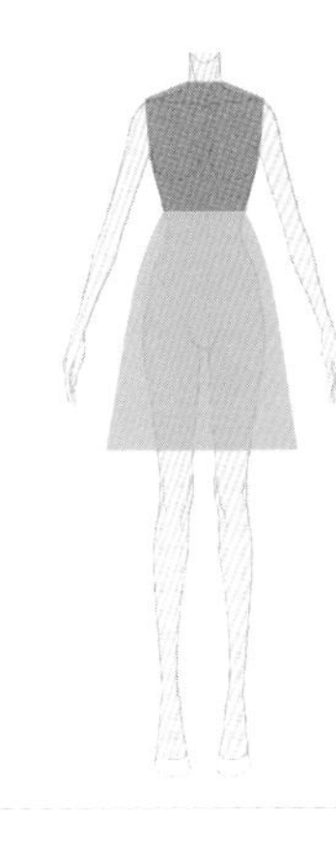

9 八字形線條(8 Line)

Christian Dior於1947年春夏所發表的出道作品，狀似「8」字形的輪廓。因為強調女性化，所以斜肩、葫蘆腰的細腰搭配中庸長度(p036)寬大的波浪裙(Flared skirt)是它的特徵。別名：New Look、Corolla Line

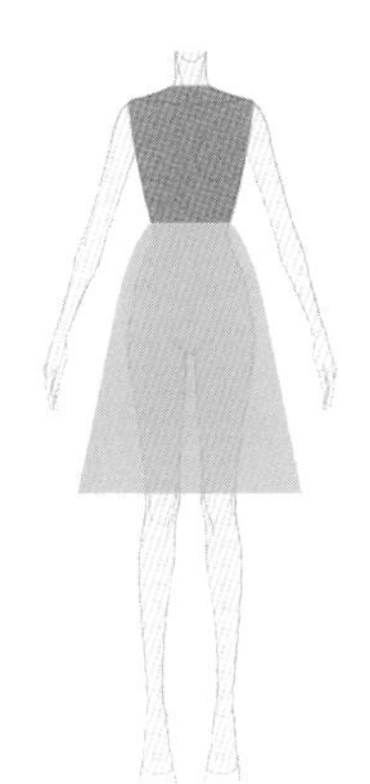

10上合身下展開形線條(Fit&Flared Line)

上半身相當貼身，從腰部到下襬則是向外擴張的線條。別名：Fit&Swing Line、Tight&Flared Line

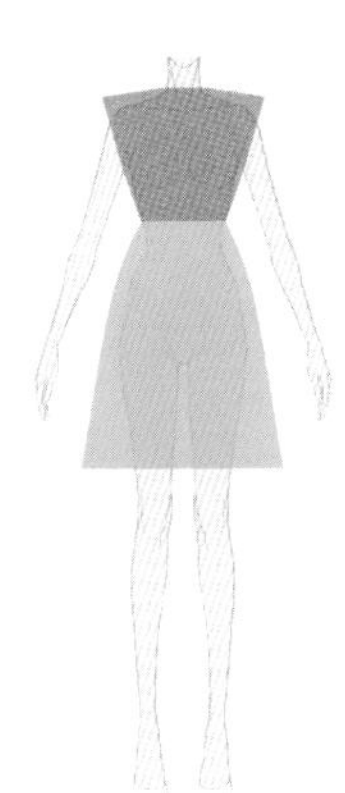

11X形線條(X Line)

狀似「X」字形的輪廓。寬肩和細腰、裙襬寬鬆的下半身為其特徵。

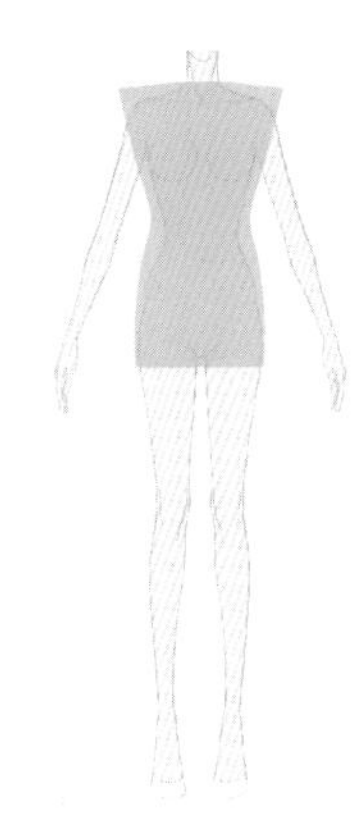

12V形線條(V Line)

如「V」字般肩膀寬往下襬逐漸變細的倒三角形輪廓。別名：Wedge Line

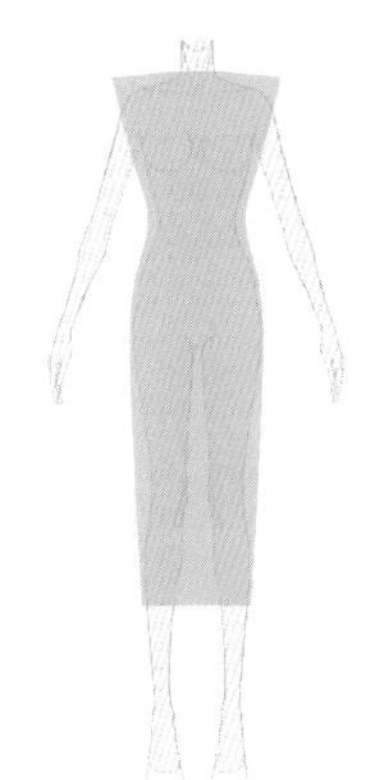

13Y形線條(Y Line)

如「V」字般肩膀寬往腰部逐漸變細，從腰部到下襬變細長的輪廓。

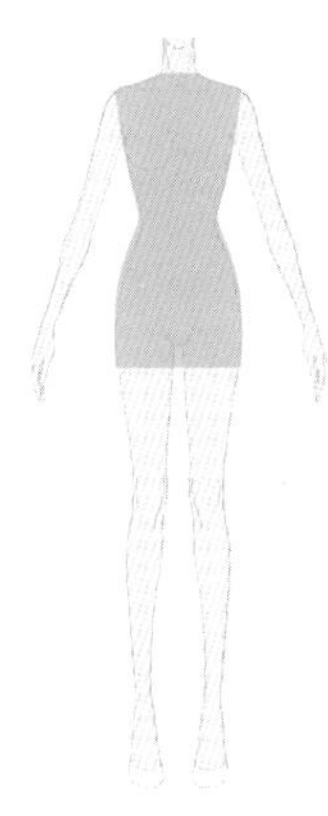

14緊身線條
(Body-conscious Line)

指呈現相當貼身的輪廓。別名：Slim Line、Bondage Line(就像用繃帶裹住身體一般的貼身)、Body Figure Line。

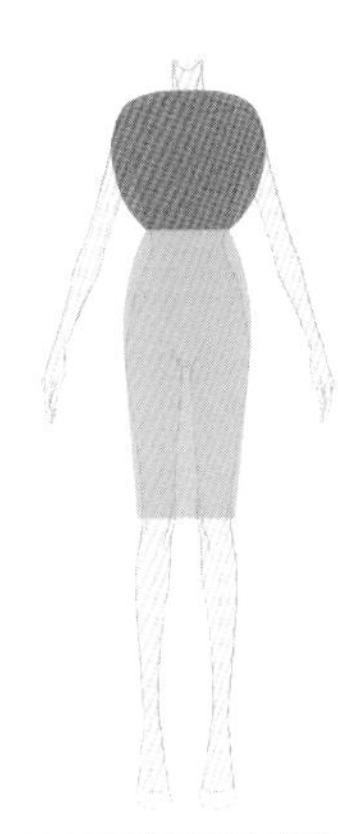

15鬱金香線條
(Tulip Line)

狀似鬱金香的輪廓，流線的肩線搭配圓潤的上半身、纖細的腰圍和如莖般的裙子是它的特徵。Christian Dior於1953年春夏發表。

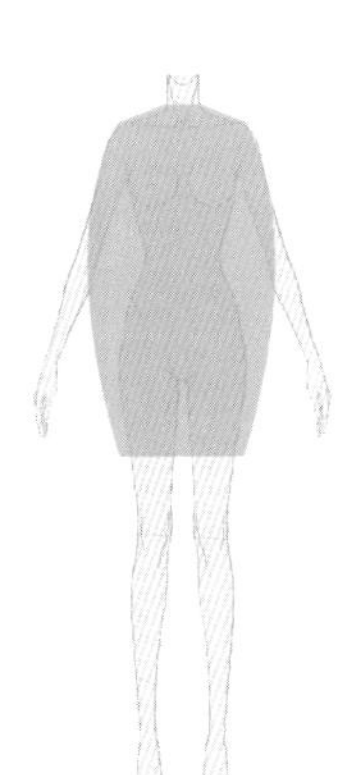

16西洋梨線條
(Peg-Top Line)

如酒桶般圓滾滾，往下襬逐漸變細的線條。是1957年秋冬Christian Dior所發表的最後作品。別名：Spindle Line(紡錘形的意思。1957年秋冬Christian Dior所發表的最後作品。)、Barrel Line(酒桶形的意思)。

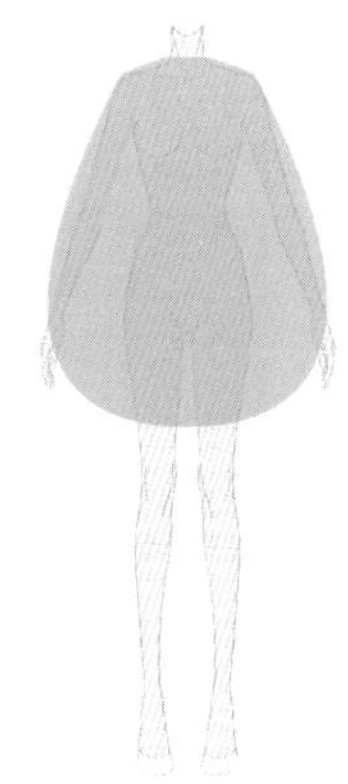

17雞蛋形線條
(Egg-shell Line)

如雞蛋般整個圓潤的輪廓。別名：Oval Line(橢圓形線條)

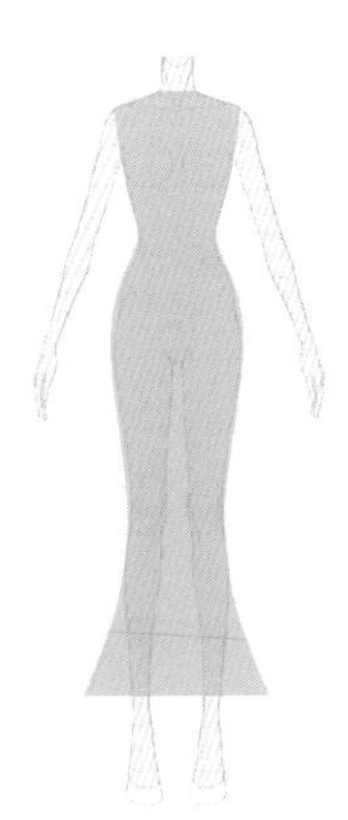

18美人魚線條
(Mermaid Line)

狀似美人魚的輪廓，膝蓋以上是相當貼身的線條，下襬張開像是尾鰭一般。

Outline輪廓線變奏曲

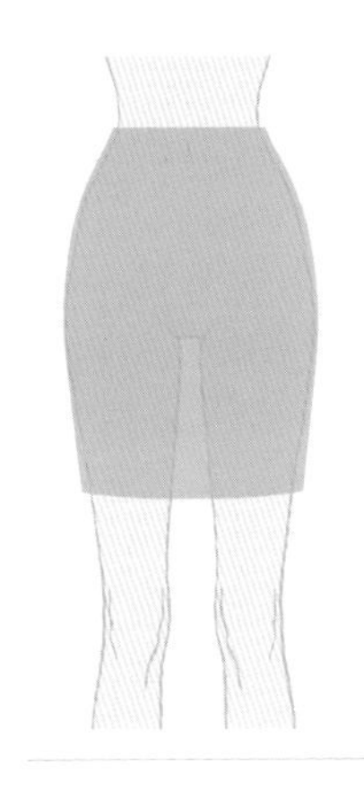

1 合身形線條
(Tight Line)
從腰圍到腰部都相當貼身的線條。

2 繭形線條
(Cocoon Line)
cocoon是「繭」的意思，在臀部和腰的周圍呈現圓潤的線條。

裙子的長度變奏曲

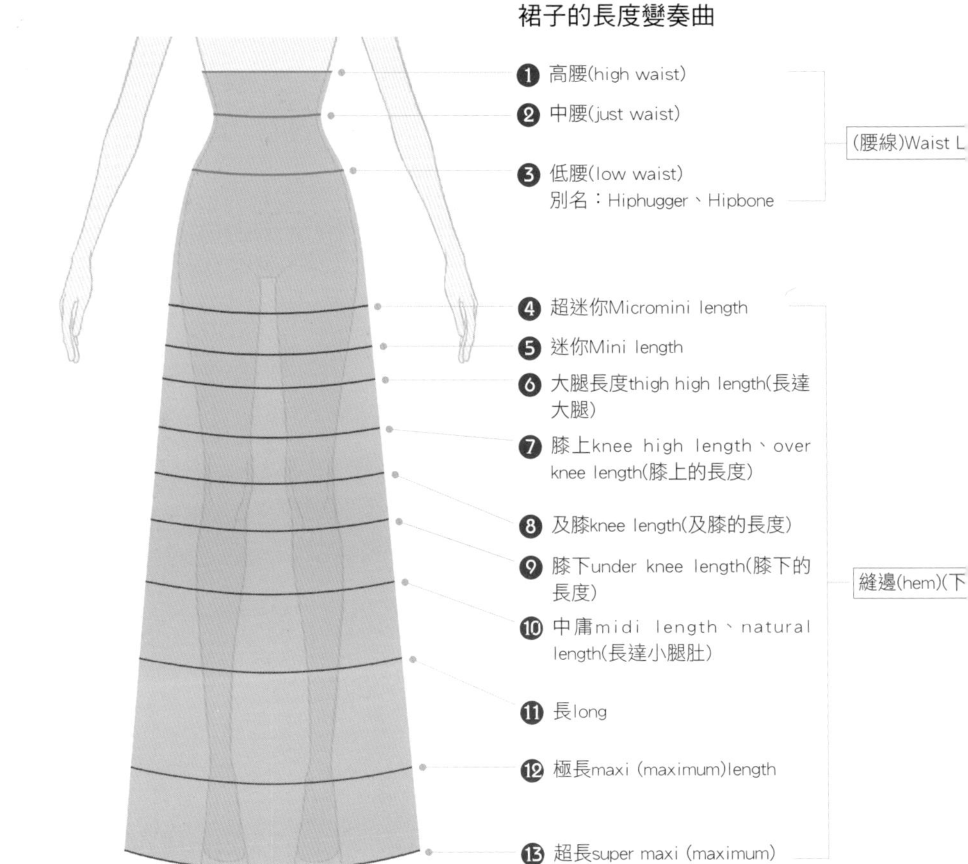

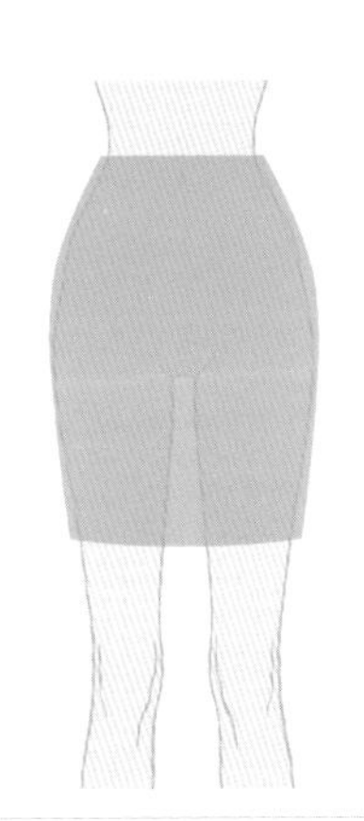

3 直線條
(Straight Line)
直線的輪廓。別名為：Box Line(箱形輪廓)、Rectangular Line(指正方形、長方形的輪廓)

4 A形線條
(A Line)
指像「A」字般下襬外張的輪廓。

5 波浪線條
(Flared Line)
往下襬擴張，如波浪般的線條。

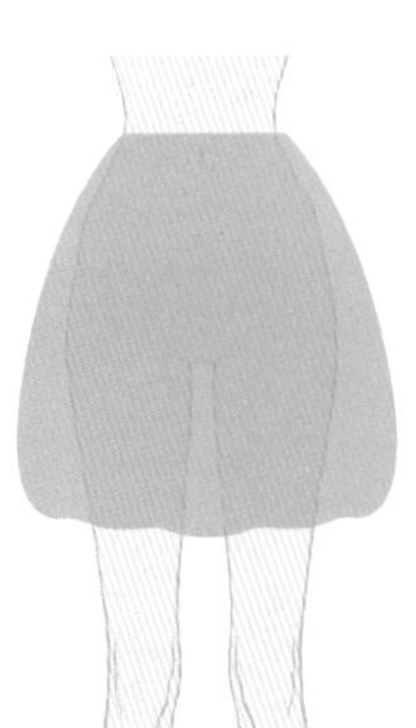

6 氣球
(Balloon)
如氣球般鼓起，很豐腴的輪廓，下襬用皺褶縮起來。

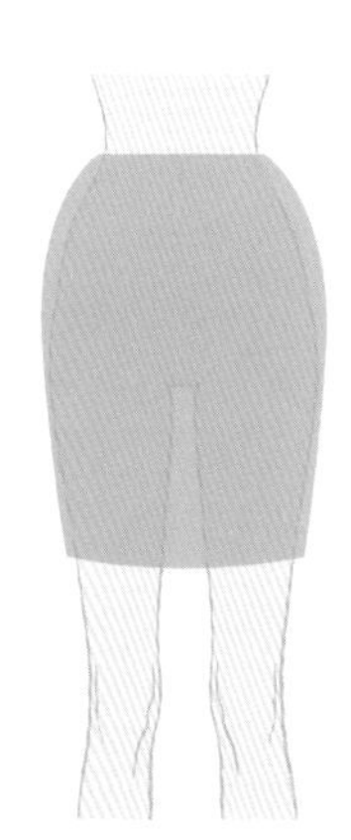

7 西洋梨線條
(Peg-Top Line)
腰部寬鬆往下襬逐漸變細。別名：Barrel Line

8 美人魚線條
(Mermaid Line)
狀似美人魚的輪廓，膝蓋以上是相當貼身的線條，下襬張開像是尾鰭一般。

褲子的長度變奏曲

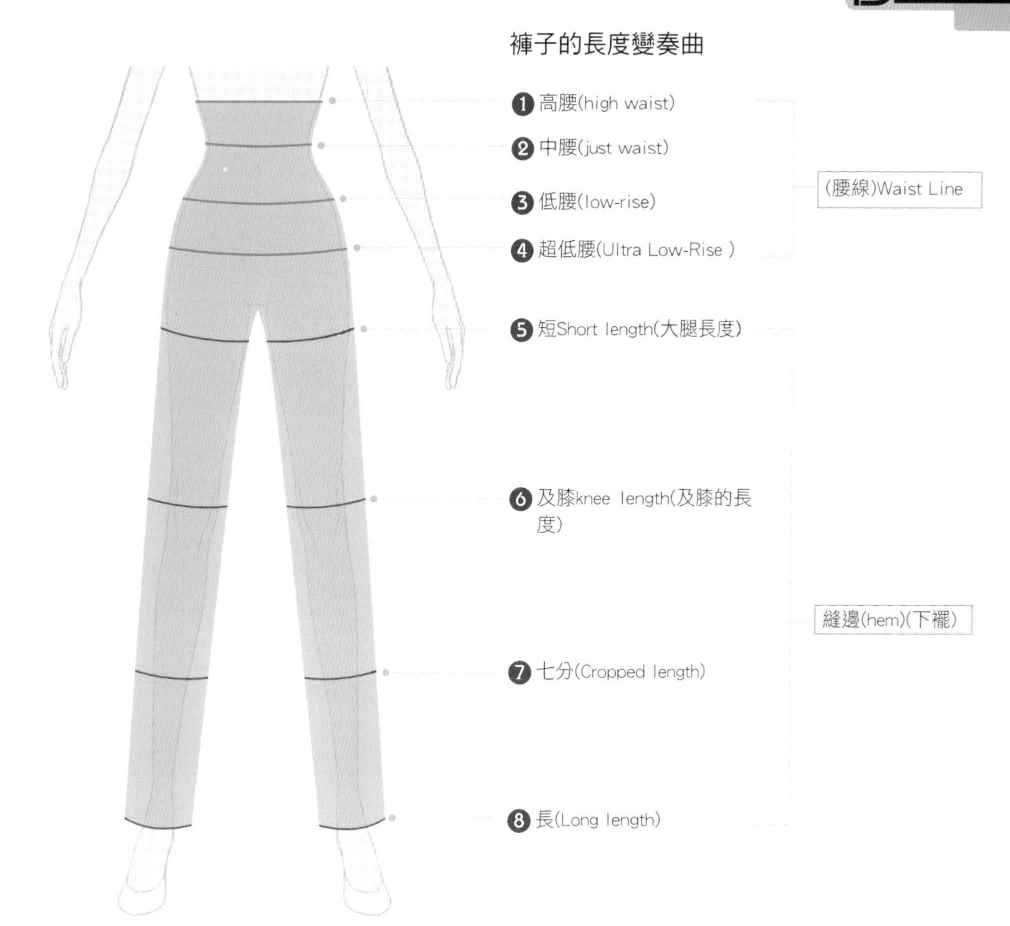

Outline輪廓線變奏曲

1 緊身線條 (Slim Line)

緊貼雙腳修長的線條。

2 直線條 (Straight Line)

從臀部往下襬筆直的線條。

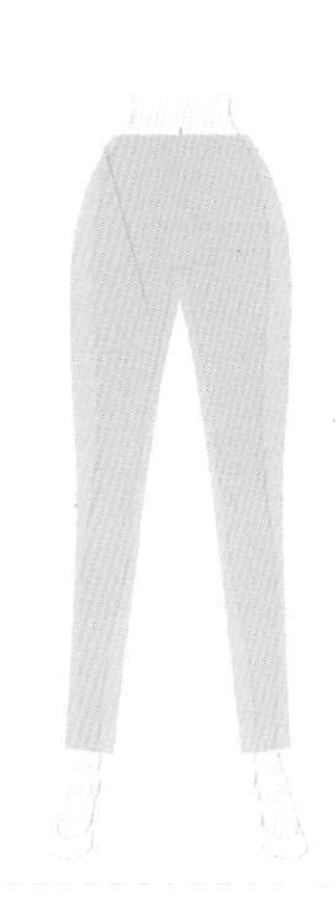

3 西洋梨線條 (Peg-Top Line)

褲襠深，腰部寬鬆往下襬變得非常細。別名：Baggy Top、Wide Slim pants

4 寬鬆線條 (Baggy Line)

從臀部往下襬變得非常寬。像baggy(袋子)一樣寬大的意思。別名：Bags Wide pants

5 波浪線條 (Flared Line)

從臀部或大腿往下襬逐漸變寬。

6 喇叭形 (Bell Bottom)

波浪褲的一種，膝蓋以上很貼身，膝蓋以下往下襬如鐘般張開的輪廓。

構造線

為了讓平面的布呈現出符合人體凹凸的曲線一定要將布的一部分抓起來縫在一起、或將幾塊布組合起來。為了達到這種效果所產生的接縫(seam)(縫合處)就是構造線。

上半身的構造線

前身結構線 需要穿出胸部的隆起和腰部變細的部份的構造線。

內衣(inner)

道(dart)：將布的一部分抓起來縫在一起的地方。從身體的各部位往乳尖點。

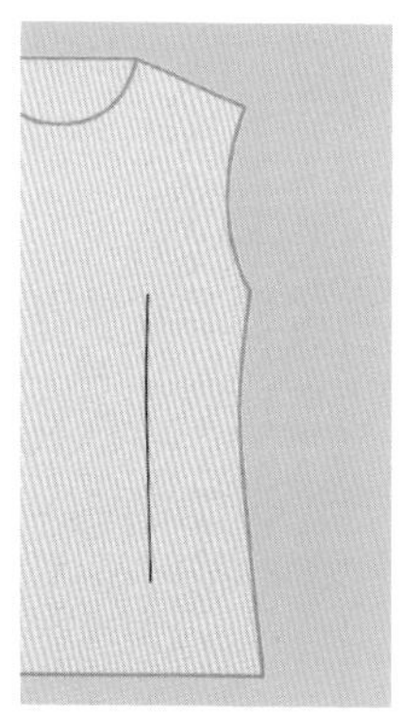

1 前省(front dart)
從前身中央往乳尖點。

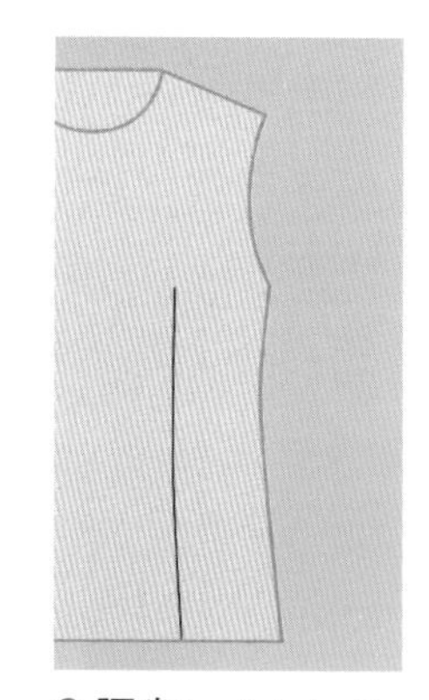

2 腰省(waist dart)
從腰線往乳尖點。

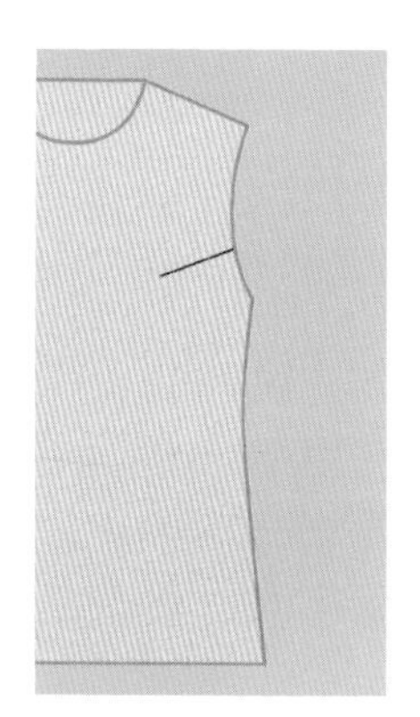

3 袖孔省
(arm hole dart)
從袖孔往乳尖點。

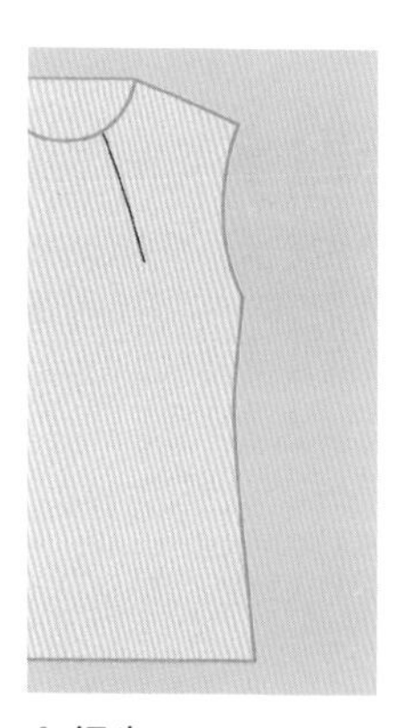

4 領省
(Neck line dart)
從領圍線往乳尖點。

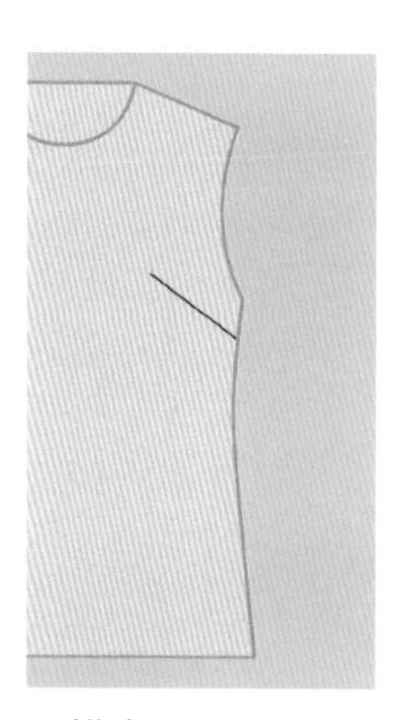

5 橫省(side dart)
從腋下線往乳尖點。

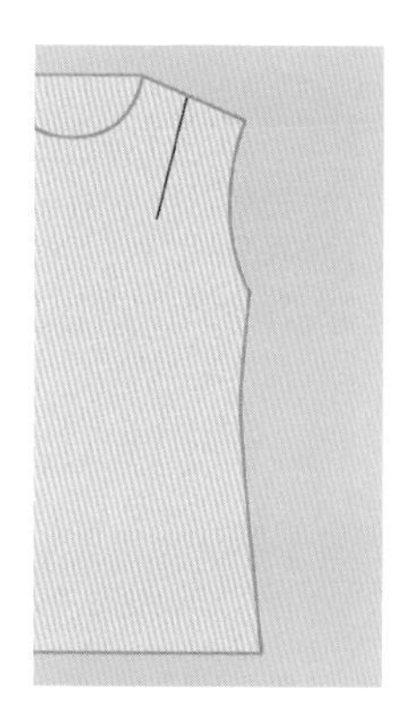

6 肩省
(shoulder dart)
從肩線往乳尖點。

剪接線(panel line):指結構線的變化。

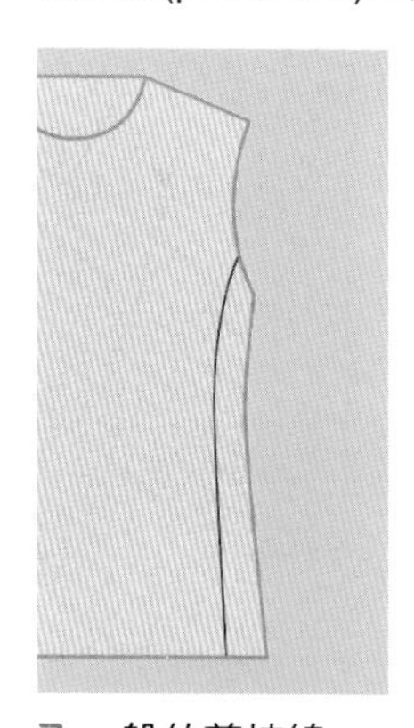

7 一般的剪接線
panel 的意思是「嵌板」，是指側布(或side body)

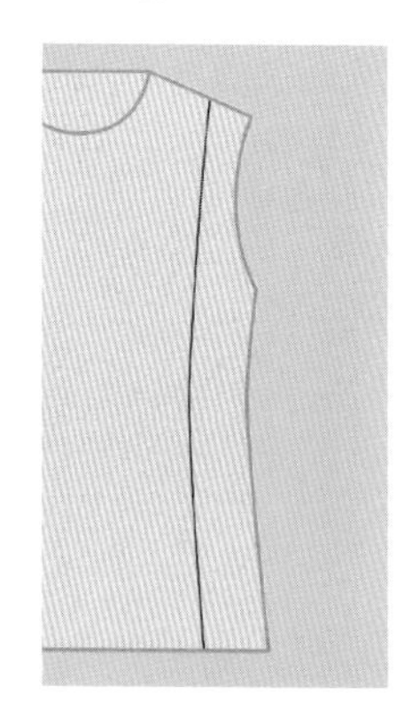

8 公主線
(Princess Line)
指直的剪接線。

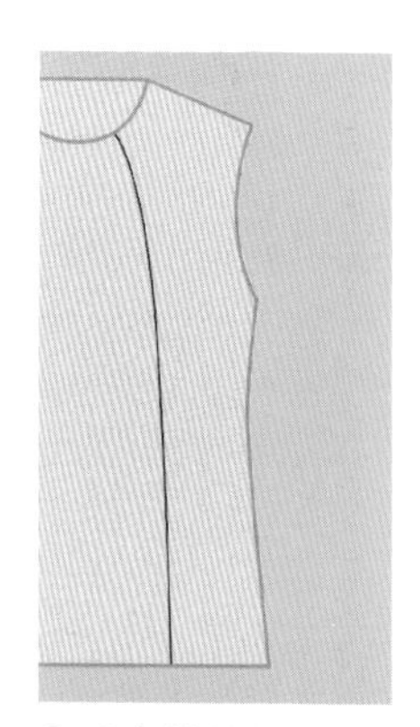

9 公主線的變化形

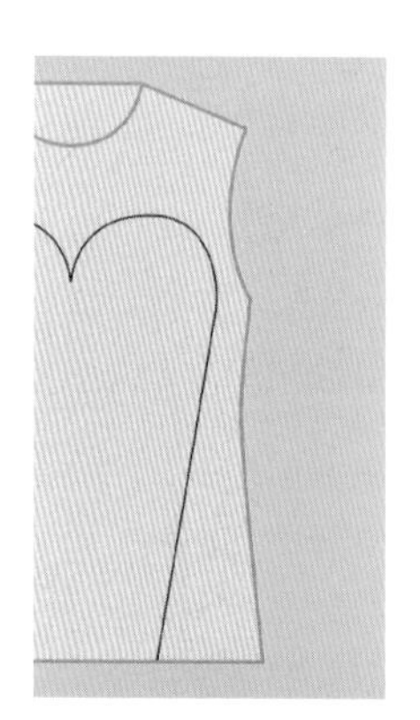

10 心形的剪接線

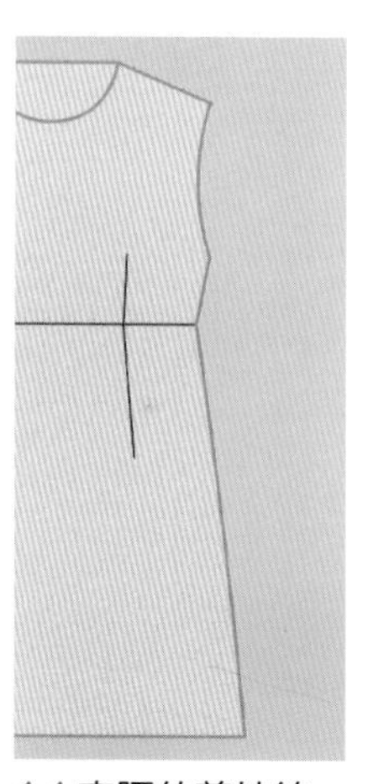

11 高腰的剪接線

Outer外衣

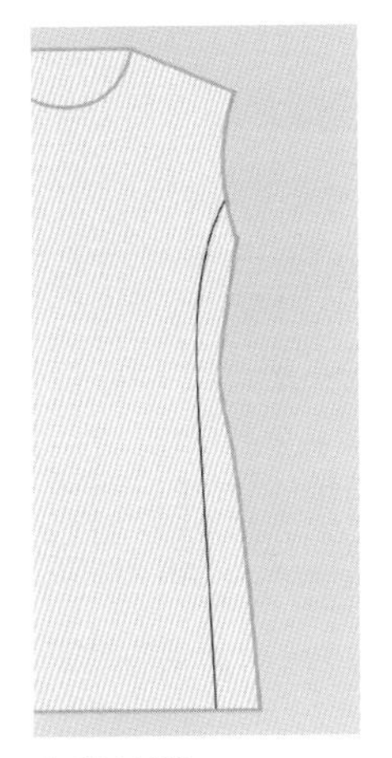
1 剪接線

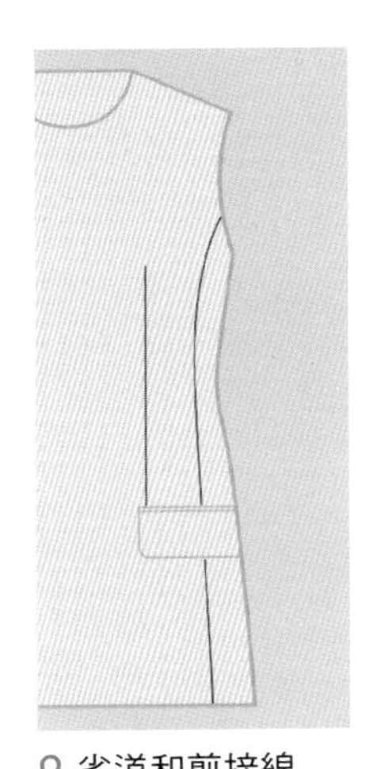
2 省道和剪接線
一般省道是到口袋。不會貫穿到下襬。

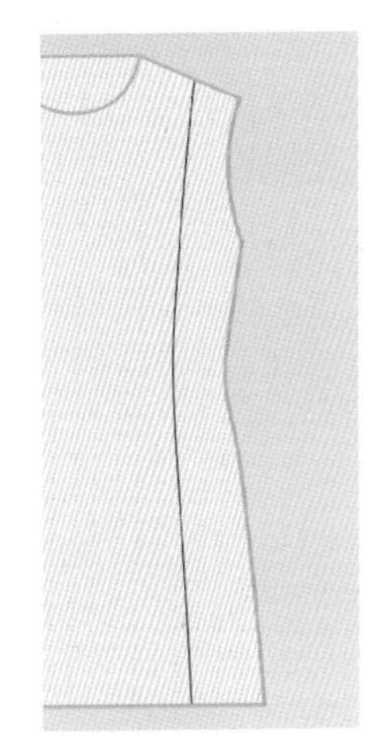
3 公主線

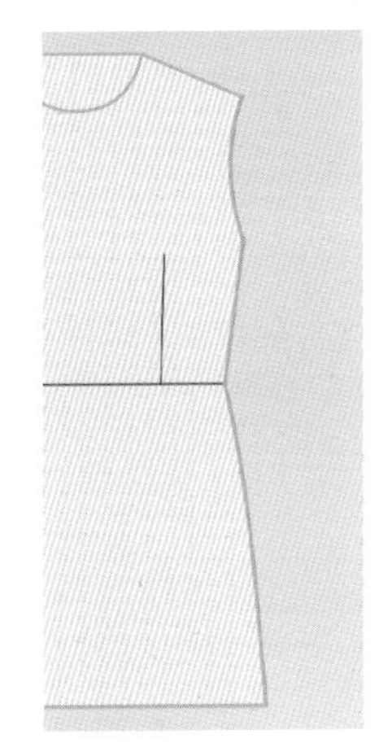
4 腰部剪接

後身結構線 因為比較沒有變化所以結構線也比較簡單。

內衣

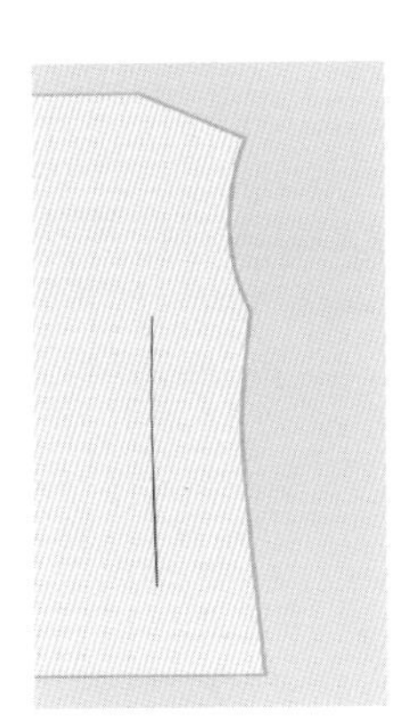
1 省道

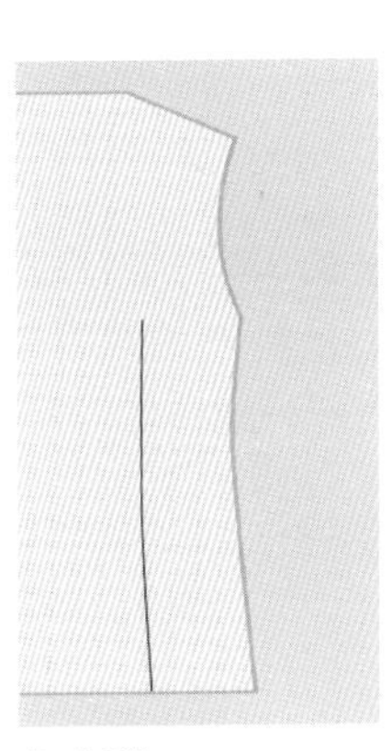
2 省道

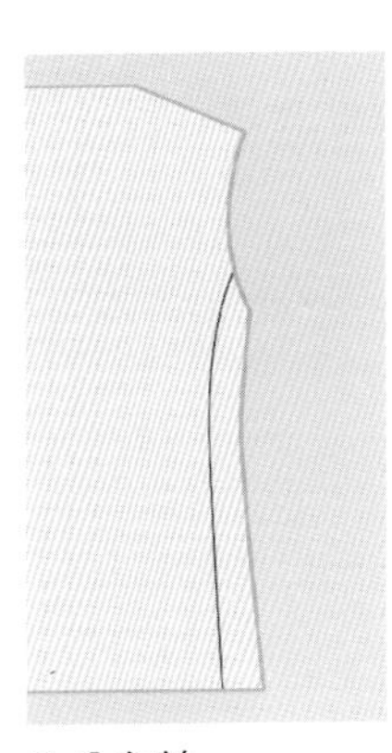
3 公主線

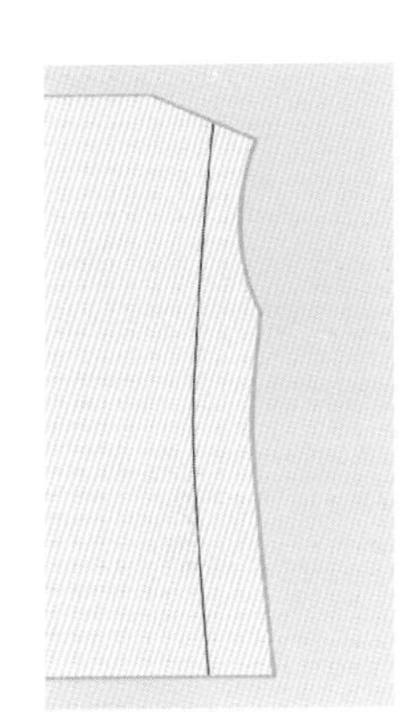
4 剪接線

外衣

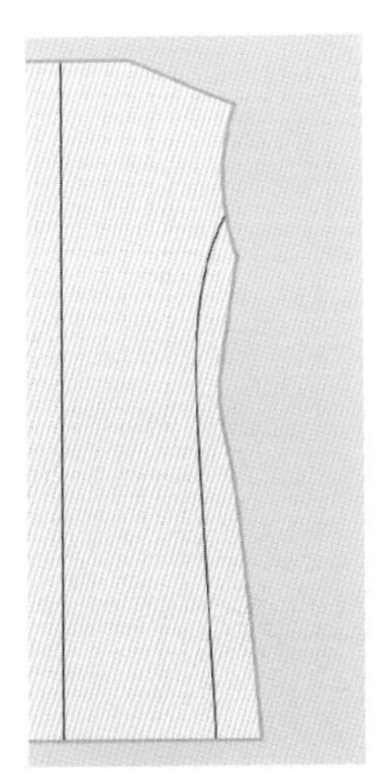
1 背縫(back seam)和剪接線

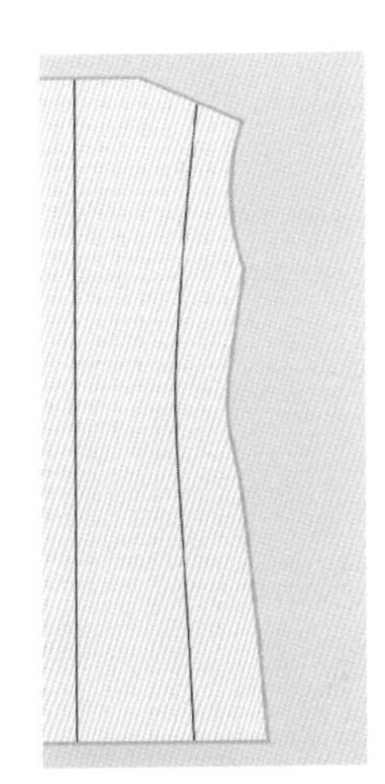
2 縫和公主線

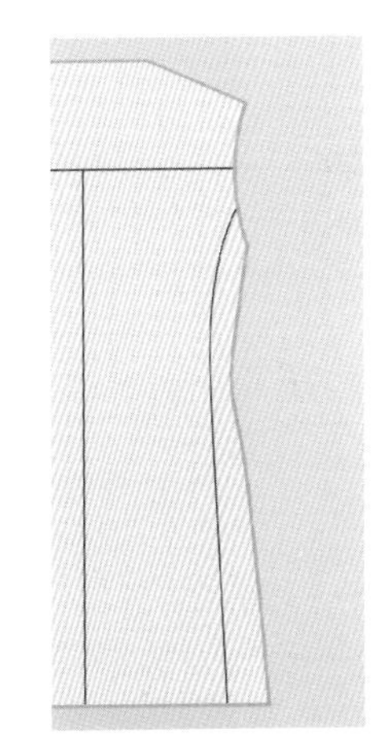
3 後肩克(yoke)搭配背縫和剪接線

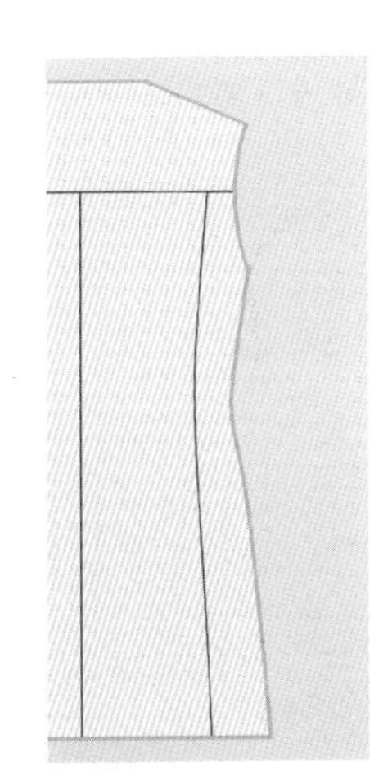
4 後肩克搭配背縫和公主線

下半身的結構線

腰線

腰頭(waistband)

指下半身的腰部有一條皮帶狀的布。

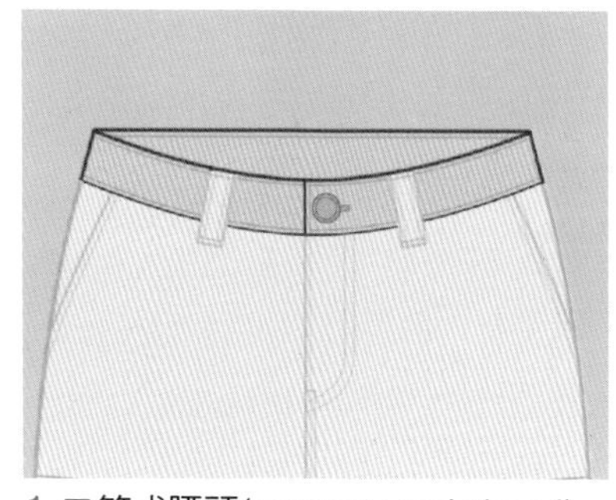

1 二節式腰頭(separate waistband)

和前後身分開的腰頭。

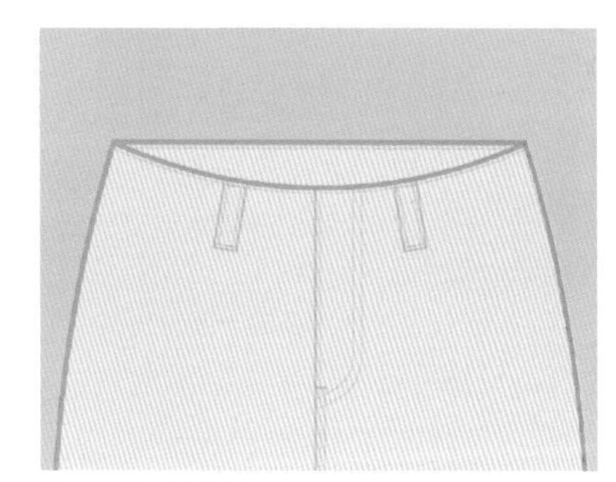

2 一件式腰頭onepiece waistband

和前後身一體的腰頭。別名：California waistband、Continuous

褲襠

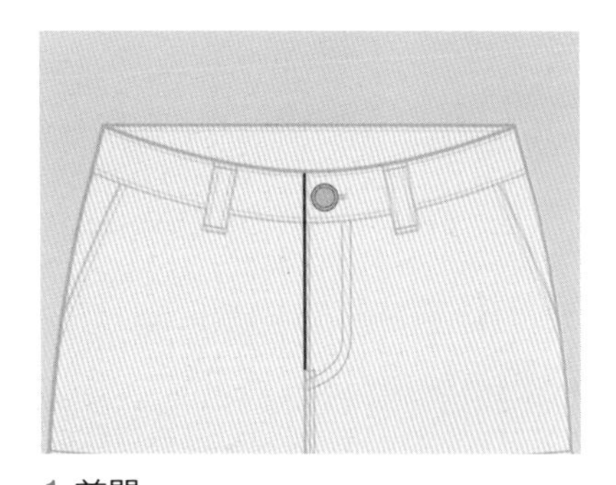

1 前開

一般是前貼布(Fly front)。(雙層門襟→p052)

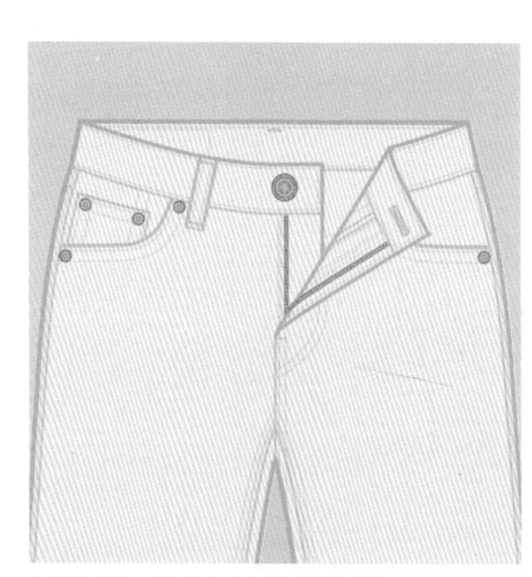

拉鏈(Zip Fly) 拉鏈樣式的褲襠

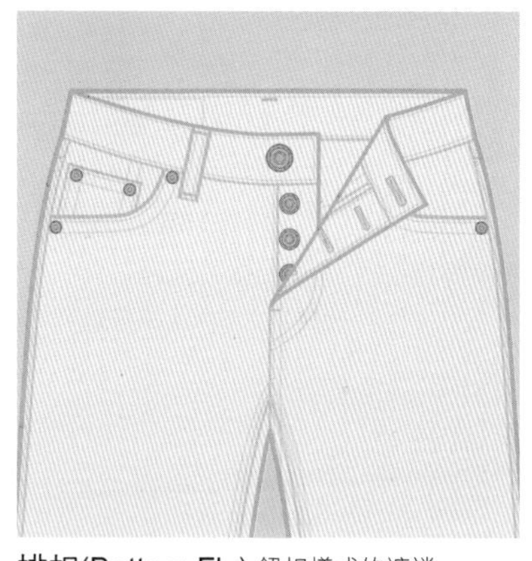

排扣(Bottom Fly) 鈕扣樣式的褲襠。

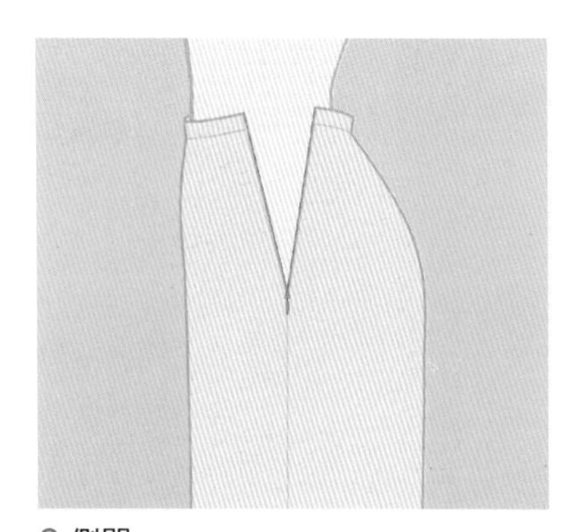

2 側開

一般是左開式。隱藏式拉鏈。(隱藏式拉鏈→p067)的拉鏈樣式很多。

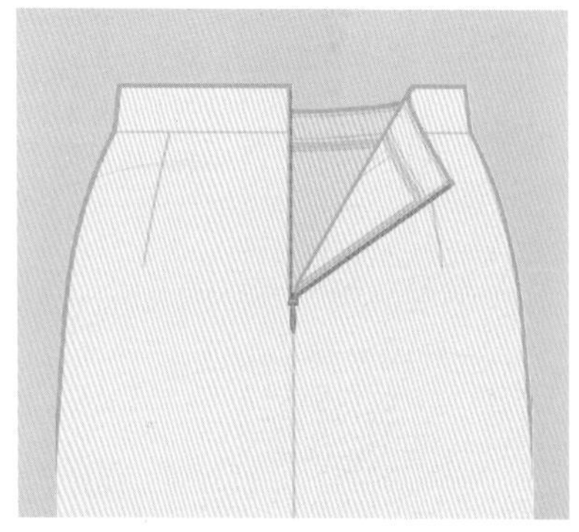

3 後開

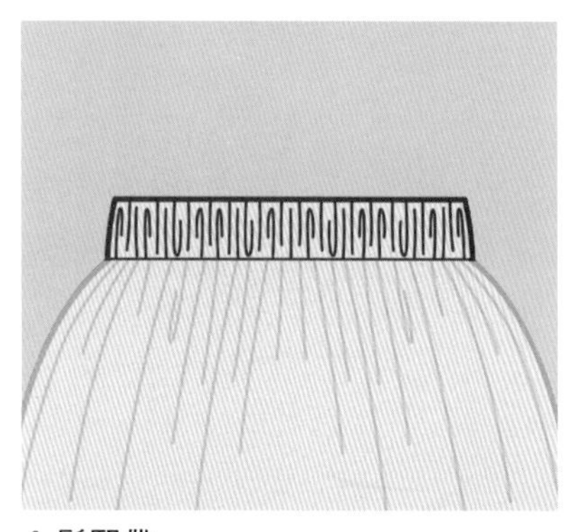

4 鬆緊帶

腰頭是用鬆緊帶，穿脫方便。

前後身

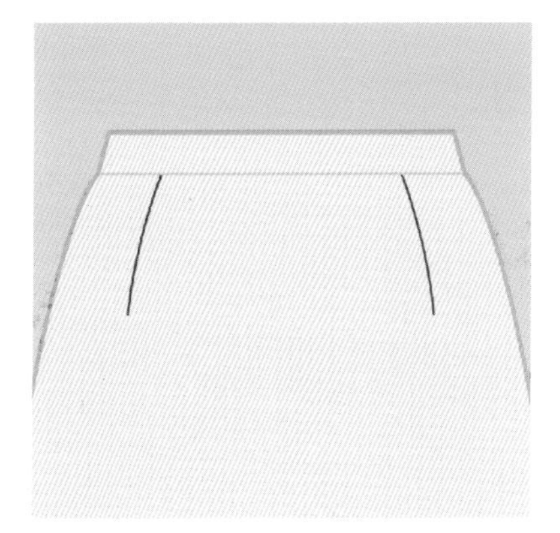

1 省道(dart)

將平面的布做成立體時多的一部分布抓起來縫合。

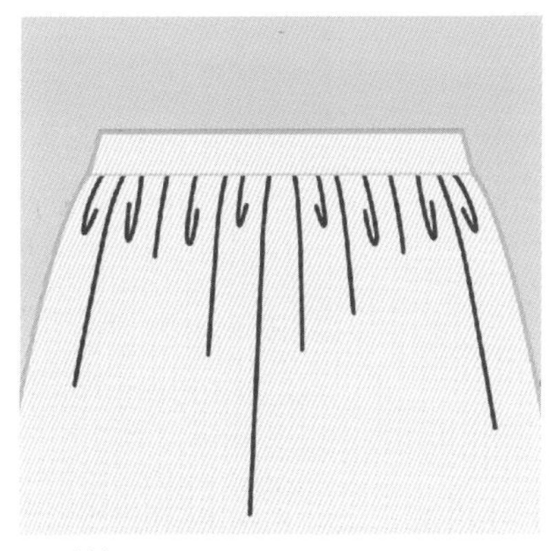

2 縮縐(gather)

只將布的一端縫合縮短所做出來的皺褶。因為只是將布縫合縮短而已，所以褶子在中途會消失不見。上半身衣物主要是用在前後身，下半身衣物主要是用在裙子。

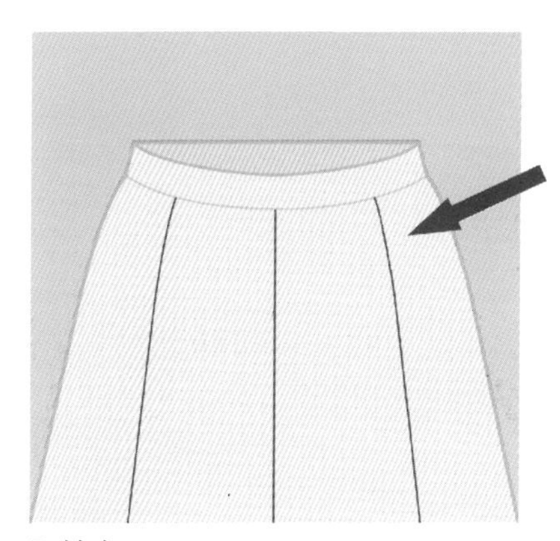

3 接布

只製作成裙子的布片。有四片裙、六片裙、八片裙…等，大多是雙數接片。

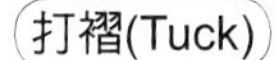

打褶(Tuck)

將布折起來縫出褶子。比起縮縐每一個褶線都呈很明顯的銳角。上半身主要用在前後身，下半身衣物主要用在褲子。

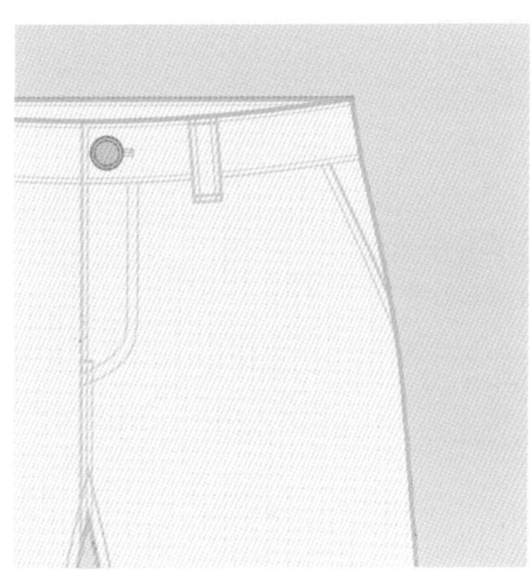

4 無褶褲(No tuck)

沒有打褶的褲子。別名：Plain front

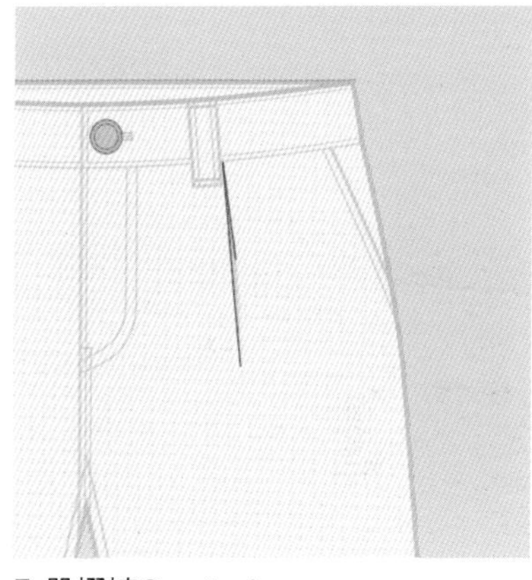

5 單褶褲One tuck

打一個褶的褲子。

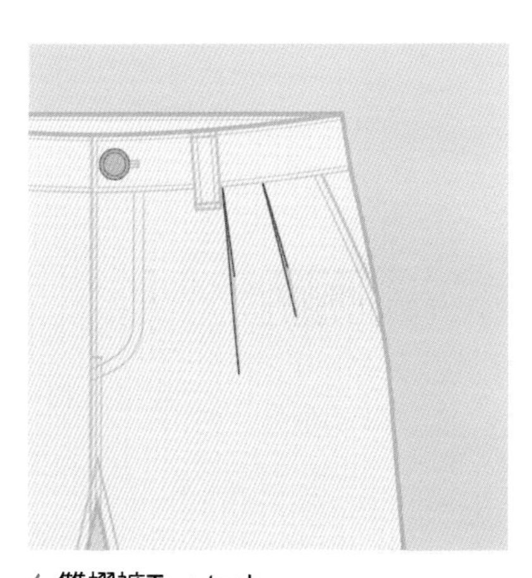

6 雙褶褲Two tuck

打二個褶的褲子。

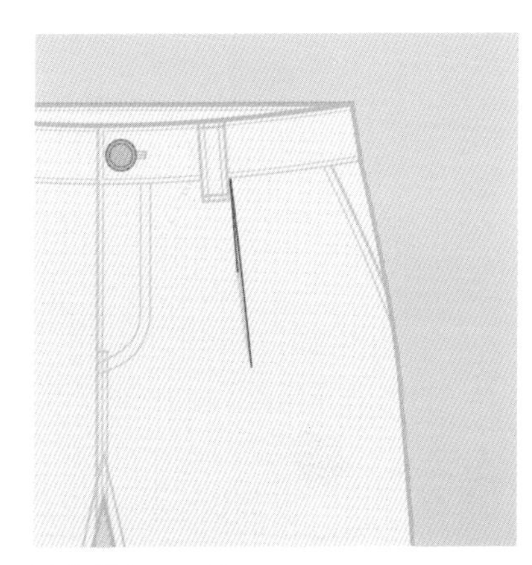

7 內褶(In tuck)

指往內褶的褶子。一般是往外褶稱為外褶(out tuck)。

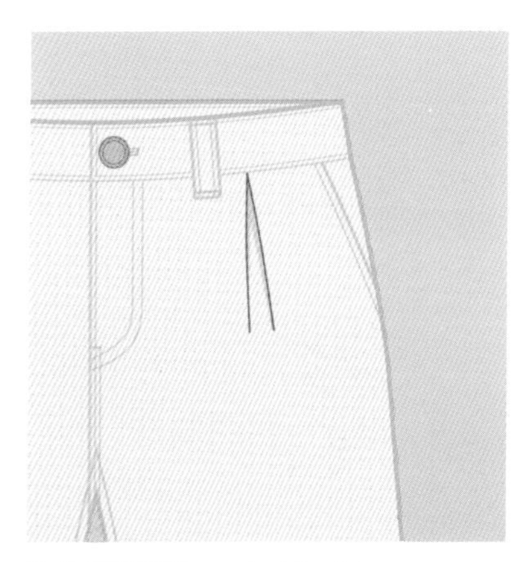

8 內工字褶(Inverted tuck)

inverted 是「反轉」的意思。將工字褶(Box pleat)反過來的打褶。

結構(Parts) 構成衣物的部位的名稱。

上半身衣物的各部結構

領圍線(Neck line)

指衣服的頸部的線。最容易讓人看到的臉部週圍的設計也很多變化。也有的只稱為領子(Neck)。

圓領

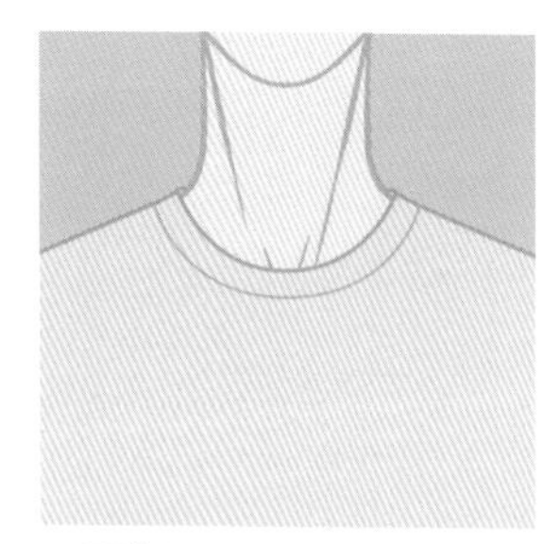

1 圓領(Round neck)

一般是指整個頸部，狹義上是指沿著頸根處，鎖骨稍微露出的程度的領子。

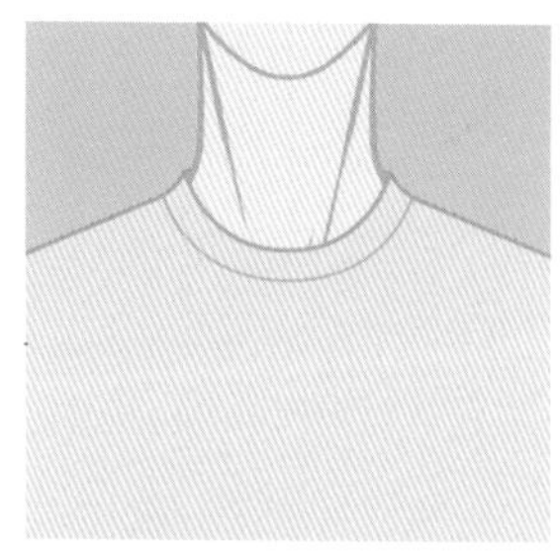

2 小圓領(Crew neck)

緊沿著領圍線的領子。領口比圓領稍小。

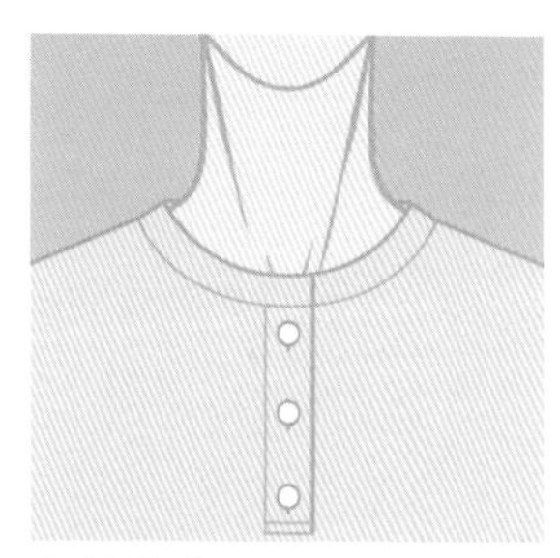

3 袖孔省(arm hole dart)

前開式有鈕扣的圓領。鈕扣通常是2～3顆。

高領(high neck)

廣義上為前後身的布料沿著頸部往上豎起來的領圍線的總稱。

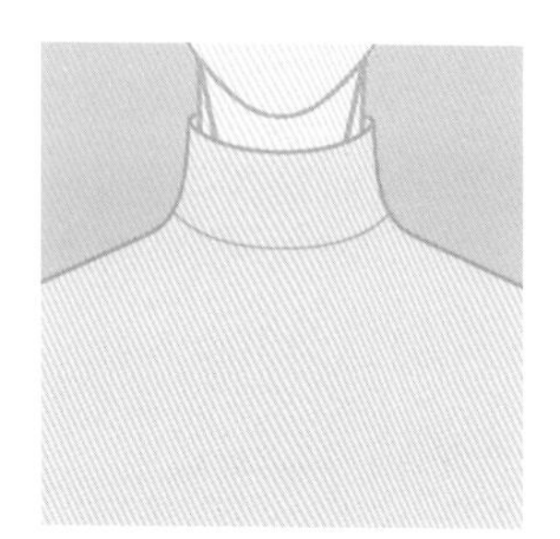

15 高領(high neck)

狹義上是指高2～3cm的立領。沒有反褶。

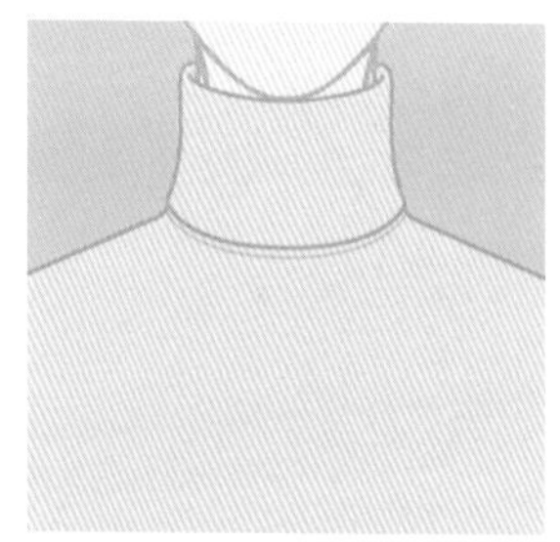

16 龜領(turtle neck)

反褶二褶或三褶的領圍線。別名：德利。

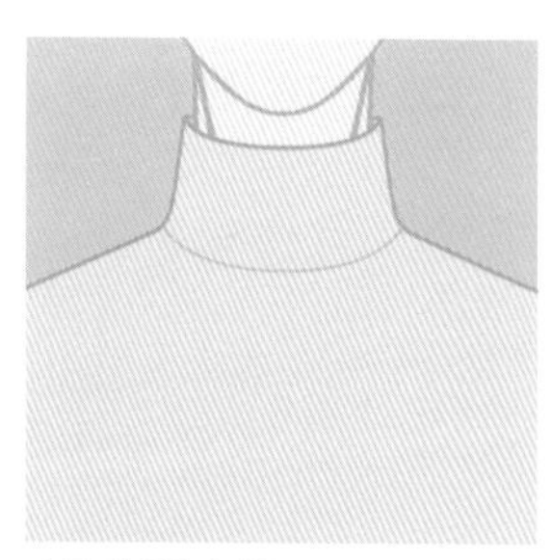

17 套頭高領
(Mock turtle neck)

沒有反褶，衣領比狹義的高領還高。

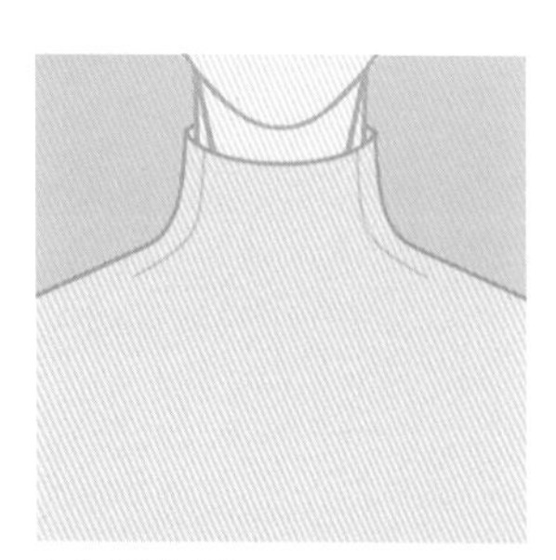

18 煙囪領(Funnel neck)

像煙囪一樣往上延伸呈筒狀的領圍線。

19 瓶頸領(Bottle neck)

沿著頸部像瓶口一般立起來的領圍線。

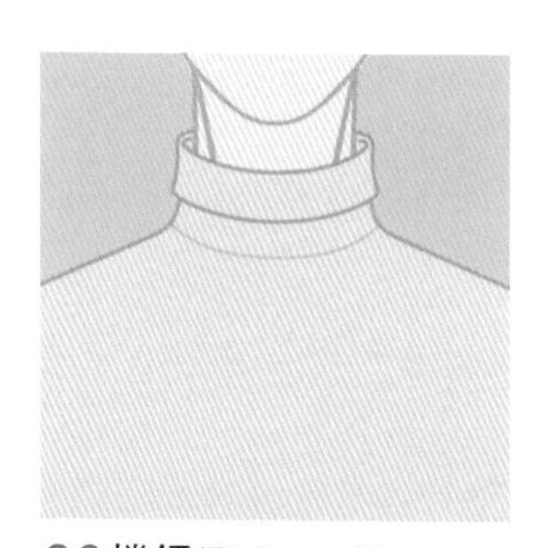

20 捲領(Roll neck)

衣領自然的捲起來的領圍線。

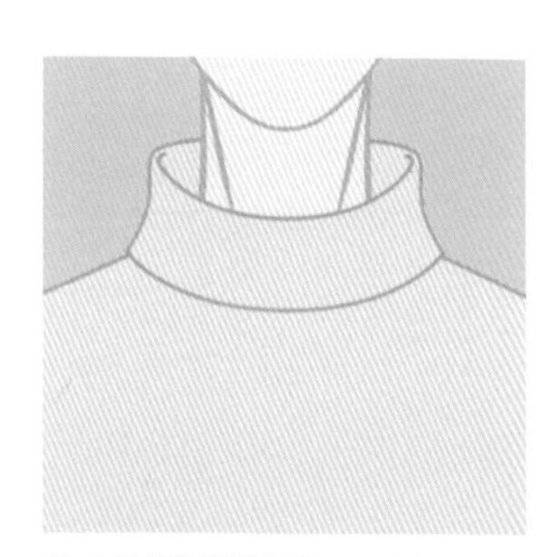

21 露頸領(Off neck)

離頸部有點距離立著的領圍線。

低領(Low neck)

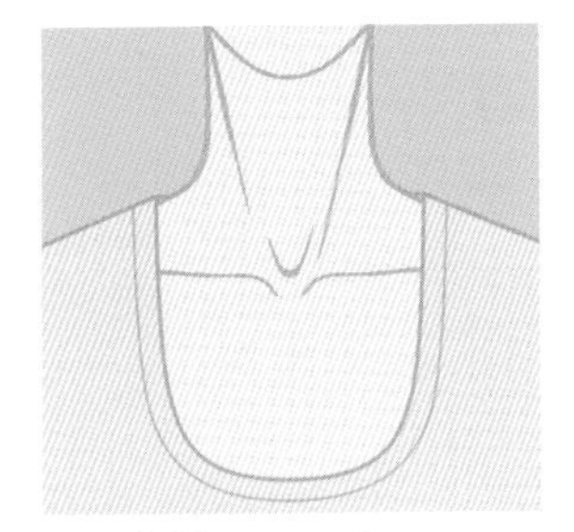

4 U字領(U neck)

U字形低胸的領圍線。

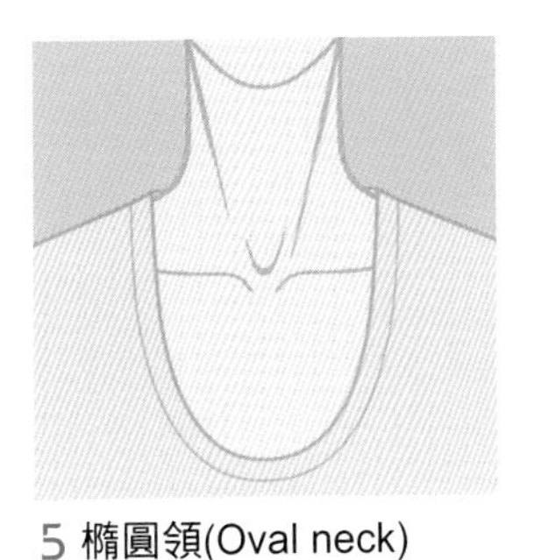

5 橢圓領(Oval neck)

oval是指雞蛋的形狀，縱長呈橢圓形的領圍線。

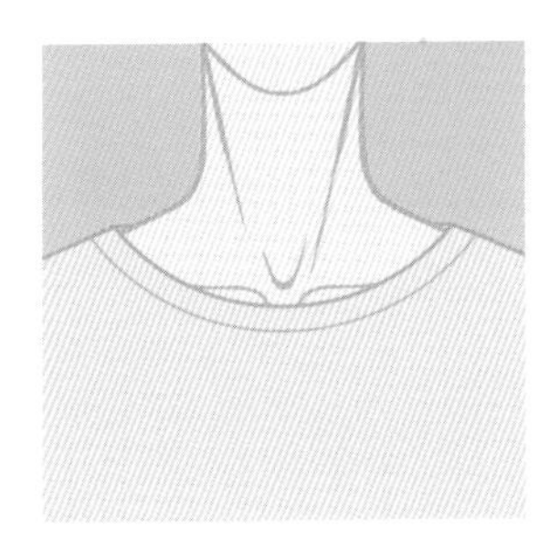

6 矩形領(Ob-long neck)

ob-long是指橢圓形，橫長呈橢圓形的領圍線。此領圍線也稱為橢圓領。

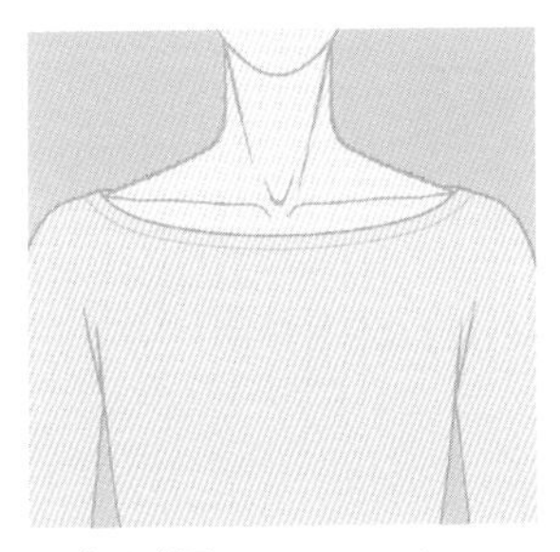

7 船形領(boat neck)

像船的形狀一般橫寬的領圍線。別名：船底領

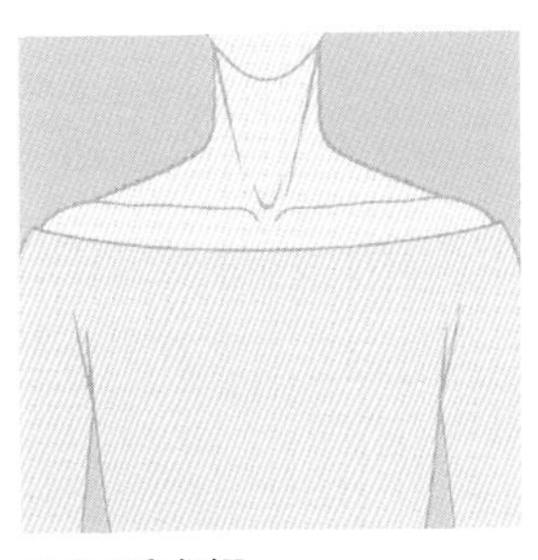

8 露肩式領
(Off shoulder neck)

露出肩膀的領圍線。

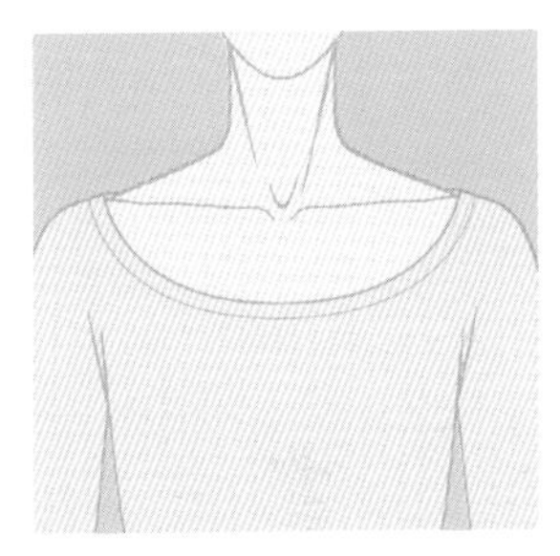

9 勺形領(Scoop neck)

像是用勺子(鏟子)掬取的形狀，比船形領還要深的領圍線。

V字領(V neck)

剪裁像「V」字般的領圍線的總稱。

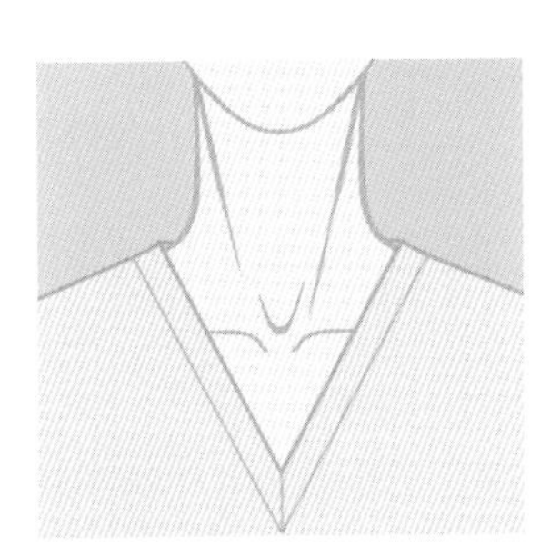

10 傳統V字領

最常見的領子，大多只稱為V字領。

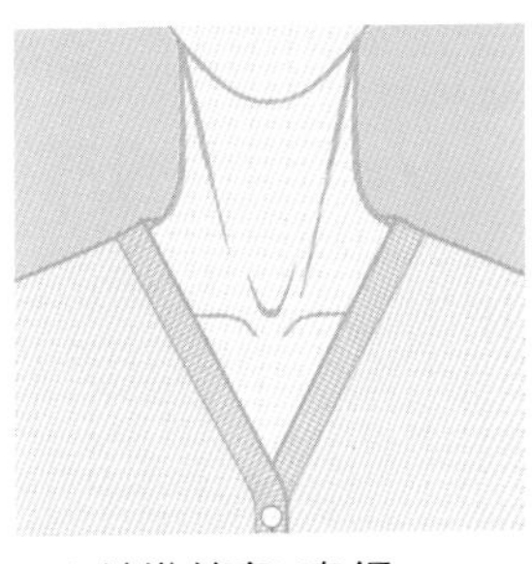

11 針織外套V字領
(Cardigan V neck)

前開羊毛衫的前襟呈V字形。

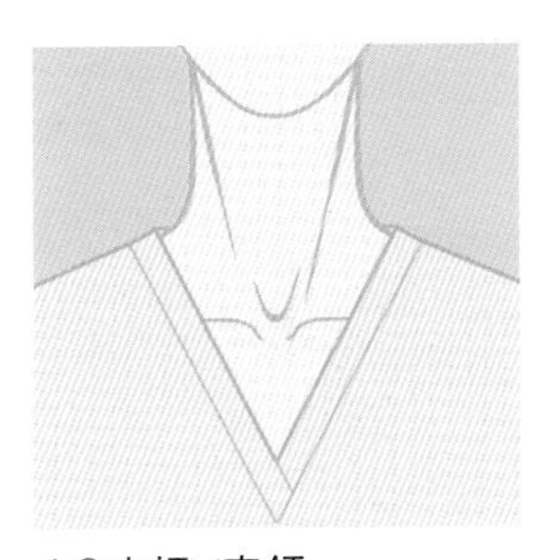

12 交插V字領
(Crossover V neck)

V字領的角(頂點)互相交叉。

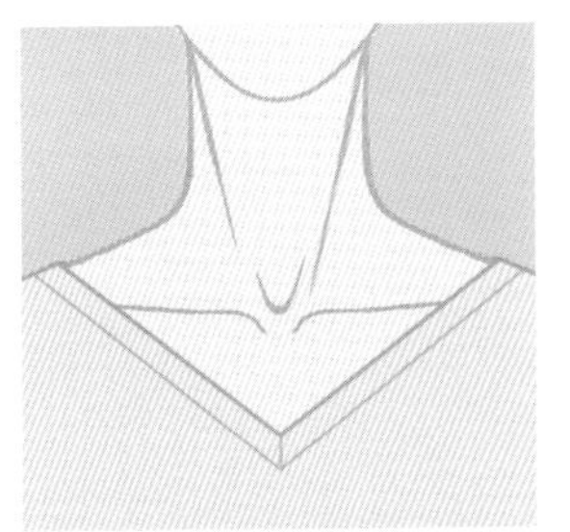

13 V形小圓領
(V shape Crew neck)

V字領的角(頂點)非常淺的衣領。較深的稱為「深V領(deep V neck)」。別名：Highest V neck、Angled Crew neck(有角的小圓領)

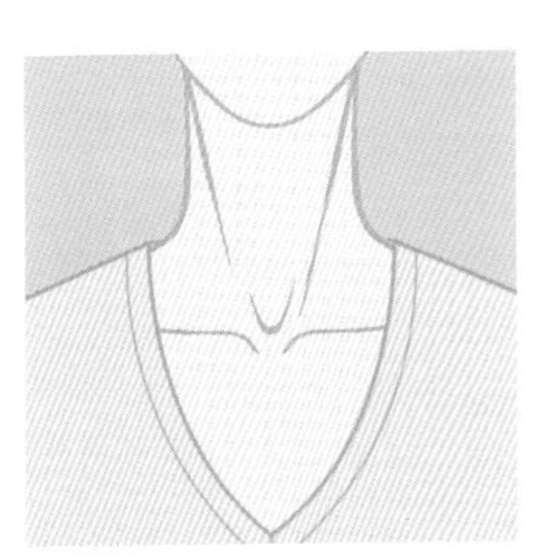

14 湯匙領(spoon neck)

如湯匙前端的形狀一般的領圍線。介於V字領和U字領之間。

其他領圍線

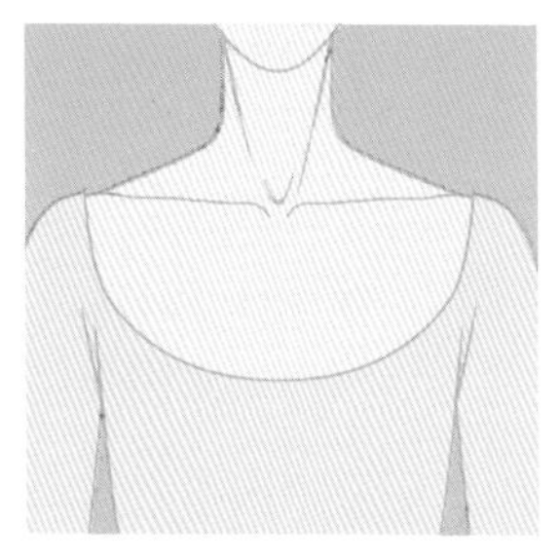

22低胸領(Decollete)

decollete是指露出頸部到胸口部份的法語，衍生為領口很低，露出胸部強調頸部到胸口的領圍線。

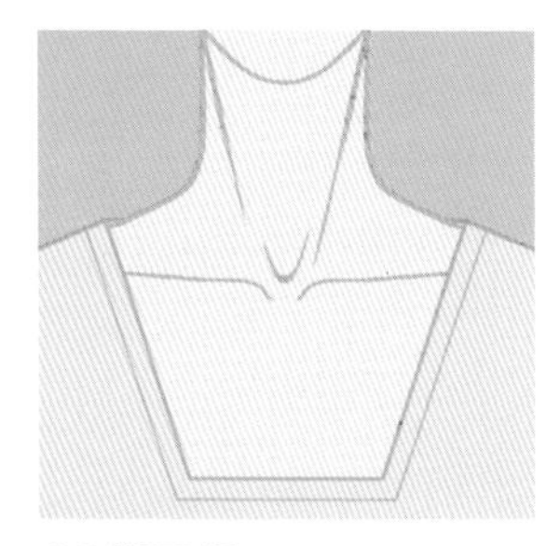

23楔石領
(keystone neck)

V字領變形變成沒有角(頂點)的領子。別名：Squared V neck

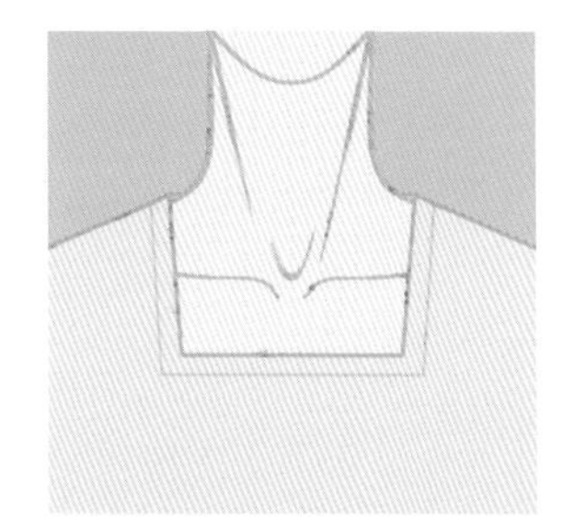

24方形領(Square neck)

從頸根處呈四角形的領圍線。

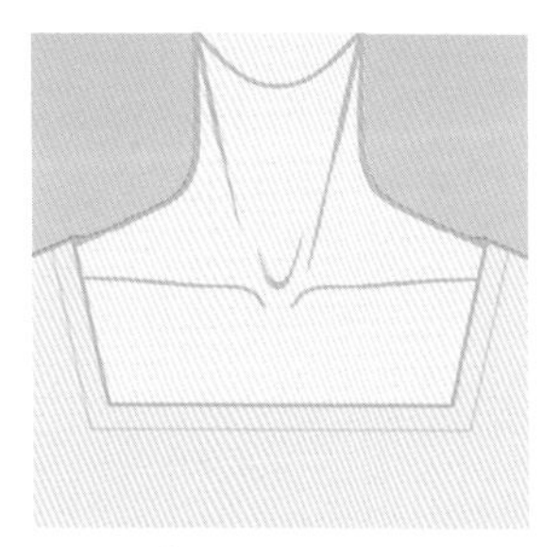

25長方形領
(Rectangular neck)

rectangular是長方形的意思，指橫的長方形的領子。

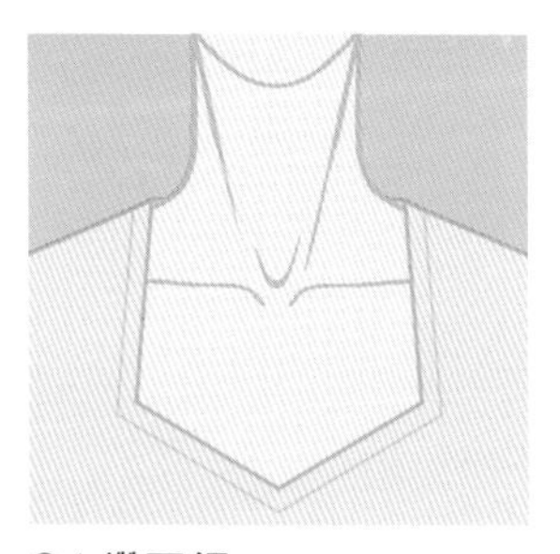

26鑽石領
(Diamond neck)

領口如鑽石般呈三角形或五角形的領圍線。

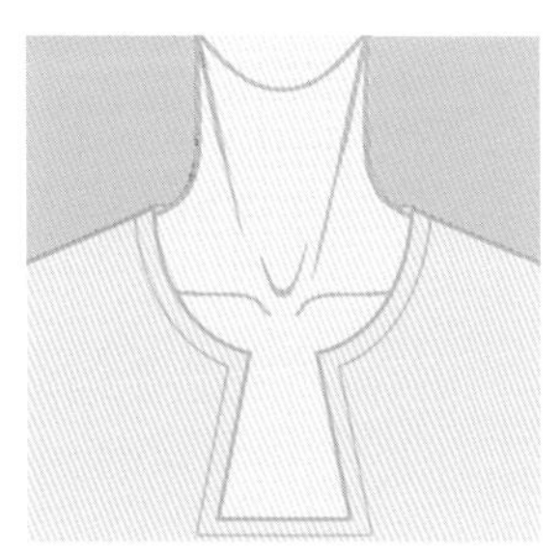

27鎖孔領(Keyhole neck)

領口挖有鑰匙孔狀的領圍線。

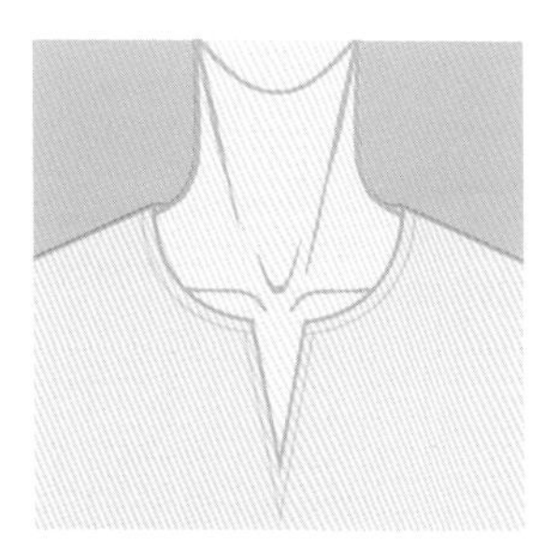

28深露形領
(Plunging neck)

圓領挖有V字形的領圍線。

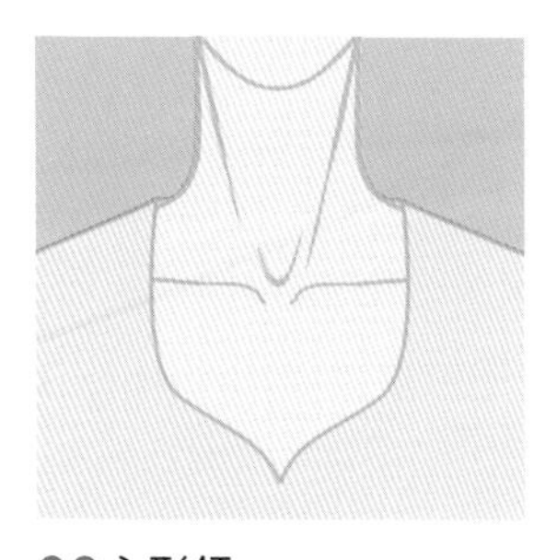

29心形領
(Heart shaped neck)

裁成心形的領圍線。

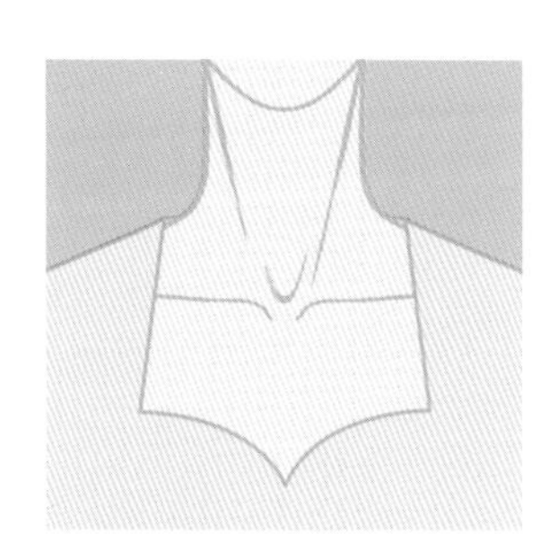

30甜心領
(Sweetheart neck)

比心形領還深的心形領圍線。

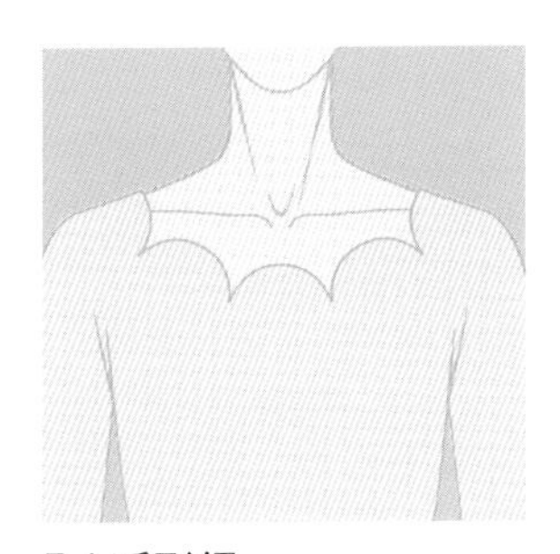

31扇形領
(Scalloped neck)
扇貝的兩端相連的波浪狀領圍線。

32頸掛式(Halter neck)
延續自前身的布或吊帶掛在頸部的領圍線。背部全露。

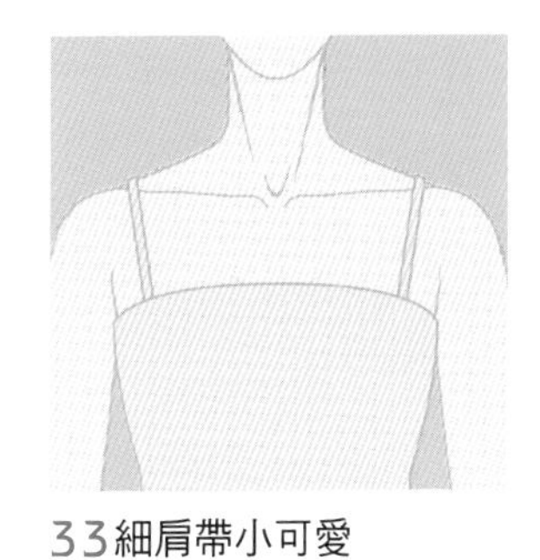

33細肩帶小可愛
(Camisole neck)
在胸線上水平裁切，縫有肩帶的領圍線。有以此為基本變出各種樣式的設計。

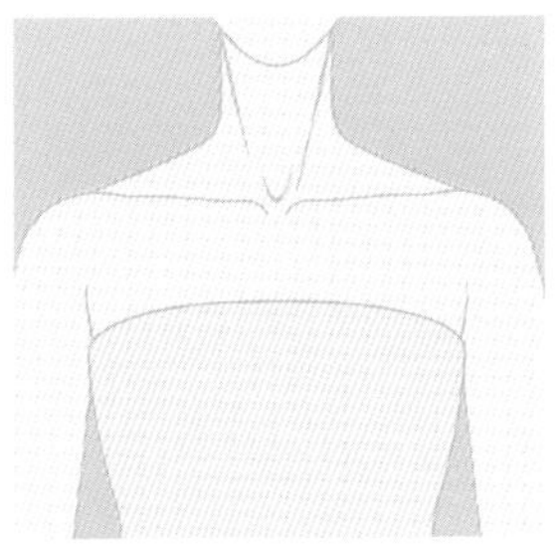

34無肩帶
(Strapless neck)
沒有肩帶。

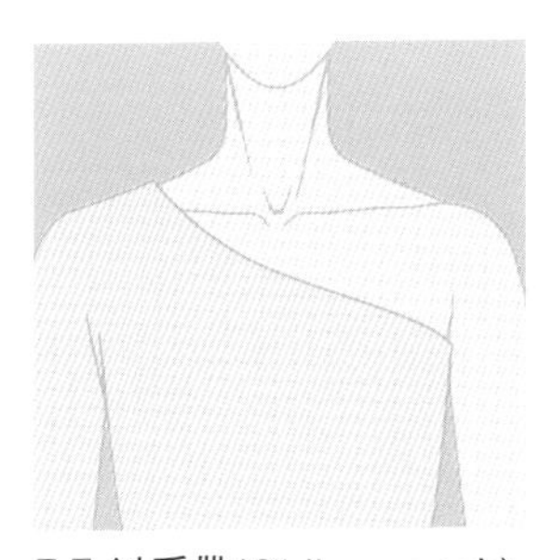

35斜肩帶(Oblique neck)
Oblique是傾斜的意思，從一邊的肩膀斜向另一邊的腋下的領圍線。別名：單肩(one shoulder)、不對稱領(Asymmetric neck)、露單臂。

36垂墜領(Draped neck)
有褶襉垂幔的領圍線。

37抽繩領
(Drawstring neck)
用繩子縮緊的領圍線。

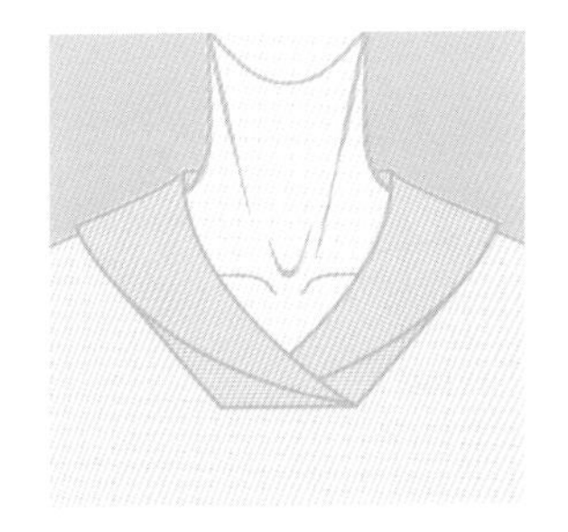

38圍巾領
(Crossmuffler collar)
將披肩衣領(shawl collar)在尖點交叉，看起來像是纏著圍巾。

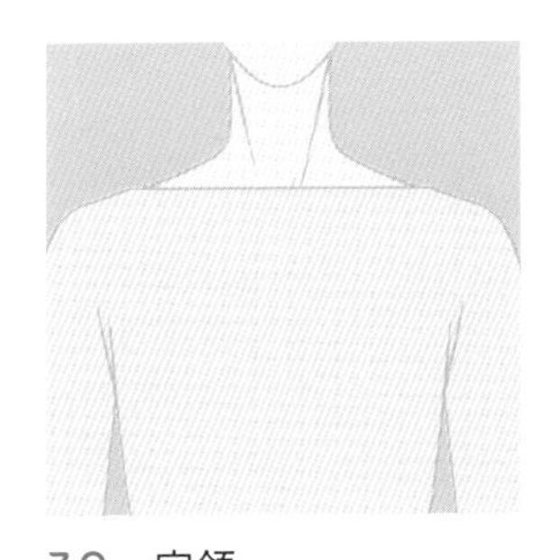

39一字領
(Slashed neck)
水平裁切成一直線的領圍線。

領子(collar) 安裝在領口的設計或領子的總稱。在西裝領(Tailored collar)是指上領片。

襯衫和女用襯衫的領子

Two pieces collar

指由領座(P068)和領葉(P068)所組成的領子。
別名：二片領

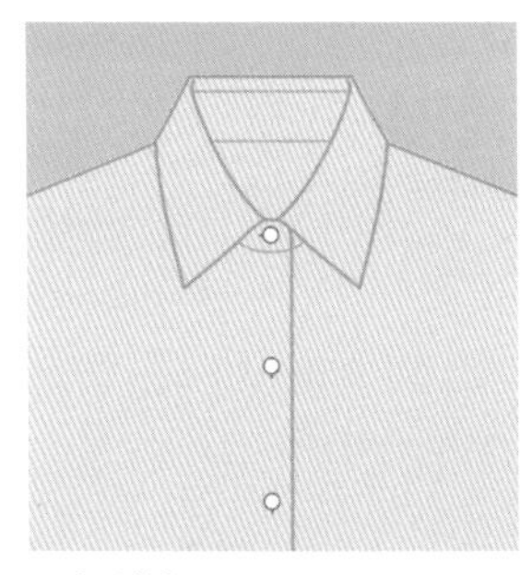

1 標準領(Regular collar)

最基本的襯衫領。

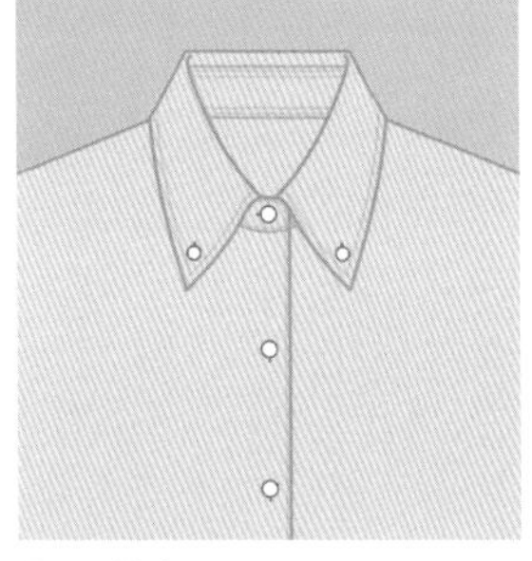

2 扣結領
(Button down collar)

領尖用鈕扣固定的領子。學院時尚(Ivy Fashion) 的實力派Brooks Brothers創辦人的孫子John brooks 從英國職業運動選手的襯衫所連想設計並將其商品化。主要設計出包含學院風的美國傳統(American tradition)風格。

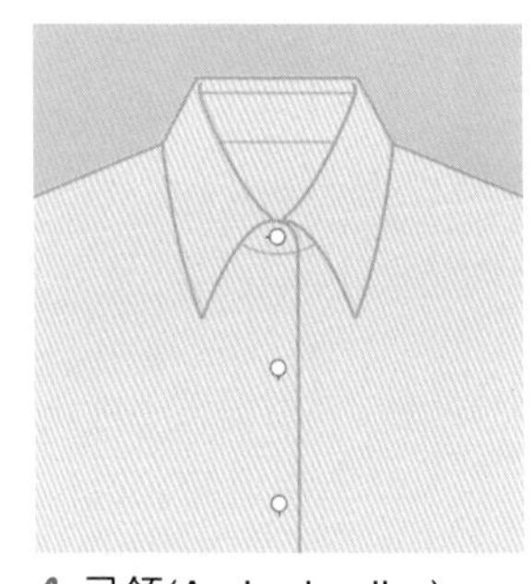

3 白領(Cleric collar)

左圖：前後身為條紋花樣或素色，衣領和袖口為素色的衣服。
右圖：也有只有衣領為素色的衣服。

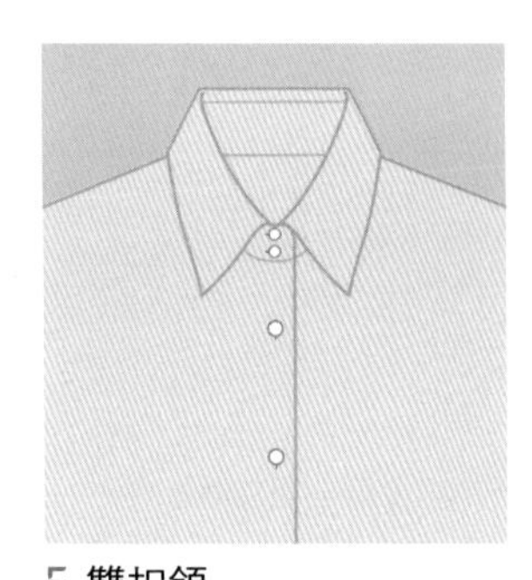

4 弓領(Arched collar)

領尖呈弓狀的領子。常設計在正式硬挺的西裝或襯衫。

5 雙扣領
(Due bottoni collar)

義大利語為二顆鈕扣的意思。領座有二顆擰扣，領子變高，所以前面打開不打領帶是基本的穿法。也有扣結或領座。也有很多是使用對比色的扣眼或鈕扣線。

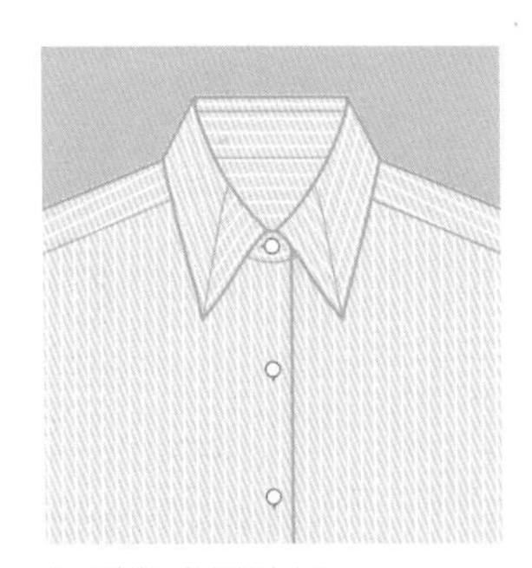

6 斜角式拼接領
(Miter collar)

像畫框一樣斜拼接的領子。

變奏曲

最近領子的接領(stopper collar)也稱為斜角式拼接領。如插圖中的前領成水平拼接的領子很受歡迎。

扣結領

鈕扣遮住一半，接領的扣結領也很受歡迎。

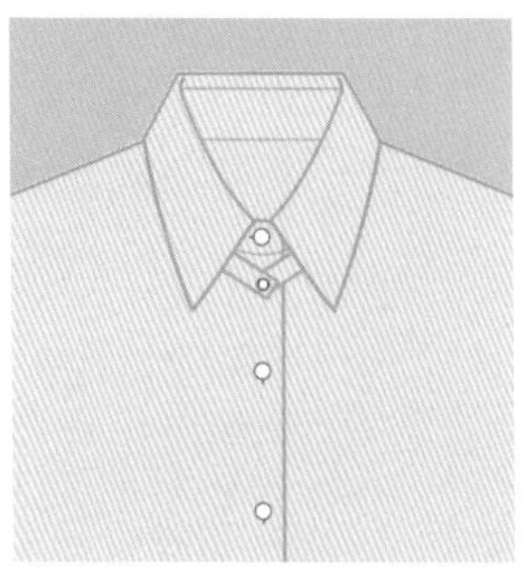

7 英國領(Tab collar)

領子裡面裝有小布條，固定在領邊的領子。讓領尖尖挺的領子。

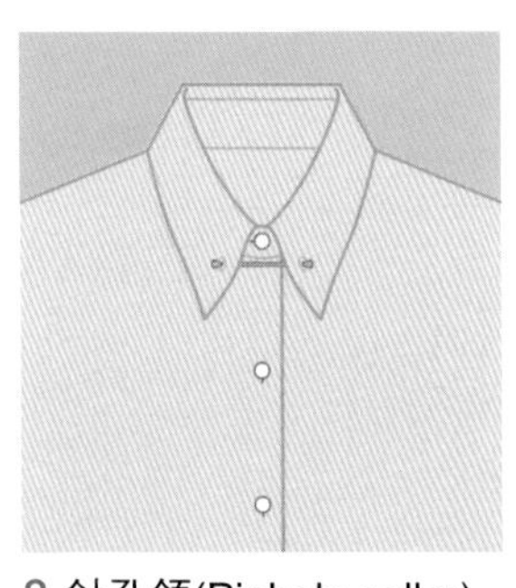

8 針孔領(Pinhole collar)

領針從領子中間的孔(扣眼)穿過固定兩邊領尖的領子。將領帶從領針上面拉出的領子。領針也有將領帶的領結稍微往上提作用，所以比英國領更加優美。別名：Eyelet collar、Pin collar

9 疊領(Double collar)

領葉有二層的領子，也有可拆式的。

10按扣領
(Snap down collar)

用按扣固定領尖和前身的領子。乍看之下好像是標準領，實際上和扣結領一樣可以捲到中間。

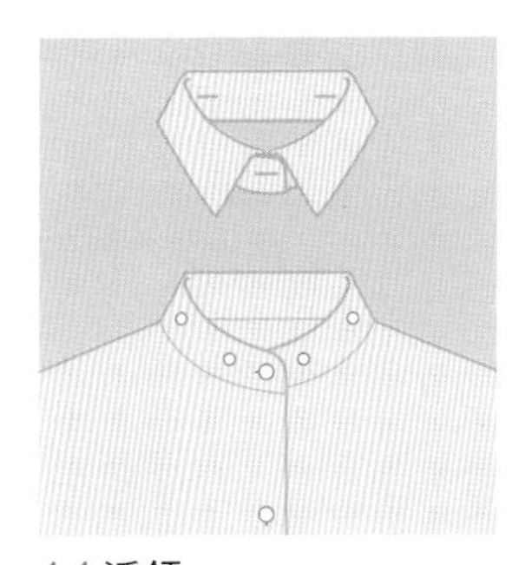

11活領
(Detachable collar)

分離式領子。領子和前身可以分開。別名：Separate collar

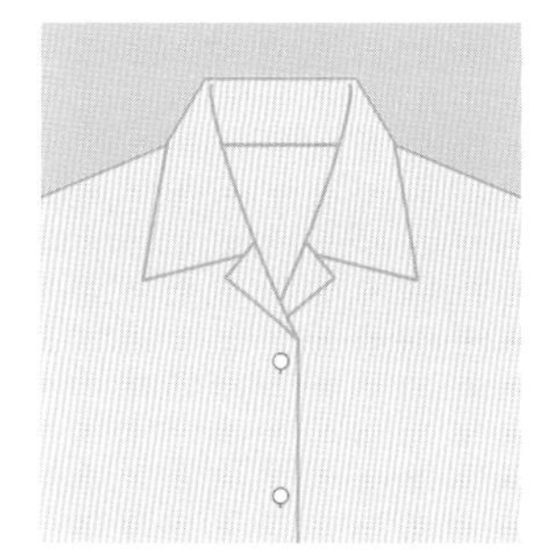

12開領(Open collar)

敞領。胸口打開的領子的總稱。

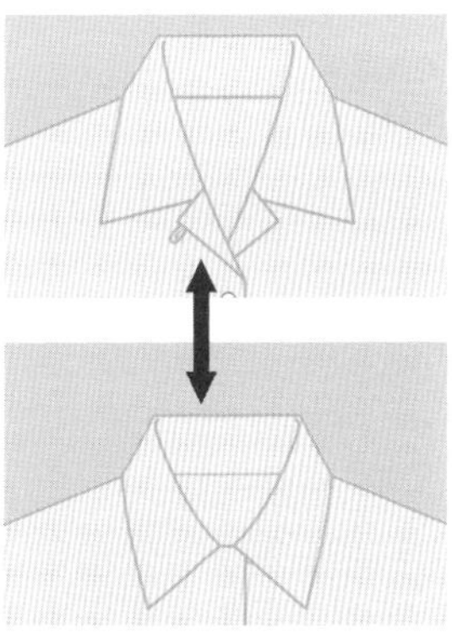

13翻領(One up collar)

有裝第一顆鈕扣的開領。可以做成開領也可以做成襯衫領。在日本稱為「Hama collar(橫濱領的簡稱)」，這是源自於1970年代後期流行一時的「hamatora(橫濱traditional)」。

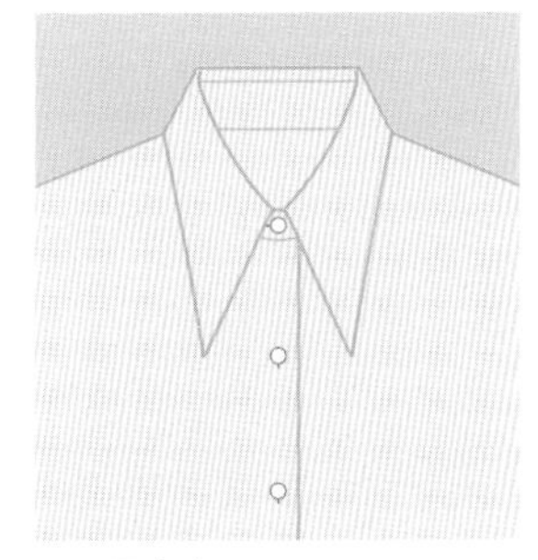

14長角領
(Long point collar)

指領尖長的領子。感覺華麗。相對詞：short point collar。同義詞：Barrymore collar(領尖尖銳、下垂的大領尖。1920年代好萊塢明星John Barrymore喜歡而依此命名)

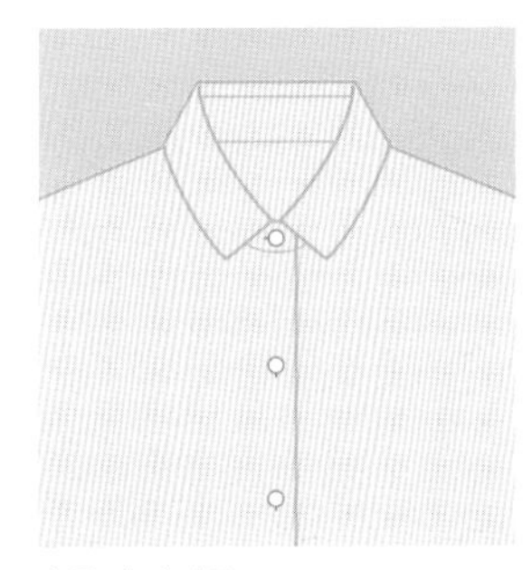

15小方領
(Short point collar)

領尖短於6cm以下的領子的總稱。同義詞：小領(Tiny collar)(尤其是領子小的衣服)。

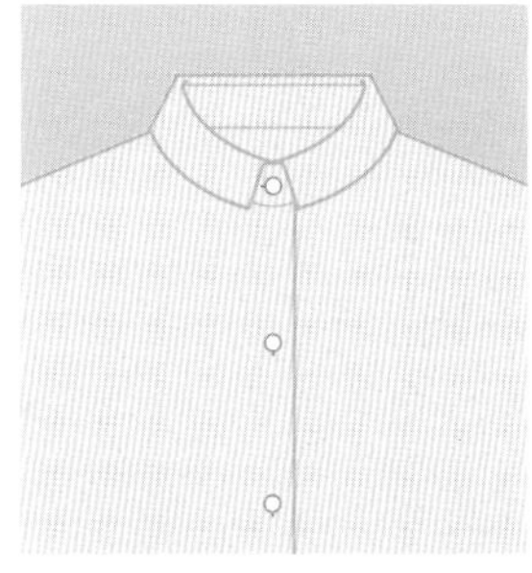

16荷蘭領(Dutch collar)

沿著頸部立起來反褶的領子。Dutch是「荷蘭」的意思，常出現於荷蘭畫家Rembrandt(1606～1669)的畫中而命名。荷蘭領大多領寬狹窄、領角呈圓形。

17寬角領
(Wide spread collar)

指寬角的領子。領子大約呈100～130度角，有歐洲傳統的感覺。別名：溫莎領(Windsor collar)

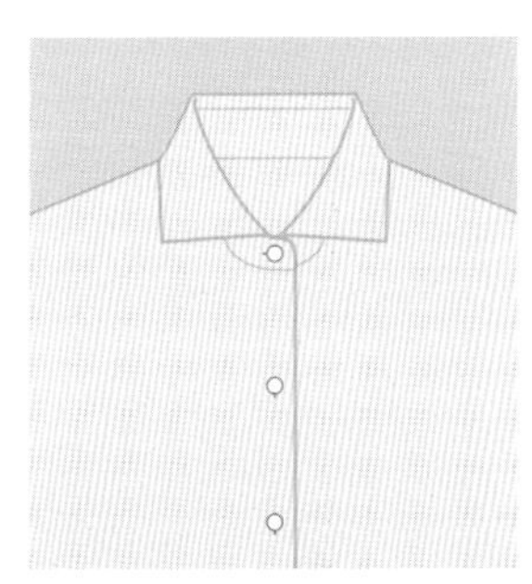

18水平領
(Horizontal collar)

衣領的角度非常大的領子。宛如地平線一般水平的角度所以稱為水平領。

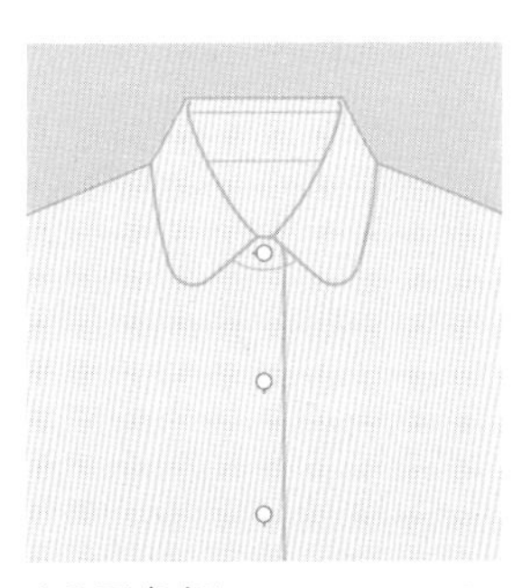

19圓角領(Round collar)

領尖呈圓形的衣領。感覺很柔和。和剪裁成小圓形的衣領不同，稱為roun dtop或round tip。

20翼領(Wing collar)

指用於正式襯衫前褶式的立領。也指如翅膀一般展開的開領。

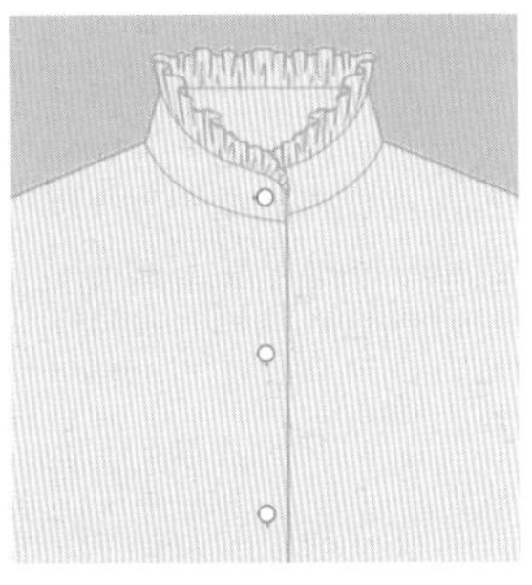

21 波浪形褶邊領
(Frill collar)
領圍線或領子的邊緣褶出波浪形的衣領。

22 襯衫縐邊領
(Jabot collar)
裝有胸前花邊裝飾(蕾絲或波浪形的胸前裝飾)的領子。十九世紀中期男性襯衫常見的設計花樣，用來當作領帶一般。

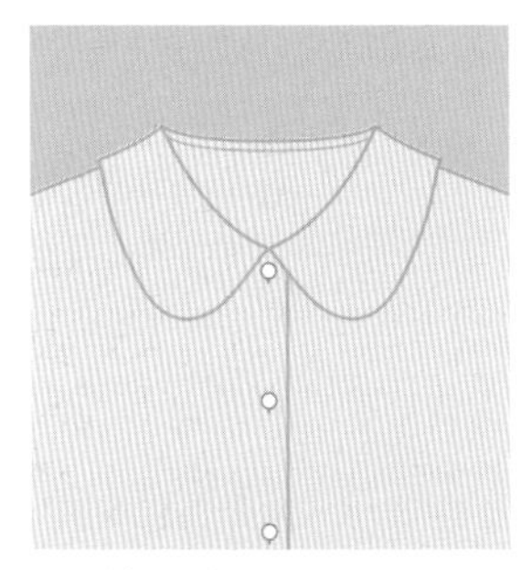

23 彼得潘領
(Peter Pan collar)
沒有領高的小方領的圓角領。也有角形的，常見於polo衫。

24 蝴蝶結領(Bow collar)
打成蝴蝶結的領子的總稱。

其他衣領

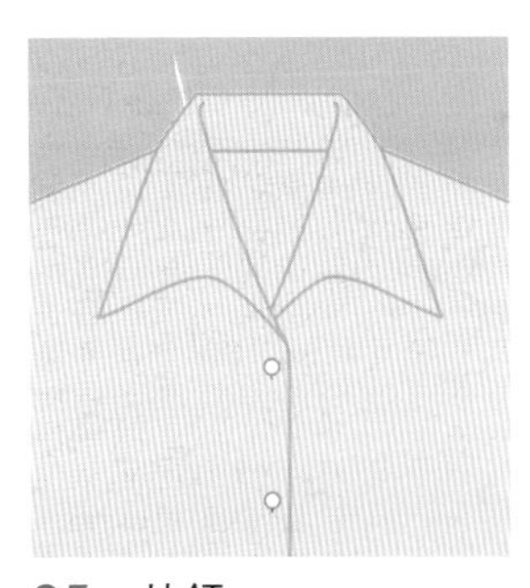

25 一片領
(One piece collar)
指沒有領座的襯衫領。本插圖稱為「義大利領(Italian collar)」。是V字領帶有衣領的類型。

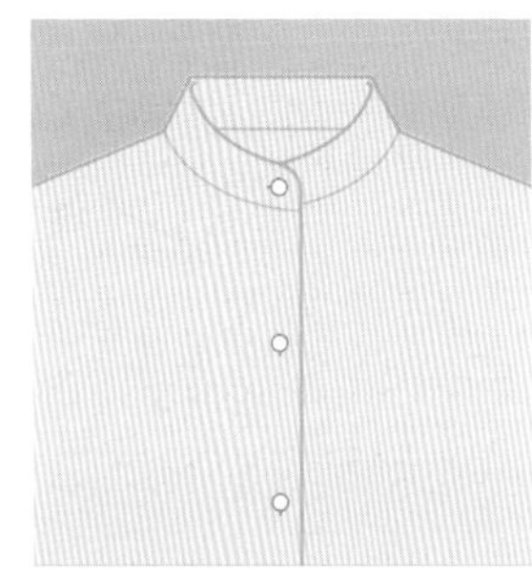

26 立領(Stand collar)
立領的總稱。

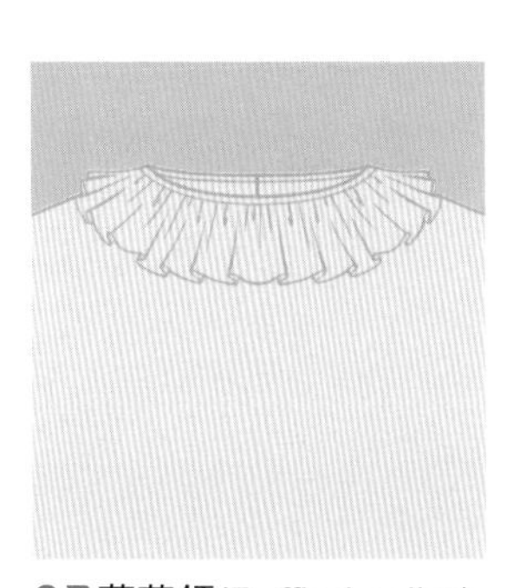

27 荷葉領(Ruffled collar)
帶有荷葉邊(寬的波浪褶邊)的領子。

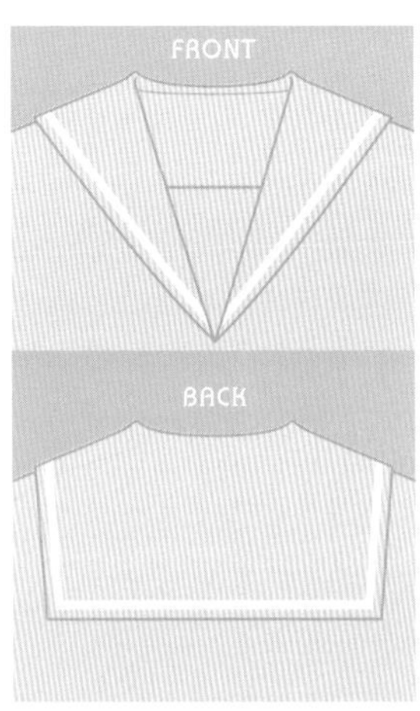

28 水兵領(Sailor collar)
水兵(sailor)的制服故為大家所熟知，後領會這麼大片是為了在艦上保護臉部免受強風吹襲，立起衣領仔細聽取連絡員所說的話。

29 繫結領(Tie collar)
從襯衫或女用上衣的領片延長打成領帶狀的衣領。

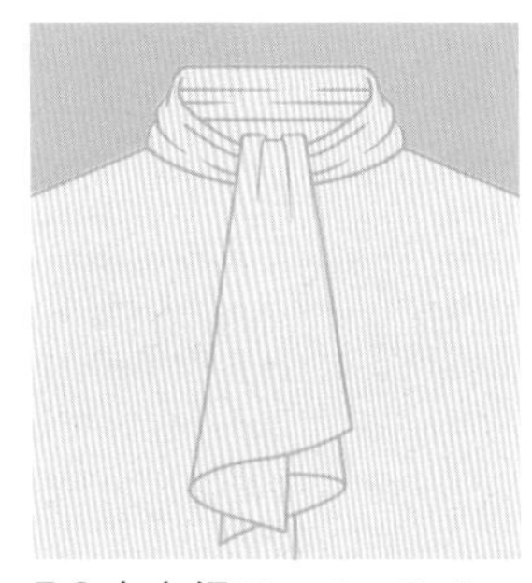

30 方巾領(Scarf collar)
特大衣領(Oversize collar)的一種。宛如纏上方巾一般的衣領。

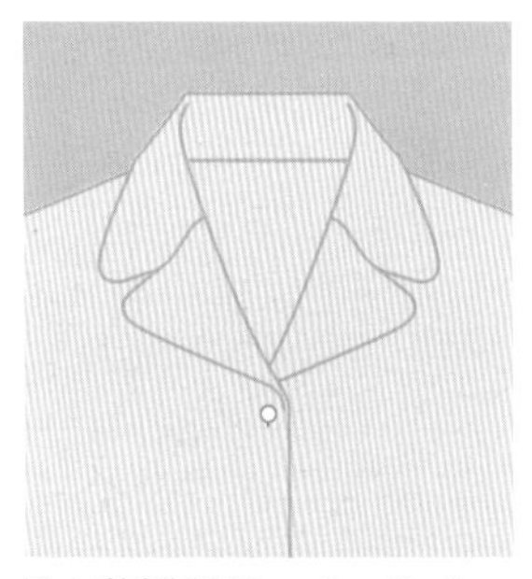

31 花瓣領(Petal collar)
指剪裁成花瓣形狀的衣領。

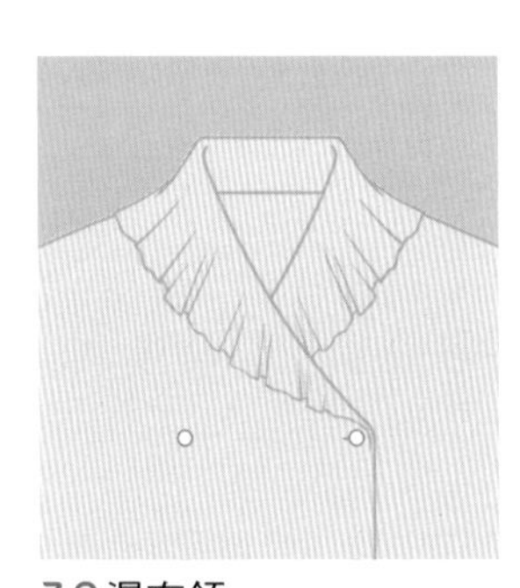

32 瀑布領
(Cascading collar)
cascade 是指「瀑布」。從領子的週圍到胸前的波浪皺邊就像瀑布一樣。

夾克的衣領

西裝領(tailored collar)

指紳士服樣式的硬領。下領片有很多造型。

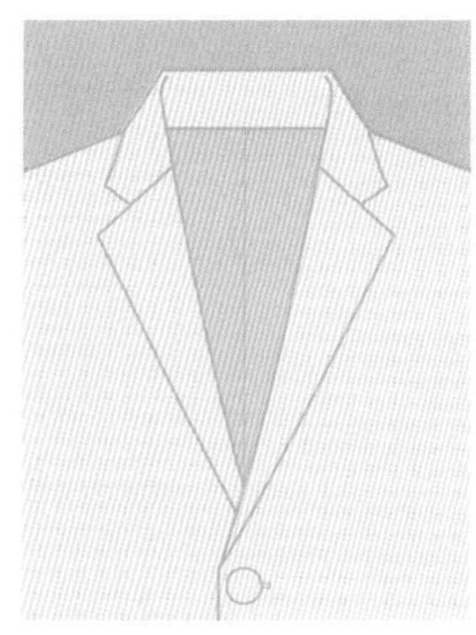

1 缺角西裝領
(Notched collar)

notch是「凹痕」的意思。是領緣有缺角的衣領的總稱。

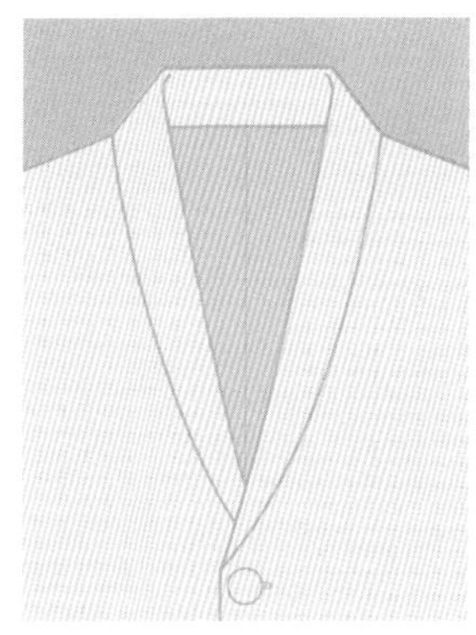

2 新月領(Shawl collar)

西裝領的一種。指好像掛著圍巾(披肩)一般的衣領。別名：絲瓜領、燕尾領(Tuxedo collar)

3 V字新月領
(Peaked shawl collar)

西裝領的一種。新月領上有V字形的刻痕，看起來像一個劍領的衣領。別名：Peaked lapel

帶形領(Band collar又稱班得領)

沿著頸部的豎起來的衣領(立領)。

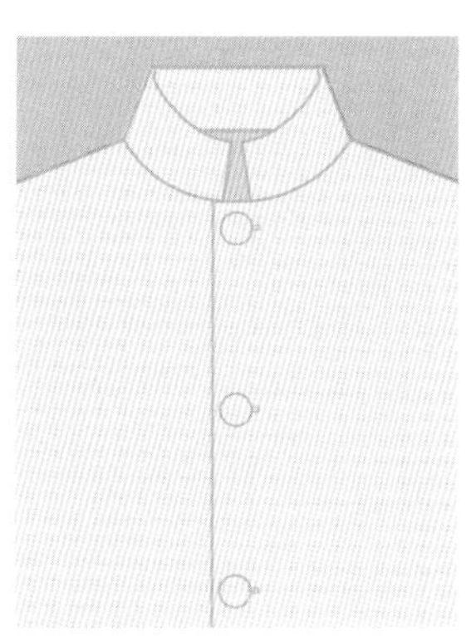

4 士官領(Officer collar)

士官制服的衣領造型。

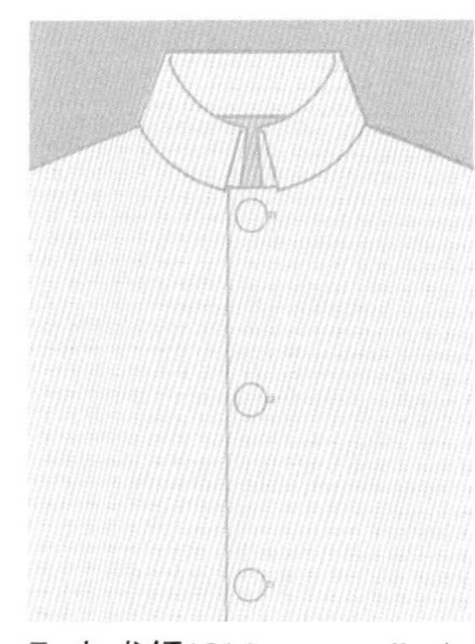

5 中式領(Chinese collar)

立領的一種。中國民族服裝的衣領造型。別名：滿洲領(Mandarin collar)

6 旗袍領(Mao collar)

立領的一種。Mao是取自中國大陸的主席毛澤東的姓，中國大陸人民服裝常見的衣領造型。立領反褶為其特徵，有時也稱為中式領。別名：Nerhu collar(取自於印度前首相Nerhu)

特大衣領(oversize collar) 指特別大的衣領。

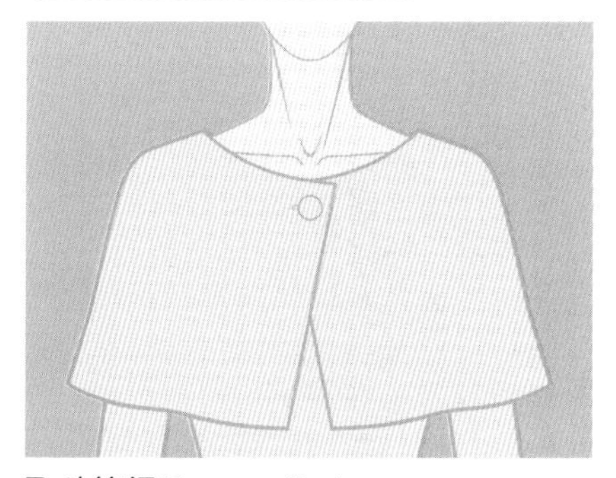

7 斗篷領(Cape collar)

特大衣領的一種。指斗篷狀的衣領。

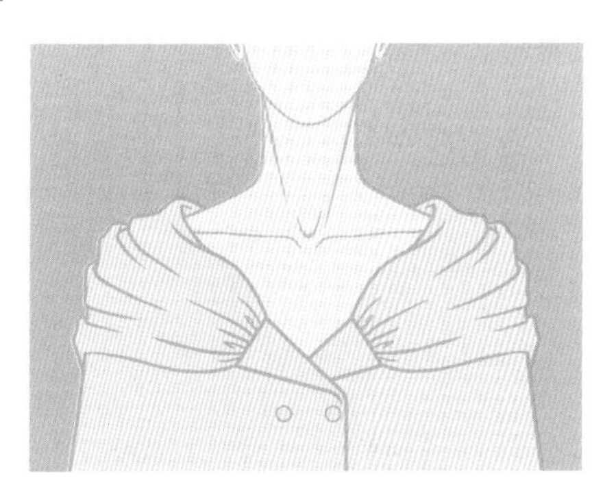

8 披肩領(Fichu collar)

特大衣領的一種。Fichu是婦女用的「三角形披肩」，指設計成此造型的披肩或圍巾狀的衣領。大多是胸前展開成一個大V字形，好像是將圍巾從肩膀披上，後面形成三角形。因為類似18世紀後期～19世紀前期所流行的披肩而命名。

外套(Jumper)的衣領

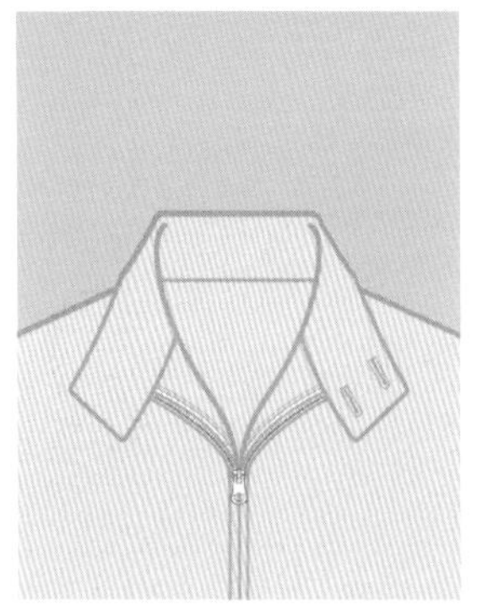

1 狗耳領(Dog ear collar)
狀似狗的耳朵的衣領。

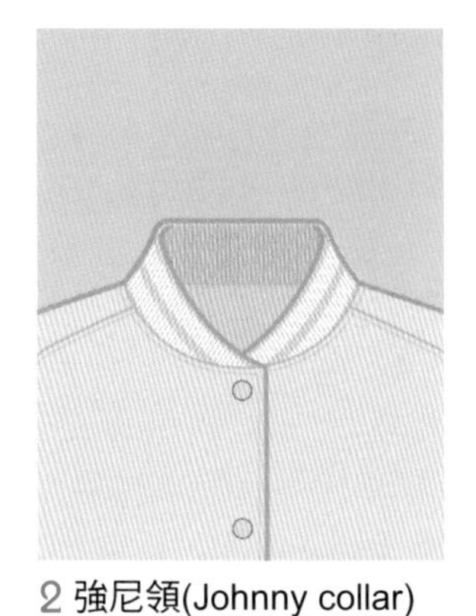

2 強尼領(Johnny collar)
運動外套上的小型新月領。大多是採羅紋編織。

3 風帽(Hood)
將頭部和頸部整個包覆的頭巾型衣領。

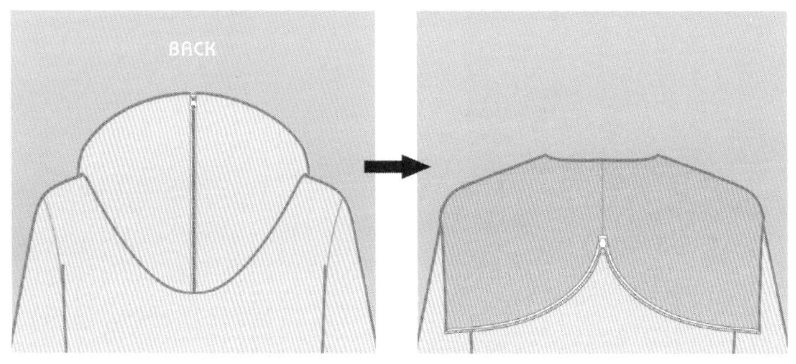

4 (Split hood)
風帽中間有拉鏈可開可關的衣領。

大衣(Coat)的衣領

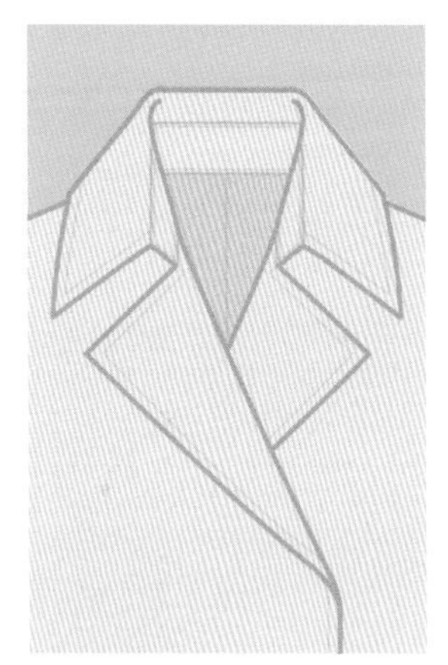

1 拿破崙領
(Napoleon collar)
雙排扣附腰帶短大衣上的立翻領的上領片和大片反褶的下領片為特徵的衣領。源自於拿破崙時代的軍服。別名：Bonaparte collar

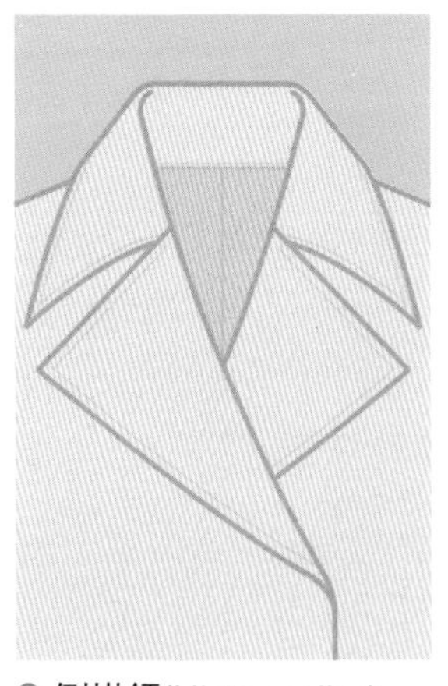

2 倒掛領(Ulster collar)
Ulsrer大衣上的衣領，上領片和下領片都一樣寬，用粗的針腳縫製。串口(gorge)(P068)深是它的特徵。

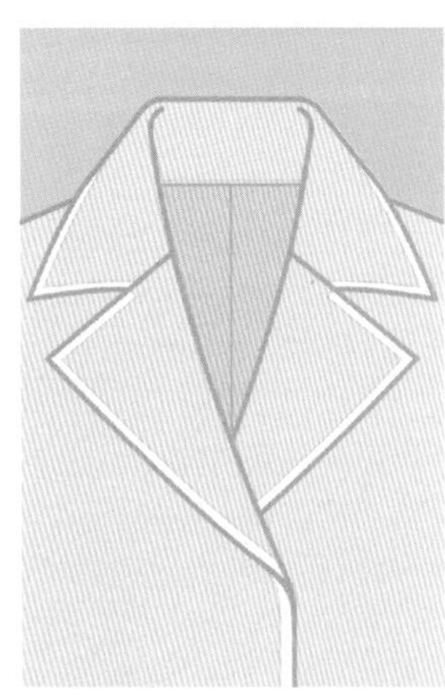

3 鑲邊領(Framed collar)
Canadian coat(加拿大林木作業時所穿的大衣)和Ranch coat(美國西部牛仔所穿的大衣)上有縫綴邊線的衣領的總稱。

翻領(Lapel)

翻領是指西裝領的下領片部份。

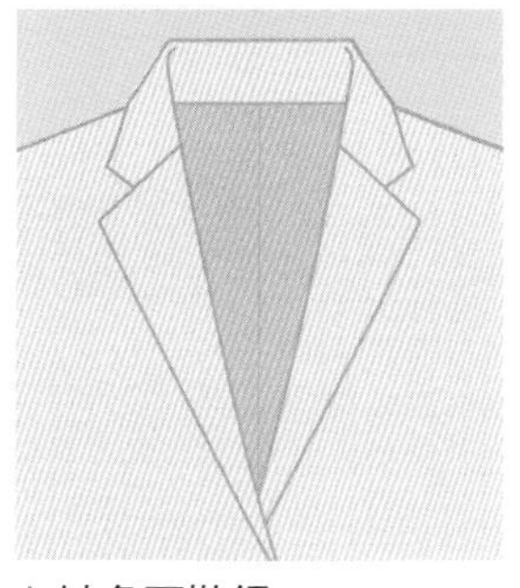

1 缺角西裝領
(Notched lapel)
指兩邊的領片接合的邊緣呈菱型的下領片。是最常見的領型，常用於單排扣(p054)的。別名：菱形領、普通領

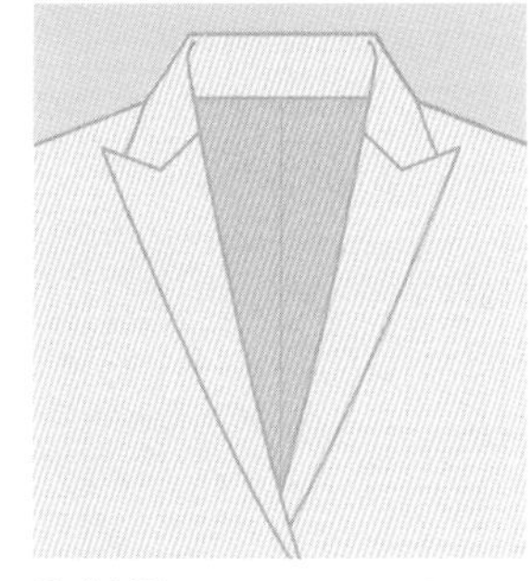

2 劍領(Peaked lapel)
尖銳的下領片朝上的衣領。是最常見的領型，多出現於雙排扣的夾克(p055)。

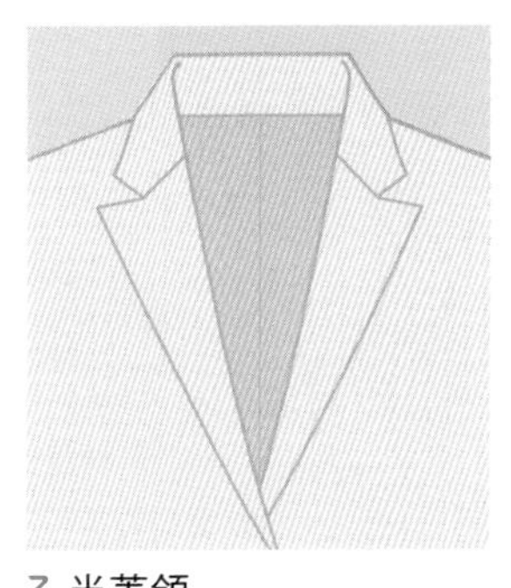

3 半菱領
(Semi notched lapel)
指缺角西裝領的下領片的角度稍微加大的下領片。

4 牛尖領
(Semi peaked lapel)
指劍領的下領片的角度稍微縮小的下領片。別名：Floor lapel、半劍領

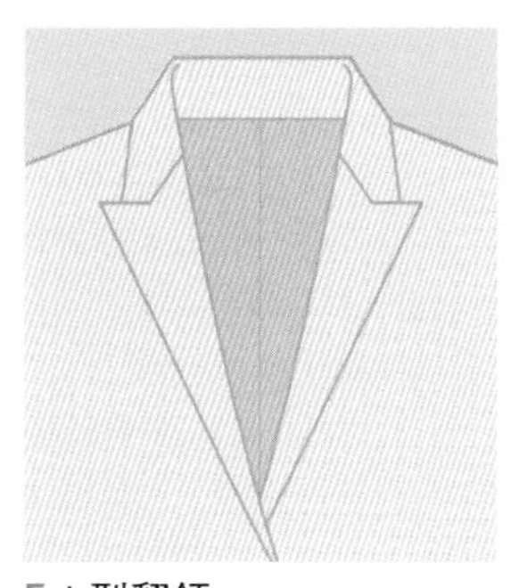

5 L型翻領
(L shaped lapel)
指上領片比下領片窄，串口呈L型的下領片。

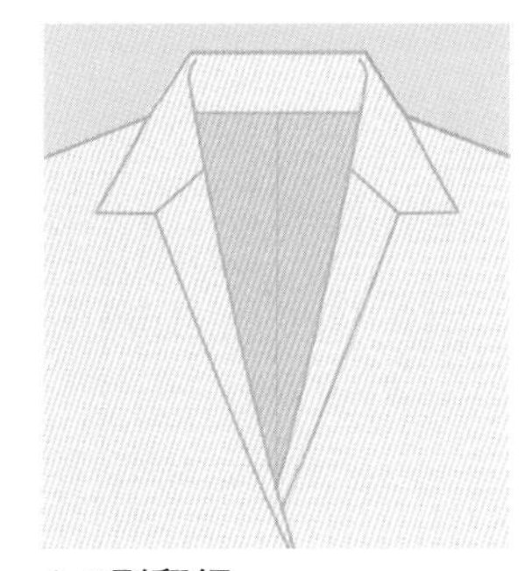

6 T型翻領
(T shaped lapel)
上領片比下領片寬，串口呈T字型的下領片。別名：Inverted L shaped(倒三角形)。

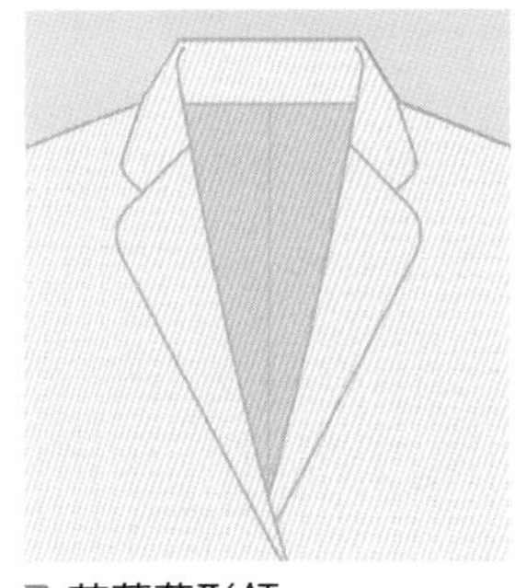

7 苜蓿葉形領
(Clover leaf lapel)
上下領片的領尖裁成圓形的缺角西裝領。狀似苜蓿葉而命名。

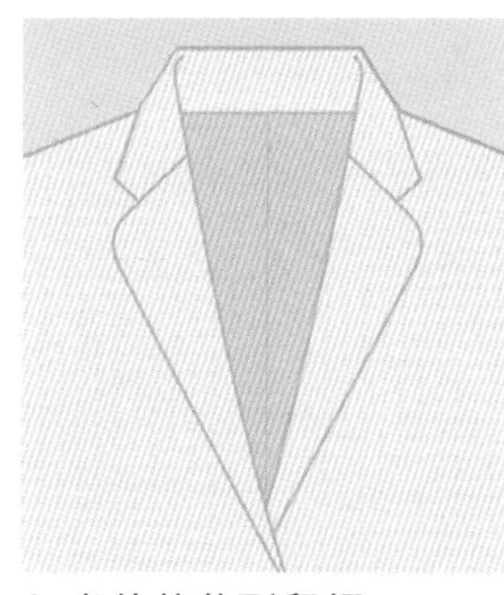

8 半苜蓿葉形翻領
(Semi clover leaf lapel)
苜蓿葉形領變化而來，上領片或下領片其中之一裁成圓形的領型。只有上領片呈圓形的稱為半苜蓿葉形西裝領(Semi clover leaf collar)，只有下領片呈圓形的稱為半苜蓿葉形翻領。

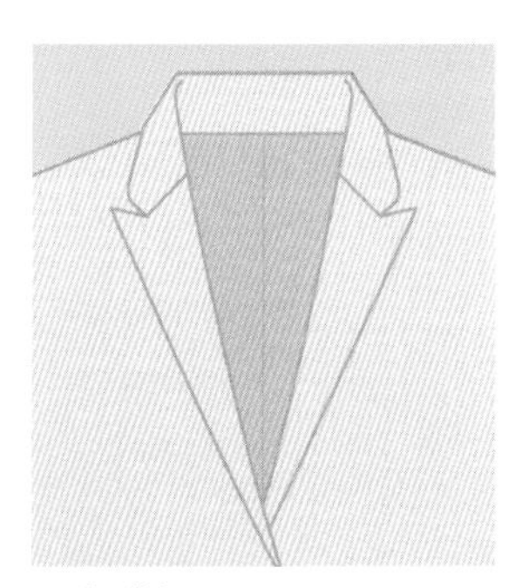

9 魚嘴領
(Fish mouth lapel)
半苜蓿葉形翻領的一種。狀似魚的嘴巴而命名。

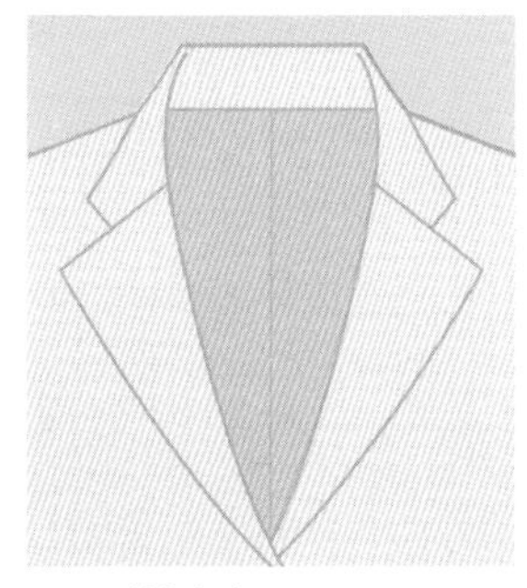

10 弧線翻領
(Bellied lapel)
呈大弧形的下領片。

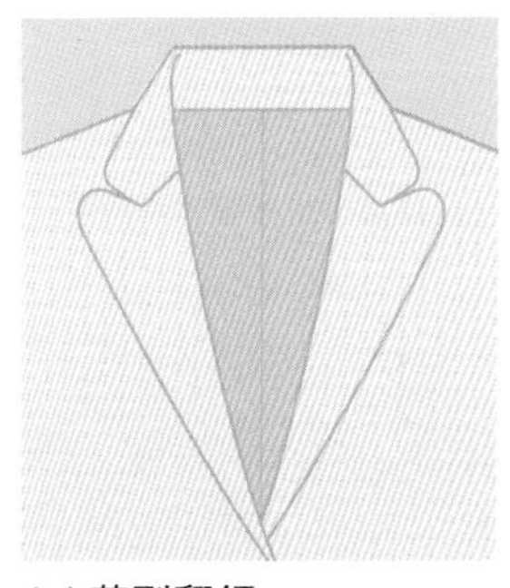

11 花型翻領
(Flower lapel)
上下領片的領尖呈圓形，尤其是下領片像花瓣一般。

12 下捲領
(Rolling down lapel)
傳統西裝夾克的領型。翻領到幾乎看不到西裝夾克的第一顆鈕扣的扣眼，隱藏在翻領的內側。別名：段返

前身

襯衫

硬襯胸(Bosom) 襯衫的胸部部份

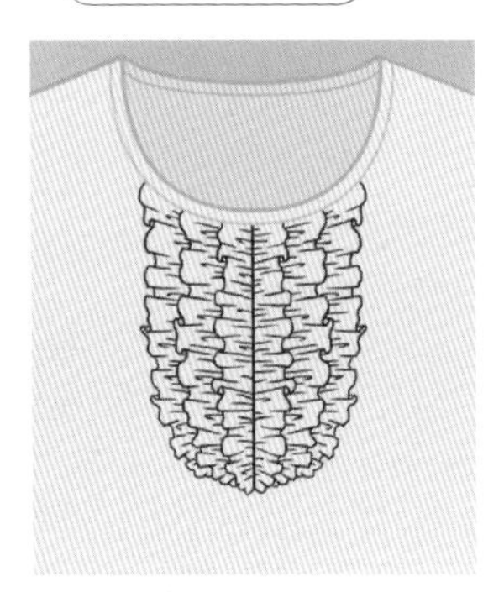

1 波浪襯胸(Frill bosom)
胸前縫有波浪型褶邊的襯胸。

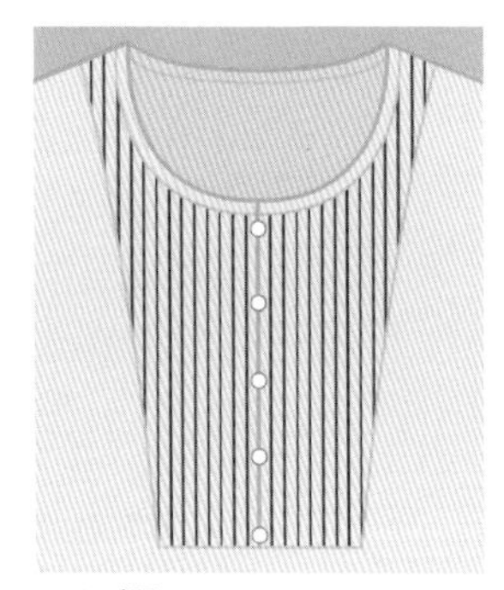

2 褶襉襯胸
(Pleated bosom)
從胸部到下襬起褶的襯胸。也有的會裝上假襯胸(dickey)(護胸布)做出褶襉。別名：皺褶胸。

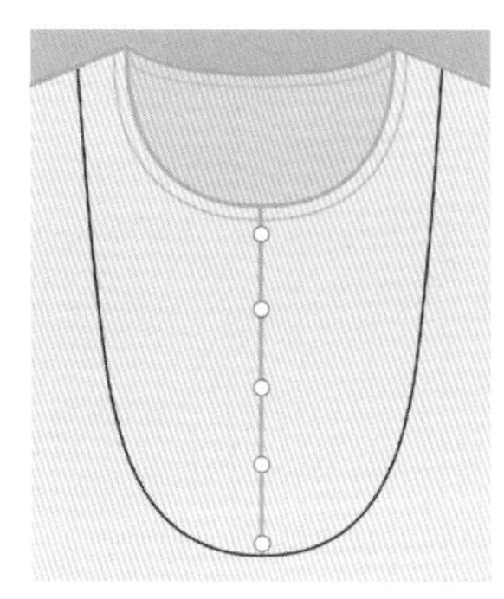

3 上漿胸
(Starched bosom)
接縫成U字型或稜角形狀的襯胸牢牢粘住的襯胸。別名：烏賊胸。

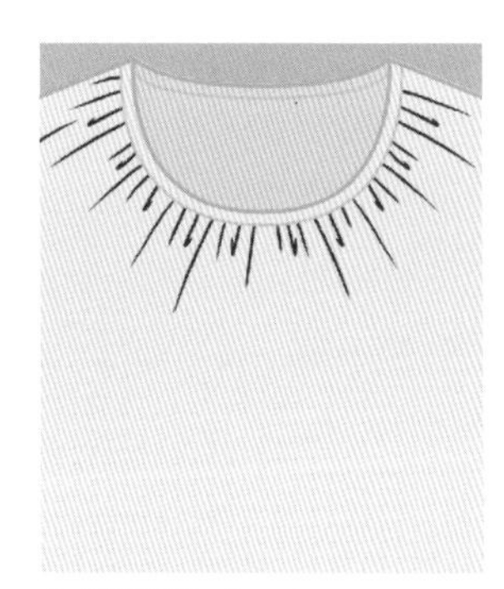

4 褶襉(Gather)
將布料抓皺縫合所型呈的皺褶或褶子。

門襟(placket)(前襟)
將衣服裁成二邊。狹義上是指襯衫的前襟。

1 明門襟(placket front)
指前襟反褶到外面。箱褶(box pleat)的細帶子縫在襯衫的前襟上。別名：panel front、top center、box pleat、British front、front strap。

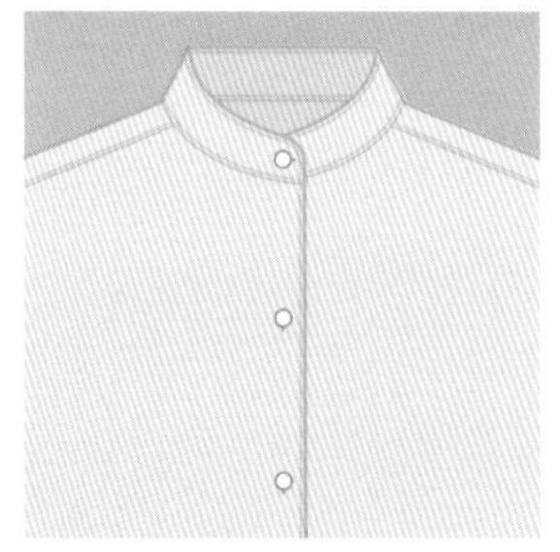

2 暗門襟(French front)
前襟反褶到裡面(內側)。別名：plain front。

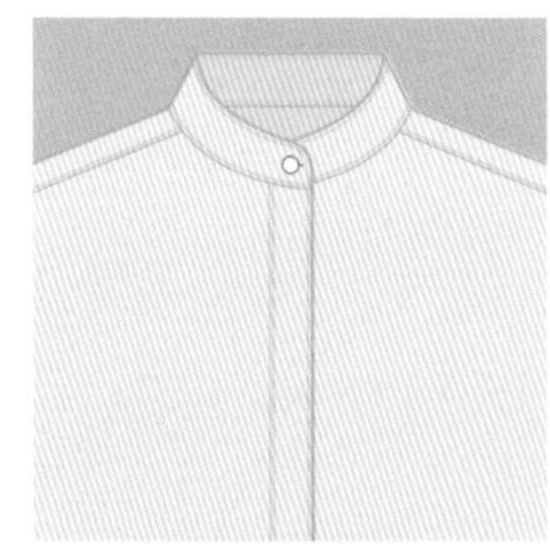

3 前貼布(Fly front)
完全看不到鈕扣的門襟。別名：雙層門襟

4 半開襟(half placket)
乍看之下像是套頭的前襟。

5 套頭(pullover)
前襟沒有開到下襬。從頭部套下來穿。

6 淚珠門襟
(Teardrop placket)
淚珠形的開襟的前襟。

7 繫繩門襟(lace up front)
將開襟用繩結收圍起來的造型。別名：Lace(法語)

夾克(jacket)

前下襬

指夾克的前下襬的裁切角度。

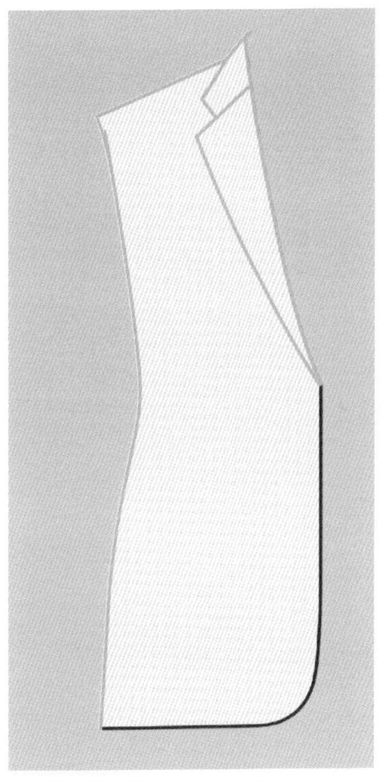

1 標準下襬(regular cut)

單排扣最常見的小弧度下襬。

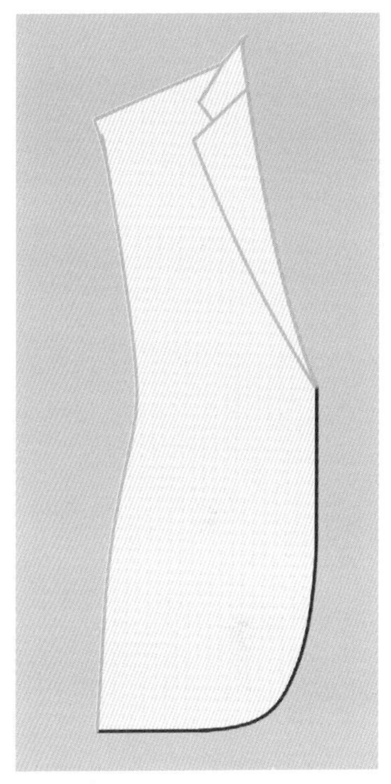

2 圓下襬(round cut)

比標準下襬角度更圓的下襬。

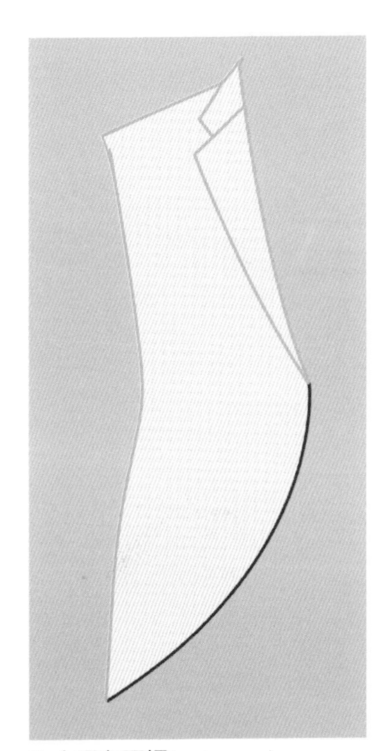

3 大圓角下襬(cut away)

從腰部斜切成圓形的下襬。

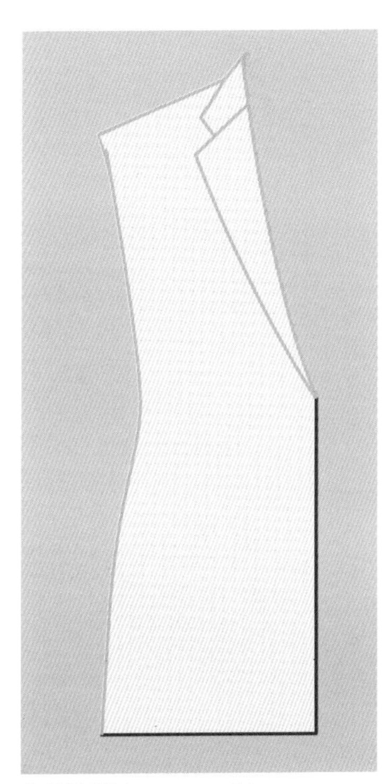

4 平下襬(square cut)

雙排扣夾克常見裁成直角的下襬。

夾克的門襟和鈕扣的關係
=單排扣(single breast)(single breasted)=

夾克的前襟有一排鈕扣，所以又稱為單排鈕扣。簡稱為SB。

1 SB-1B(S-1B)

2 SB-2B(S-2B)、扣一顆(low two鈕扣位置比一般低的雙顆鈕扣)

3 SB-2B(S-2B)、扣二顆(high two鈕扣位置比一般高的雙顆鈕扣)

4 SB-3B(S-3B)、扣二顆

5 SB-3B(S-3B)、扣一顆

6 SB-3B(S-3B)、rolling down (段返)

夾克的門襟和鈕扣的關係
=雙排扣(double breast)(doumle breasted)=

夾克的前襟有二排鈕扣，所以又稱為雙排鈕扣。簡稱為D.B。

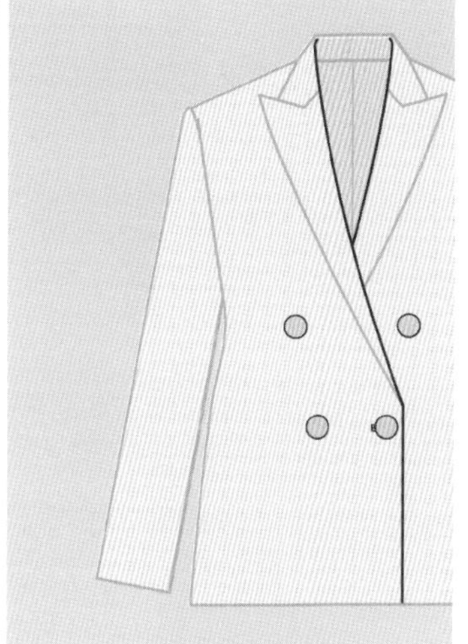

7 D.B-4B(D-4B)扣一顆
(散開spread out)
第一顆鈕扣左右離較遠。

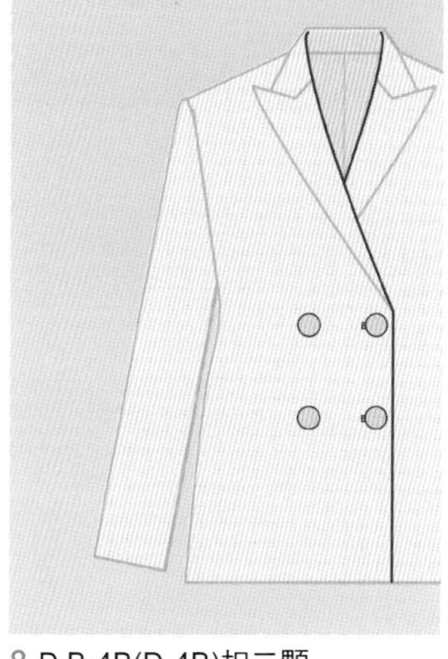

8 D.B-4B(D-4B)扣二顆
(成列all in line)
鈕扣左右同寬。

9 D.B-6B(D-6B)扣一顆
(散開spread out)

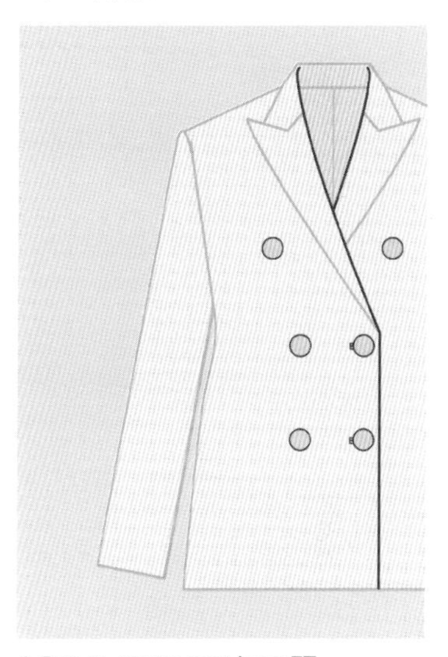

10 D.B-6B(D-6B)扣二顆
(散開spread out)

11 D.B-6B(D-6B)扣三顆

肩膀

Shoulder line 指肩線。

1 襯衫肩型
(shirt shoulder)
像襯衫一般沒有放墊肩所形成的肩線。

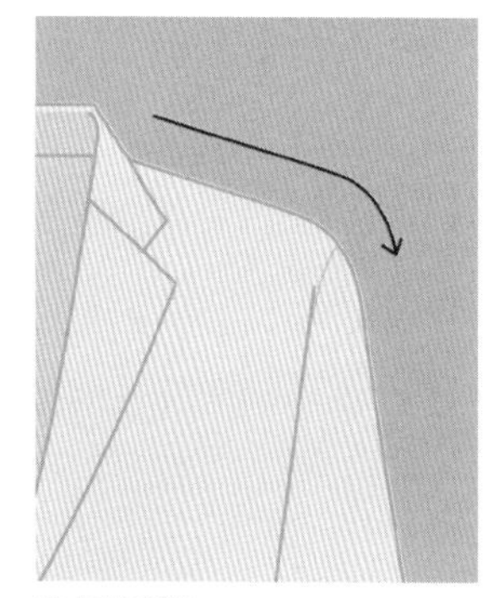
2 圓肩型
(rounded shoulder)
整體成圓弧形的肩線。

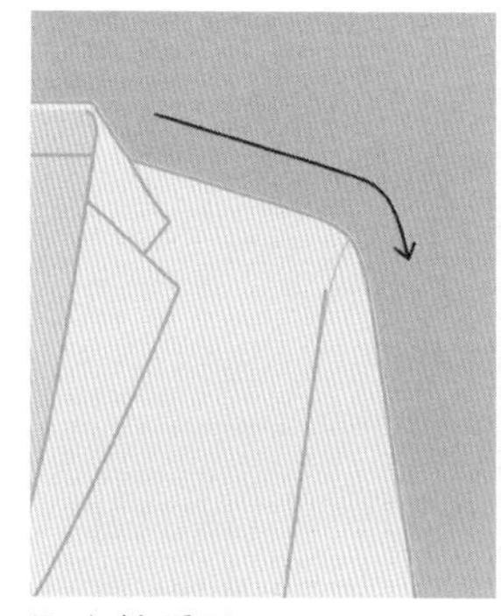
3 自然肩型
(natural oulder)
沒有放墊肩或只放一點點墊肩的自然小弧圓的肩線。學院風外套等就是使用這種肩線。

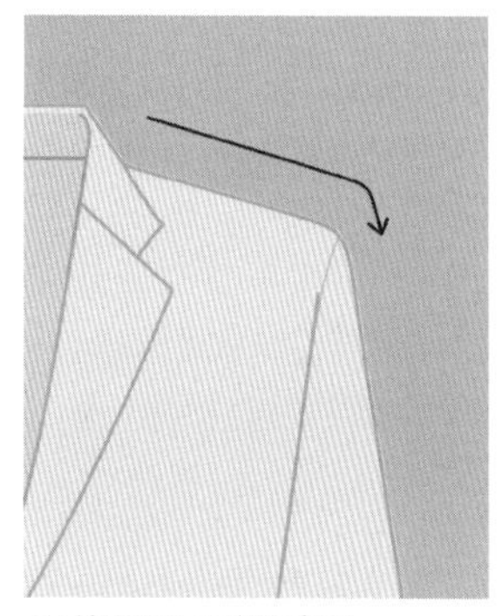
4 英國風自然肩型
(British natural shoulder)
英國風味夾克固有的自然肩線。介於自然肩線和下凹肩線(concaved shoulder)之間。

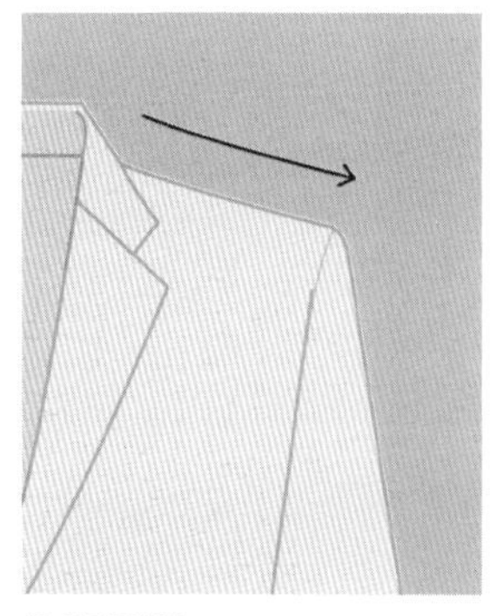
5 凹肩型
(concaved shoulder)
concave是「凹陷」的意思。指從頸根處到肩膀彎曲成弓狀的肩線。

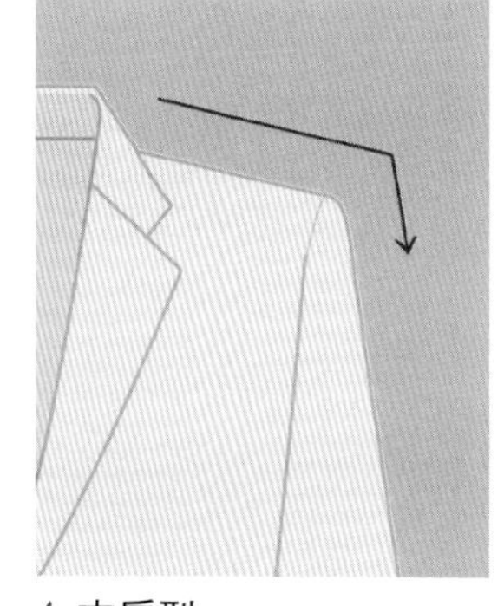
6 方肩型
(square shoulder)
肩頭有稜角，看起來稍微往上提。將自然肩線拉直的感覺。

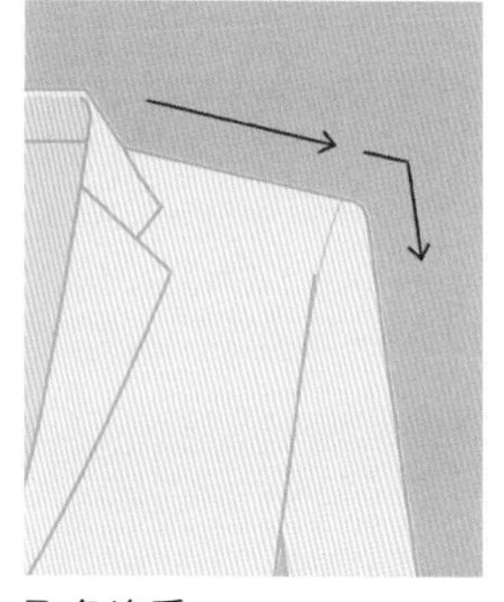
7 角塊肩
(block shoulder)
好像放一個角塊在裡面有稜角的肩線。比方形肩線還寬厚。

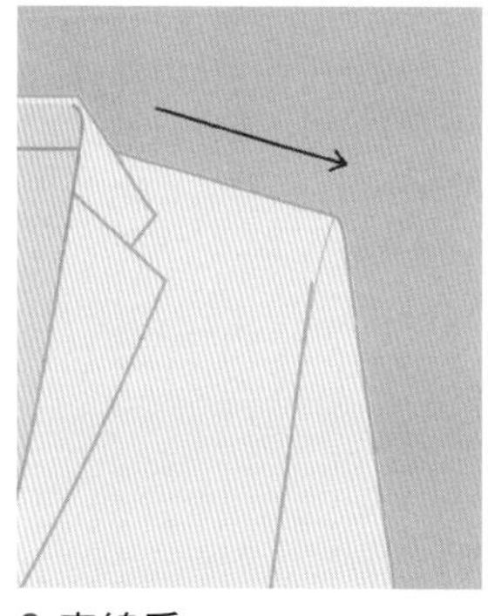
8 直線肩
(straight shoulder)
像一條直線的肩線。

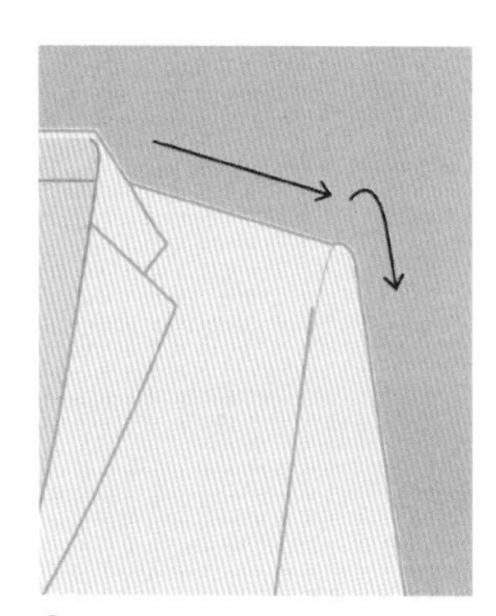
9 (buildup shoulder)
讓肩頭隆起的肩線。別名：Roped shoulder

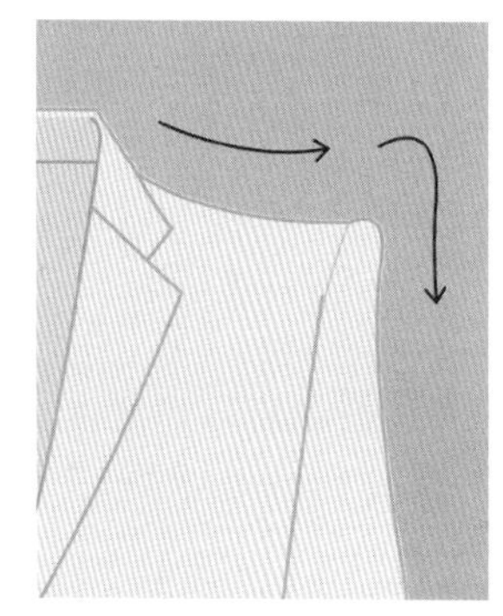
10份量型
(Power shoulder)
肩頭高度隆起看起來精神飽滿的肩線。

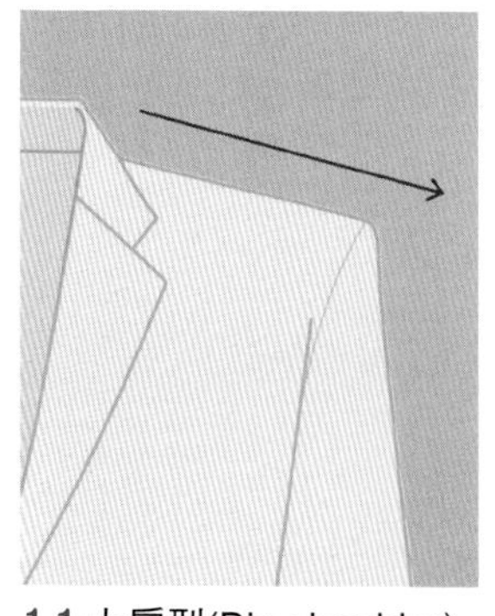
11大肩型(Big shoulder)
肩膀寬度較寬的肩線。別名：寬肩型(broad shoulder)相對詞：窄肩型(Narrow shoulder)

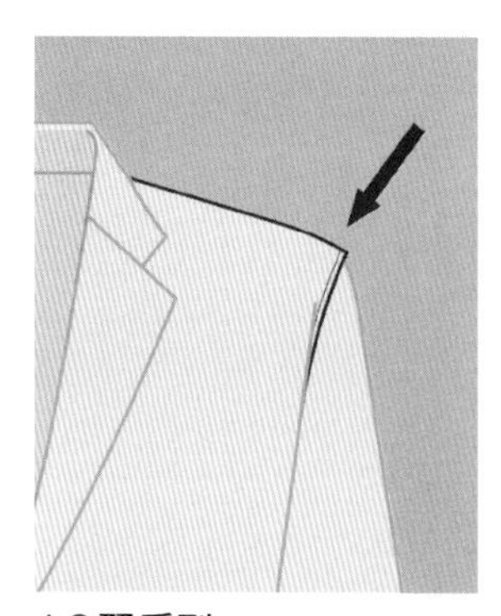
12翼肩型
(wing shoulder)
肩頭像翅膀一樣凸出的肩型。

袖孔(arm hole) 袖根的總稱。

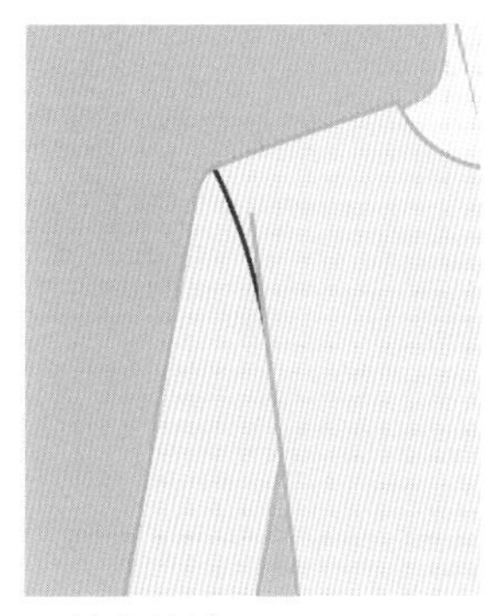

1 基本接袖(set-in sleeve)
最自然的袖子的縫接袖型。用於縫製好的夾克和大衣。造型自然放在地面上時袖子會自然朝下。別名:普通袖

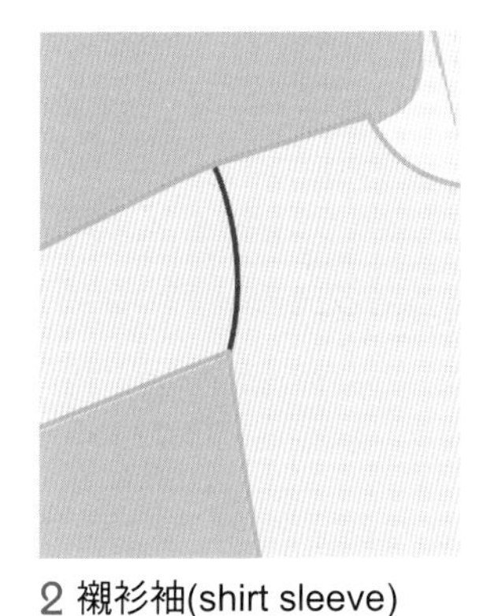

2 襯衫袖(shirt sleeve)
一般襯衫可見的直線袖型。因為袖型自然，所以放在地上時袖子會張開成T字型。

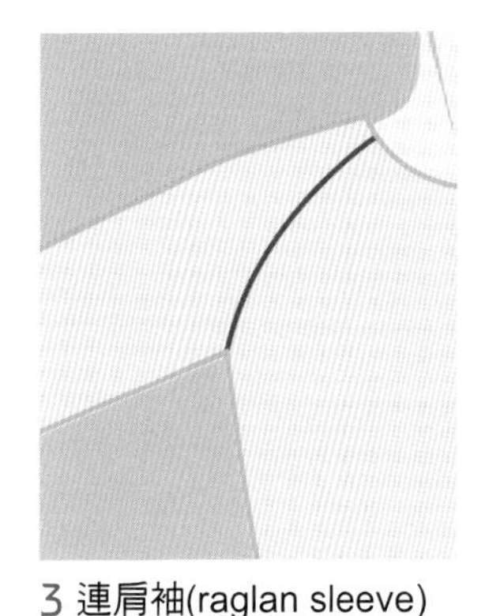

3 連肩袖(raglan sleeve)
從袖根到腋下有接縫，肩膀和袖子是一體成型的袖型。克里米亞戰爭(1853～1856)時英國的拉克蘭(Raglan)將軍所設計出來的。負傷者也容易穿脱，機能性佳。也用於雙排扣附腰帶(防雨)短大衣(Trench coat)(p020)。

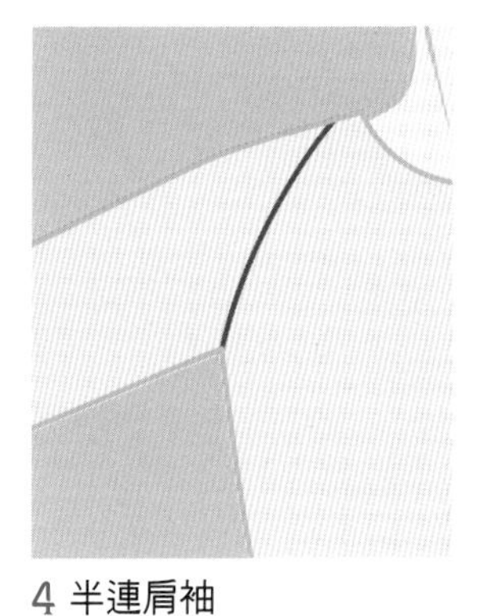

4 半連肩袖
(semi raglan sleeve)
袖孔的地方在中途被斜切的袖型。

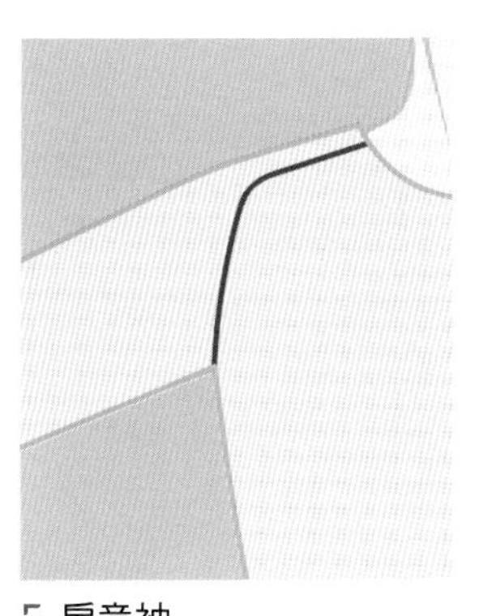

5 肩章袖
(epaulette sleeve)
袖孔線像是別著肩章的袖型。

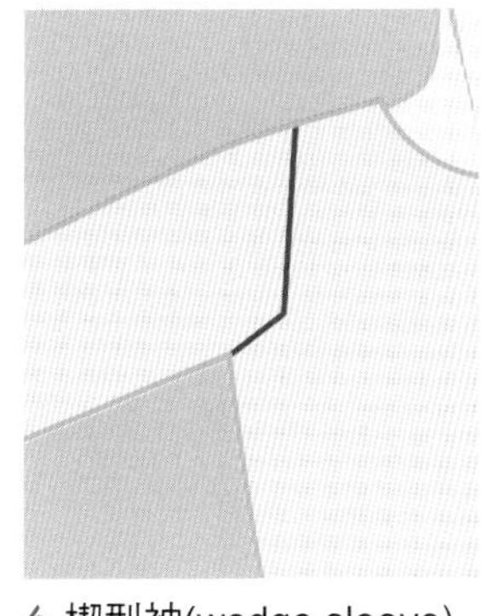

6 楔型袖(wedge sleeve)
袖孔線呈楔形的袖型。

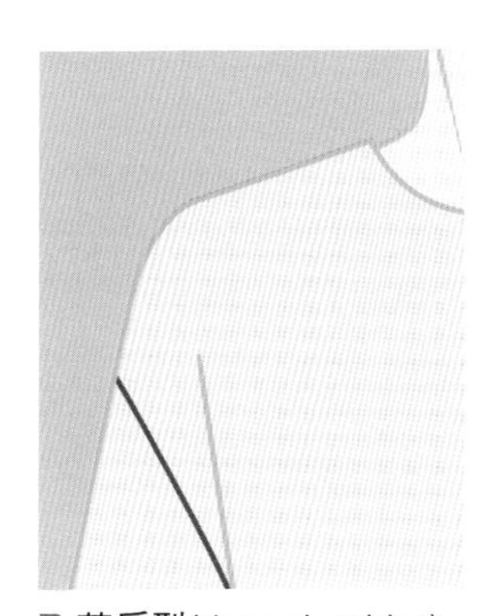

7 落肩型(drop shoulder)
肩頭比一般的袖孔線還低的肩線。常見於襯衫或毛衣。

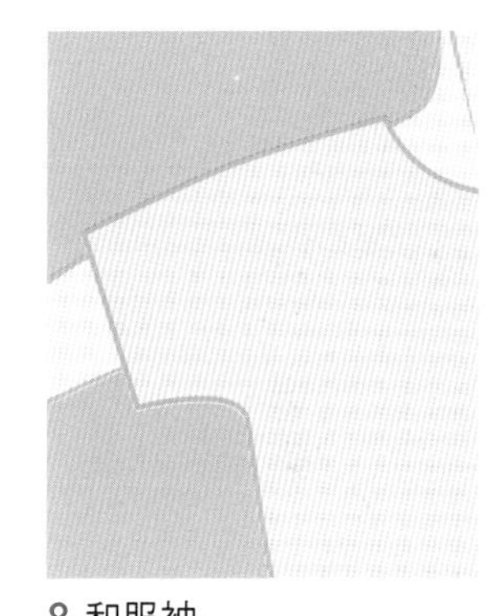

8 和服袖
和前後身一體成形裁切的袖子，狀似和服。

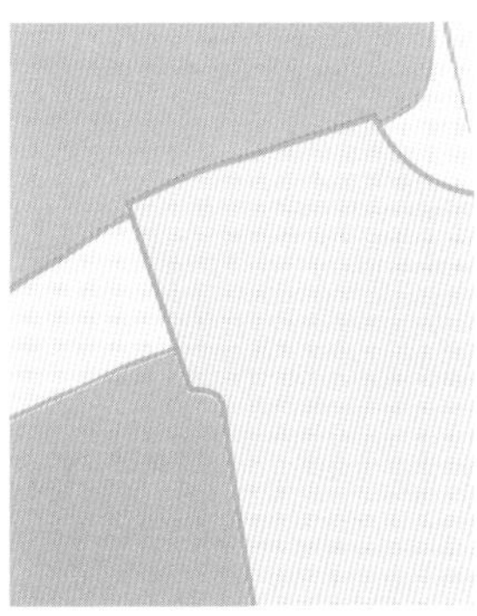

9 法國袖(French sleeve)
在歐洲或美國和和服袖歸為同一種，但在日本特別指袖長較短的袖型。別名：中國袖(Chinese sleeve)

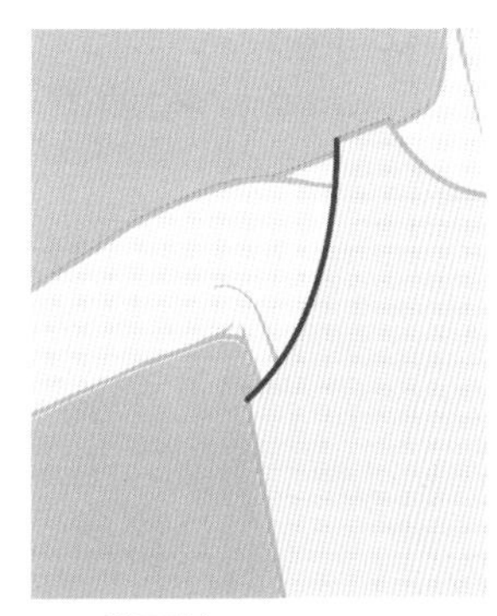

10 美國袖
(American sleeve)
從頸根處到袖孔大弧度斜切的無袖袖形。別名：美式袖孔(American arm hole)

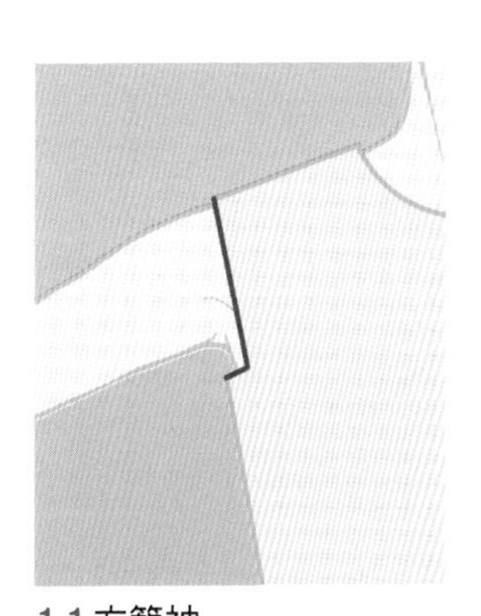

11 方籠袖
(square arm hole)
袖孔呈四角形的無袖袖形。

袖子

Sleeve

袖子的總稱。因為造型上很多變，所以具有設計性。而在機能上也是非常重要的部份。

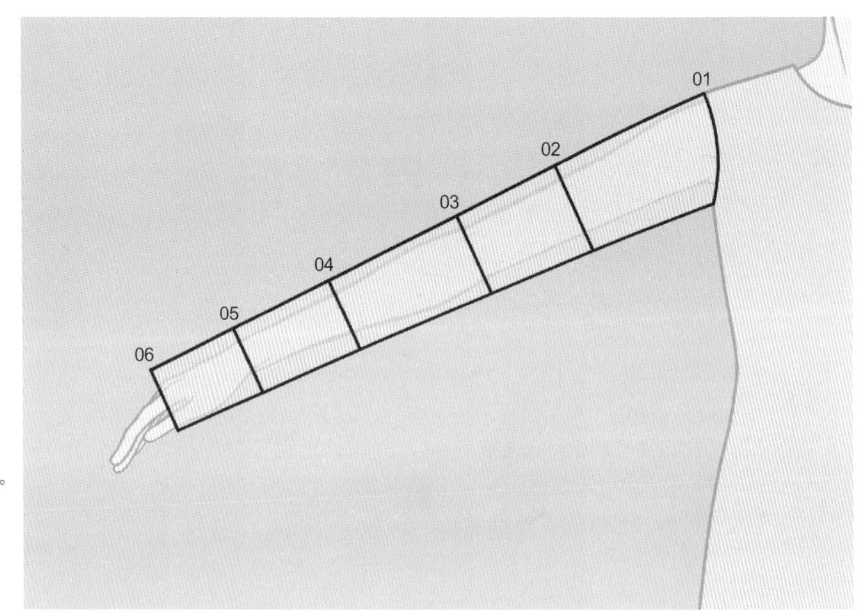

1 袖長

01：No sleeve(sleeveless)：無袖
02：Half sleeve：五分袖
03：Elbow length sleeve：袖長到手肘的袖子。
04：Three-quarter sleeve：袖長3/4的袖子。七分袖。
05：長袖：長及腕關節
06：Extra long ：長度蓋住手的袖子。
也有留有伸出大拇指的洞的袖子。

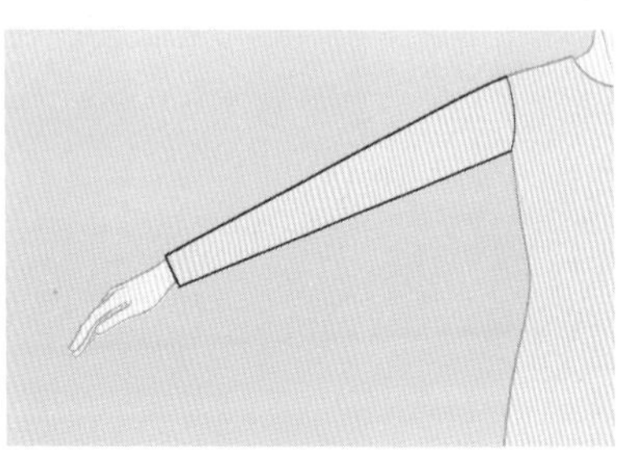

2 緊身袖(tight sleeve)

指窄的袖子。

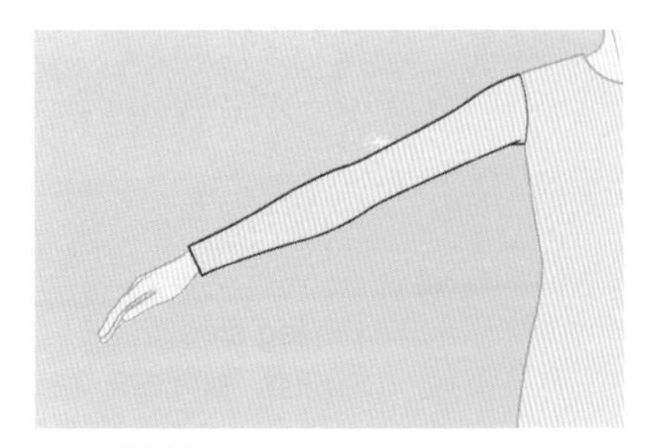

3 刀鞘袖(sheath sleeve)

狀如刀鞘般細長的袖子。

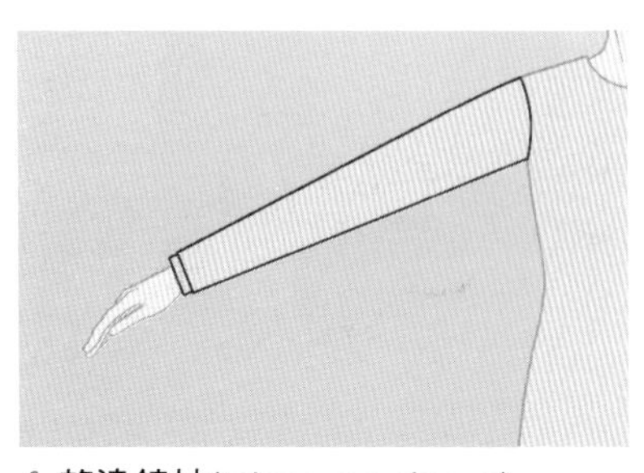

4 望遠鏡袖(telescope sleeve)

雙層袖的一種。像望遠鏡一樣有二層袖筒的袖子。

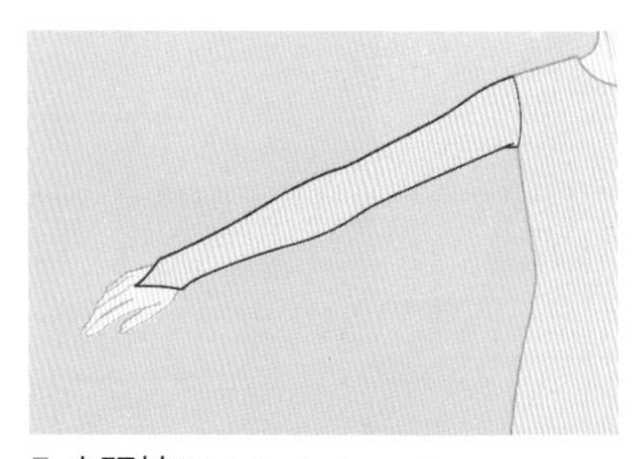

5 尖頭袖(Pointed sleeve)

婚紗禮服常見的袖口，手背上呈V字型凸出的袖子。

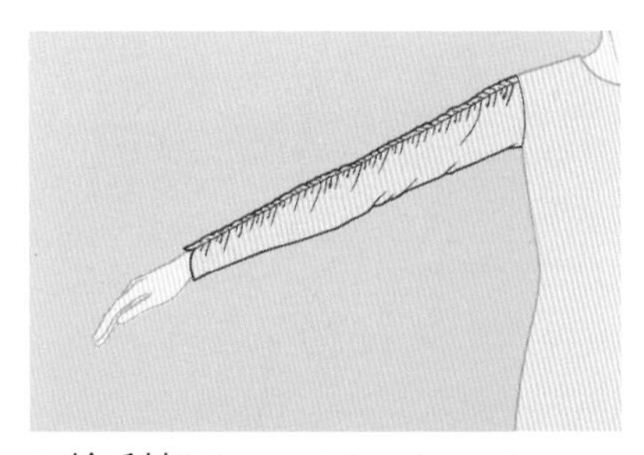

6 槍手袖(Mosquetaire sleeve)

在縱向的裁接線有抽皺(shirring)的細長袖子。

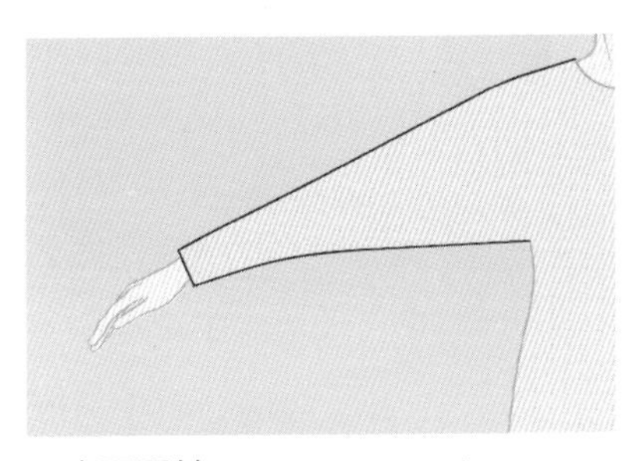

7 多爾門袖(Dolman sleeve)

袖孔寬大往袖口漸漸變窄的袖子。

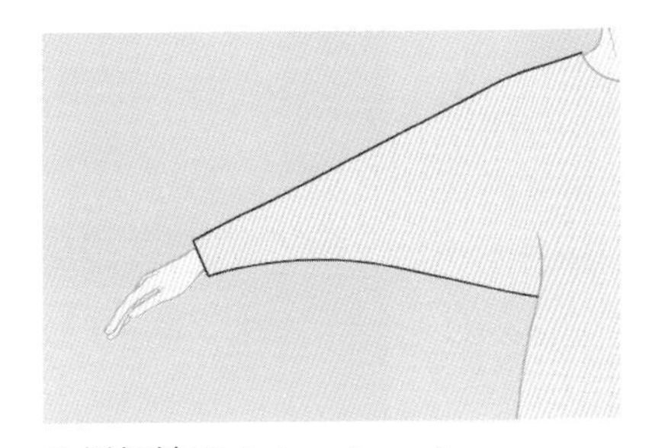

8 蝙蝠袖(Batwing sleeve)

狀如蝙蝠的翅膀而命名。別名：蝴蝶袖(Butterly sleeve)

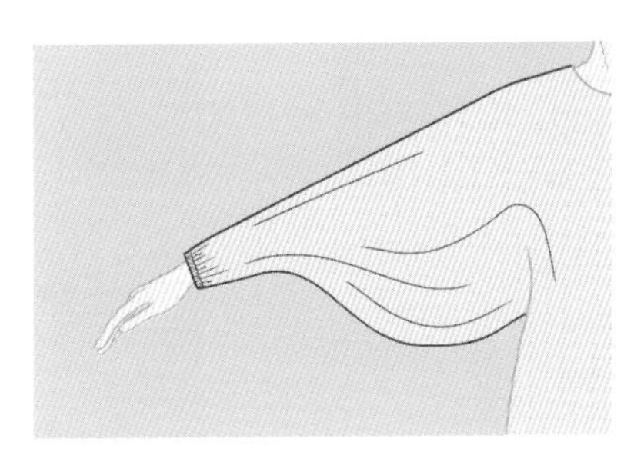

9 袋狀袖(Bag sleeve)

看起來好像袋子的袖子。

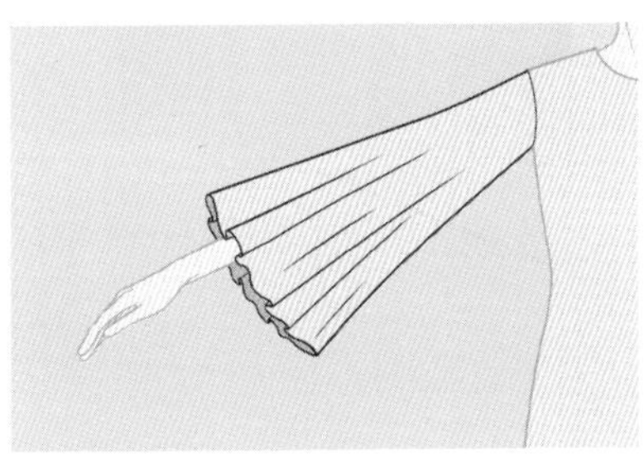

10 鐘形袖(Bell sleeve)

像吊鐘一樣下襬變寬的袖子。同義詞：喇叭袖(Trumpet sleeve)、短號袖(Cornet sleeve)、官袖(Mandatin sleeve)

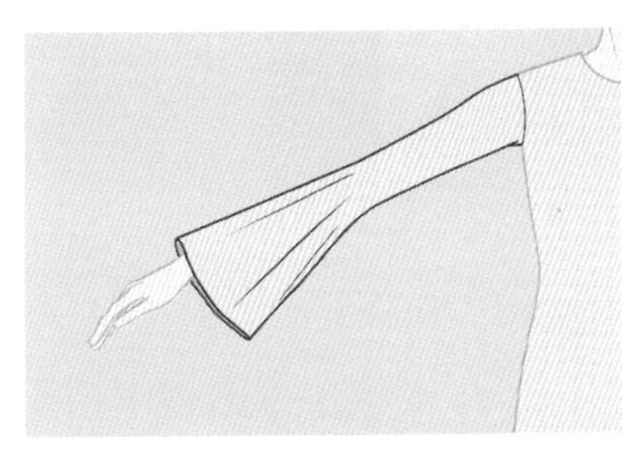

11 寶塔袖(Pagoda sleeve)

鐘形袖的一種，像寶塔一般往袖口的地方越來越寬的袖型。有的像寶塔一般重疊好幾層。

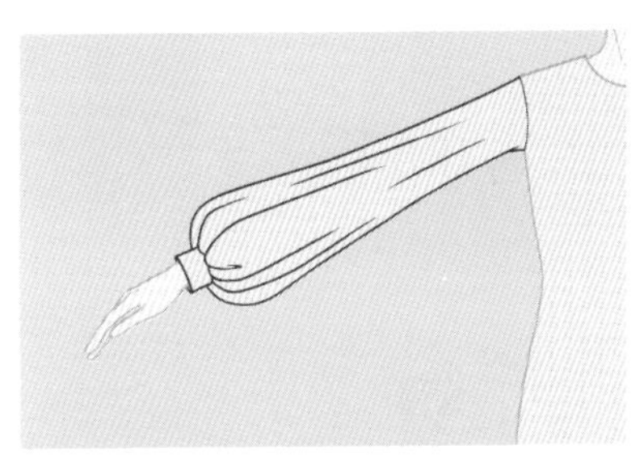

12 主教袖(Bishop sleeve)

Bishop是「主教」的意思。來自英國主教袍的袖型，手肘以下變寬鼓起為特徵。

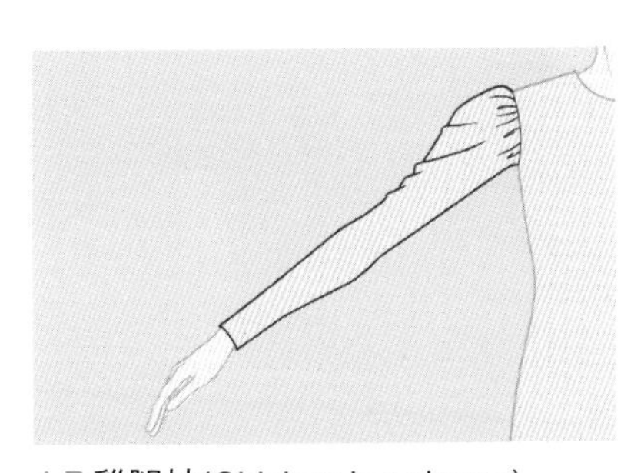

13 雞腿袖(Chicken leg sleeve)

狀如雞腿的袖型。袖山很鼓，袖口變細。

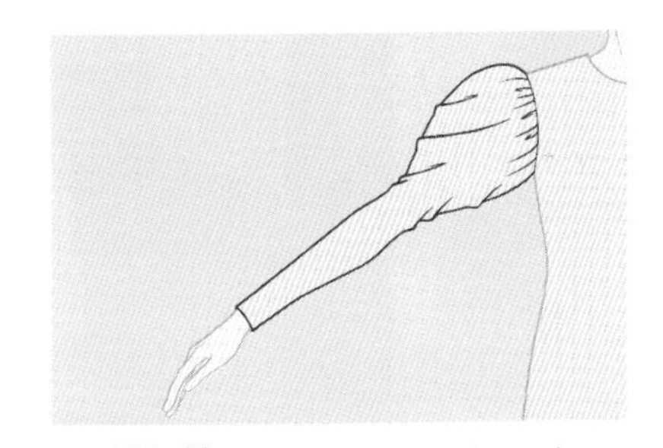

14 羊腿袖(Leg of mutton sleeve)

外型像羊腿般的袖型。

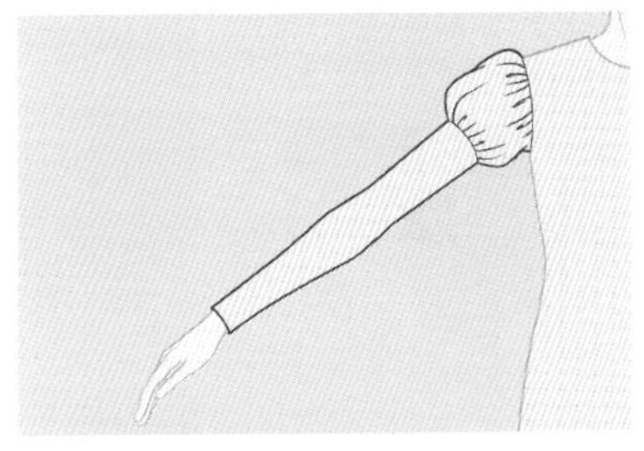

15 茱麗葉袖(Juliette sleeve)

頂端有一小截泡泡狀膨起的袖子，下接合身手臂的長袖型袖子。源自於莎士比亞的「羅密歐與茱麗葉」。

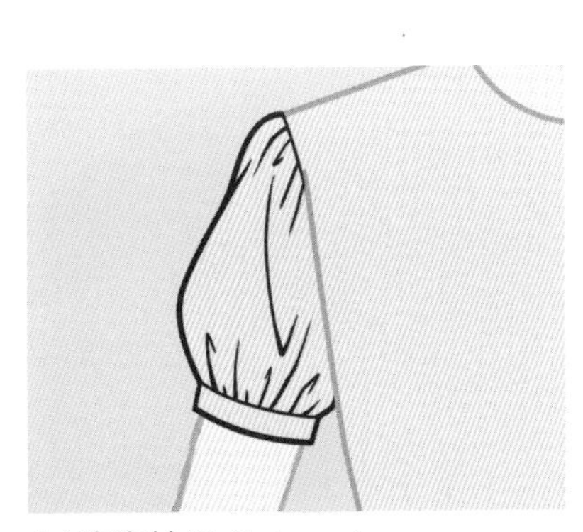

16 泡泡袖(Puff sleeve)

puff是“膨脹”的意思。利用縮皺或折縫等方法讓袖子鼓起來。

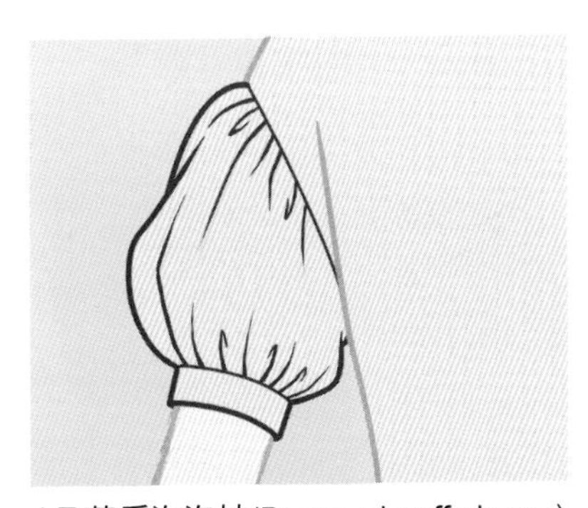

17 落肩泡泡袖(Dropped puff sleeve)

衣身和袖子接縫處低於肩點的泡泡袖。

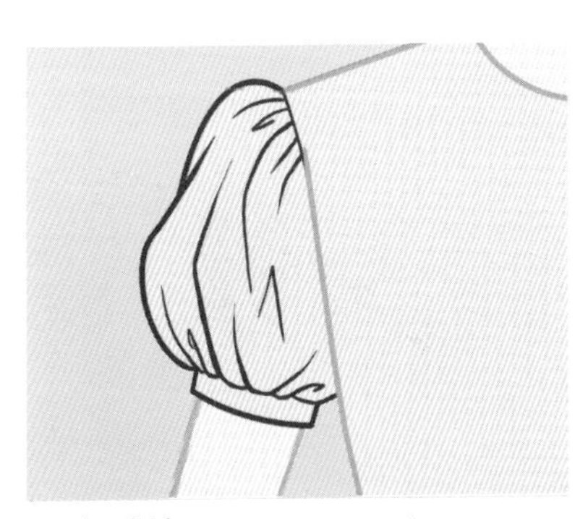

18 氣球袖(Balloon sleeve)

像氣球般鼓脹的袖型。比泡泡袖大。

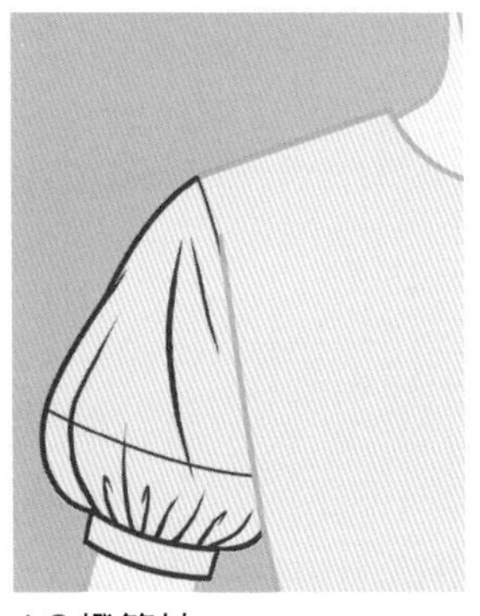

19燈籠袖
(Lantern sleeve)
lantern是燈籠的意思。利用上下二塊裁片接縫成圓形的袖子。

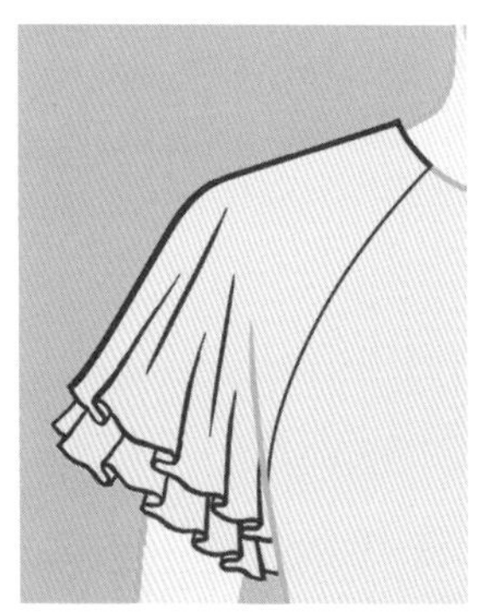

20多層袖
(Tiered sleeve)
tiered 是「一層一層」的意思。利用接布將數層布料重疊的袖型。

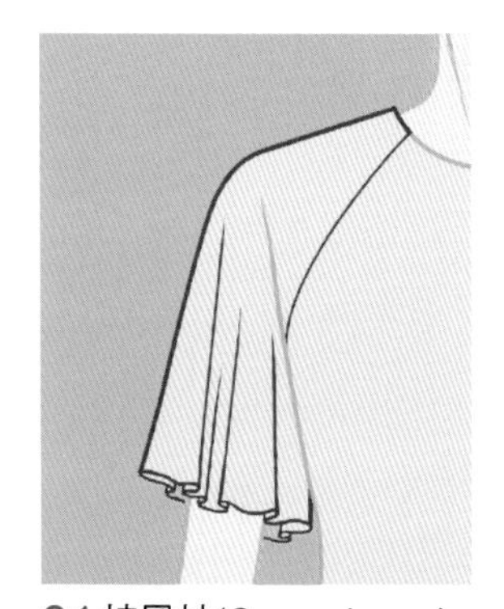

21披風袖(Cape sleeve)
好像披著披風一般從肩膀垂到手臂寬鬆的袖子。

22小披風袖
(Caplet sleeve)
比披風袖短的袖型。

23羽袖(Wing sleeve)
蓋肩袖的一種，像鳥的翅膀一樣展開的袖型。別名：天使袖(Engle sleeve)(因為常出現在天使的畫中)

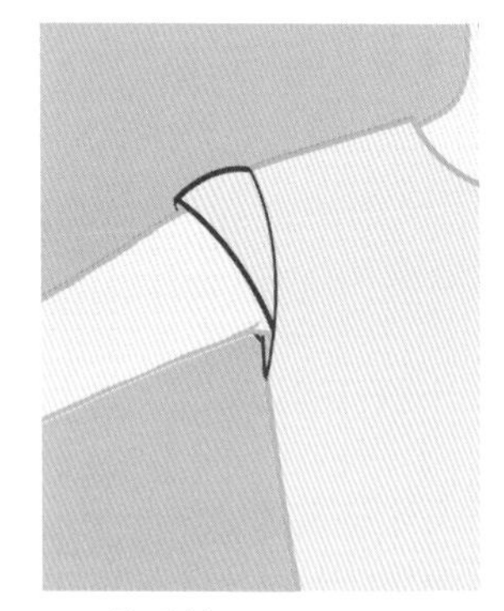

24蓋肩袖(Cap sleeve)
肩頭好像蓋上屋簷的短袖。

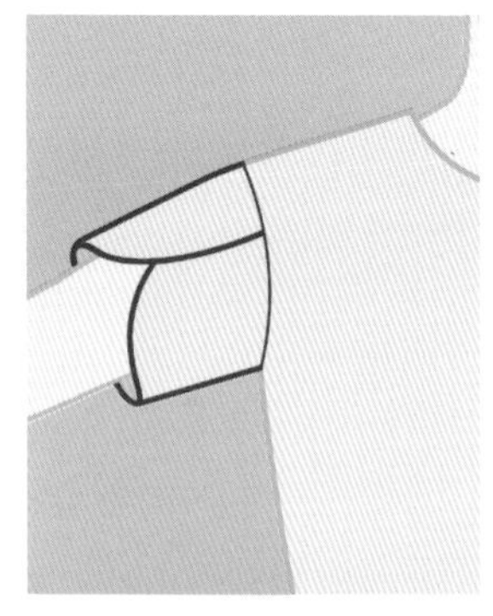

25花瓣袖(Petal sleeve)
像花瓣的袖子。同義詞：鬱金香袖(Tulip sleeve)

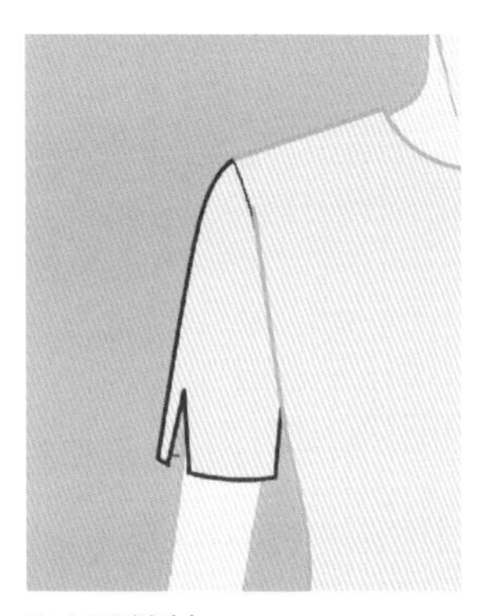

26開縫袖
(Slashed sleeve)
袖口有切口的袖型。

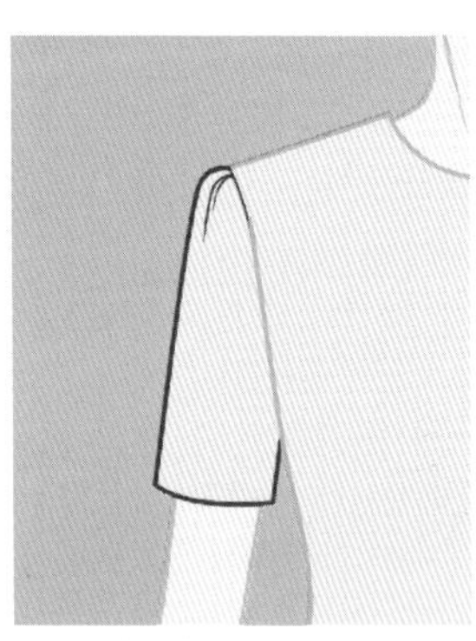

27打褶袖
(Tucked sleeve)
袖山有褶子的袖型。

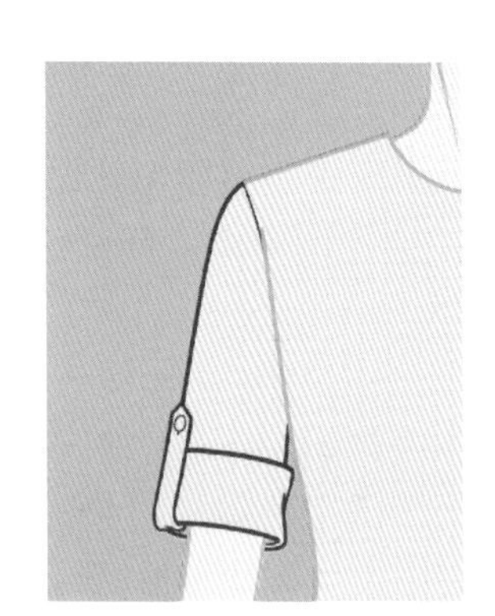

28捲折袖
(Roll up sleeve)
袖口往上反褶的袖子。利用鈕扣固定避免垂下。

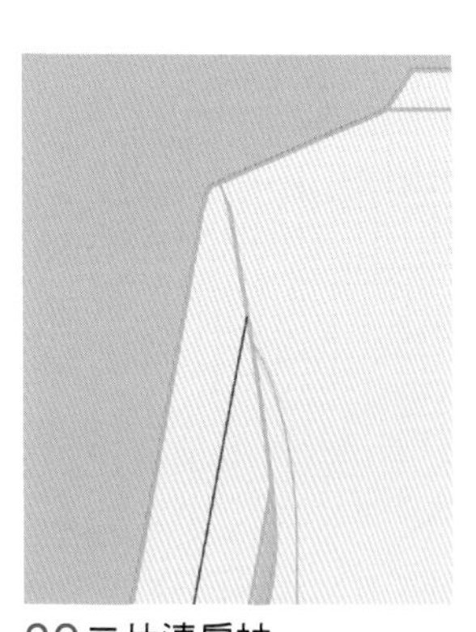

29二片連肩袖
(Two piece sleeve)
指由兩塊布連結而成的袖子。別名：二片袖。

袖頭(cuff)(cuffs)

指縫在袖口部份帶狀的布的總稱，單數為cuff，複數為cuffs。

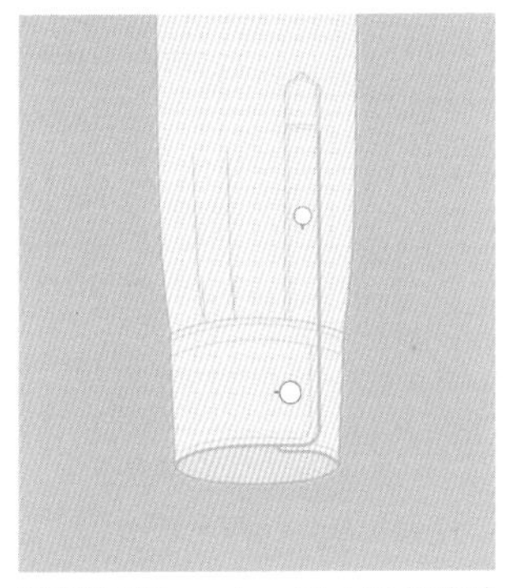

圓形袖頭(round cuff)：圓角的袖頭。

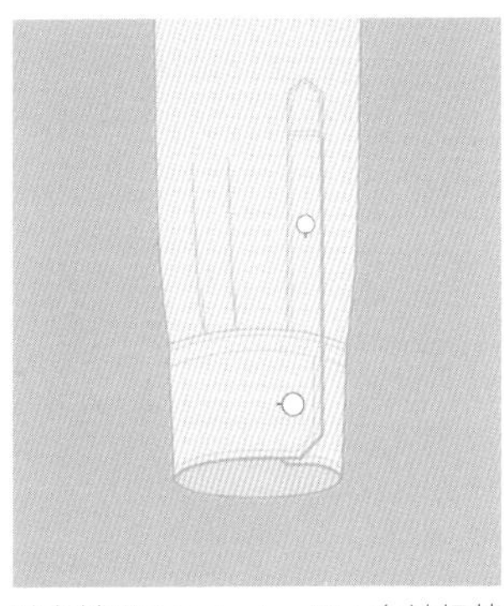

缺角袖頭(Notched cuff)：角被切掉的袖頭。

1 單袖頭(Single cuff)

沒有反褶只有一層的袖頭。

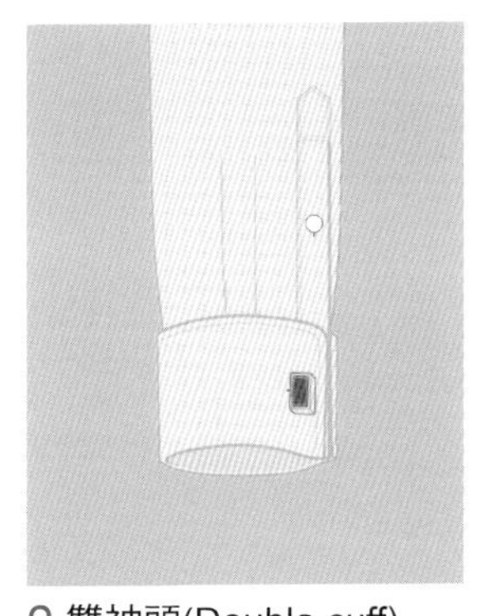

2 雙袖頭(Double cuff)

將反褶成二層的袖口用袖扣(cuff links)此裝飾用鈕扣固定的袖頭。別名：法式袖口(French cuff)、Link cuff

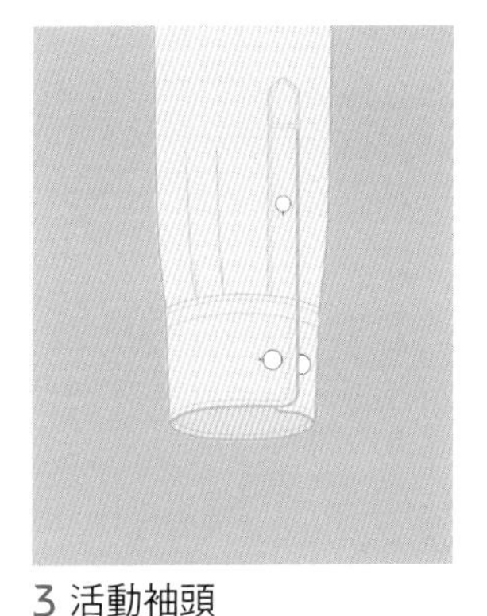

3 活動袖頭 (Adjustable cuff)

袖口週圍的大小可以調整。

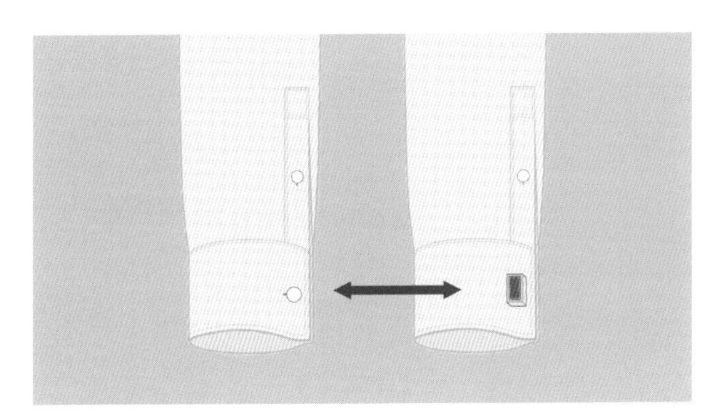

4 兩用袖頭(Convertible cuff)

也可以用袖扣固定的單袖頭。

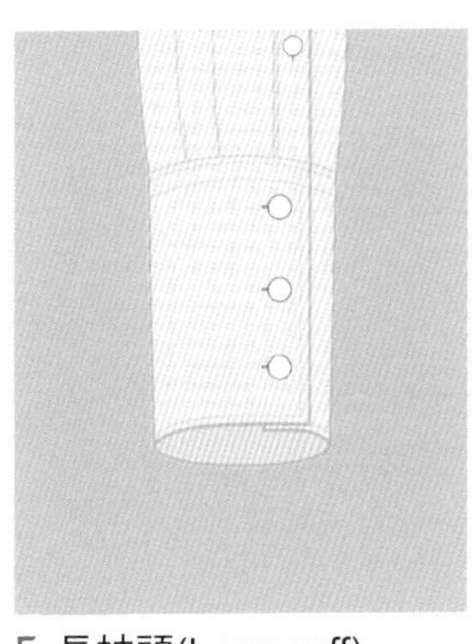

5 長袖頭(Long cuff)

袖頭較長的袖頭。

6 鈕扣袖頭 (Buttoned cuff)

用裝飾用鈕扣固定袖頭的袖頭。

7 直筒袖頭(Straight cuff)

從袖子到袖頭呈一直筒狀的袖頭。

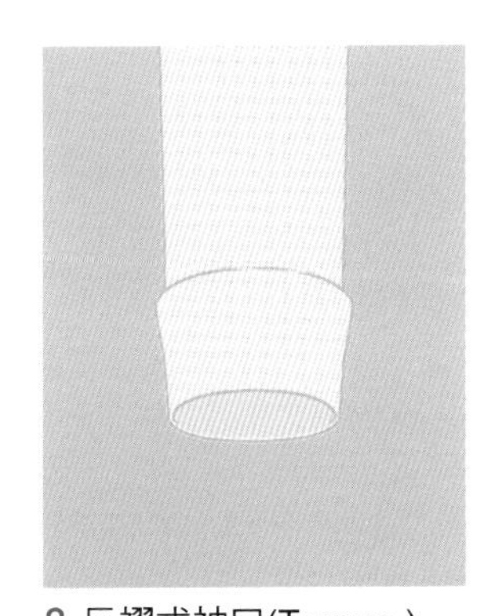

8 反褶式袖口(Turnup)

反褶式袖口的總稱。在襯衫袖頭是指雙袖頭。

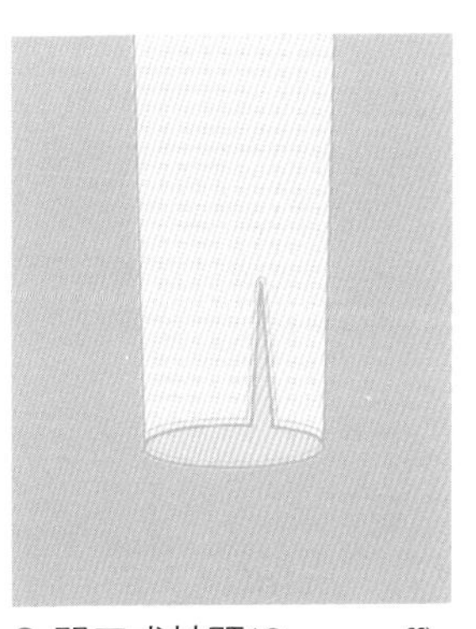

9 開口式袖頭(Open cuff)

袖口有開叉等開口的袖頭。

10 可拆式袖頭 (Removeable cuff)

鈕扣可以扣起來或打開的袖口。相反的，看起來像是可以打開實際上不能打開的稱為假袖頭(Imitation cuff)。

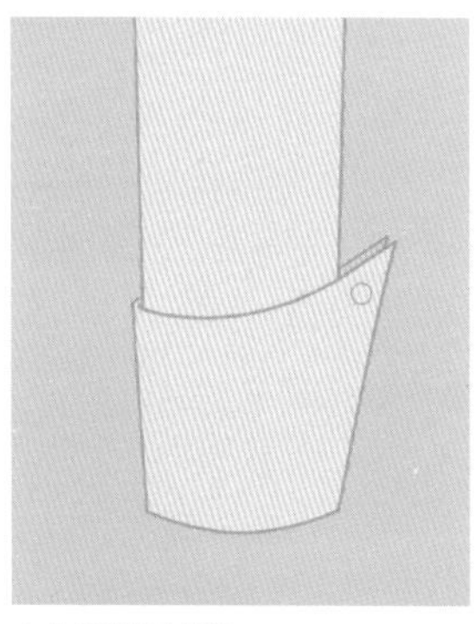

11羽翼袖頭
(Winged cuff)
狀似鳥的翅膀的袖頭。別名：尖角形卡夫(Pointed cuff)

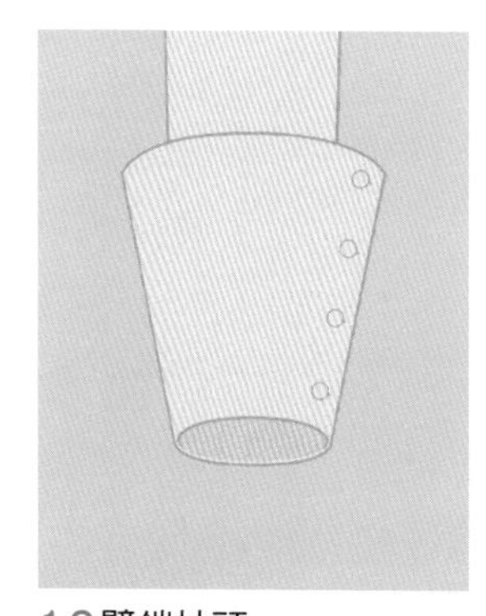

12臂鎧袖頭
(Gauntlet cuff)
彷中世紀武士所用的手套型的臂鎧的袖頭。

13鐘形袖頭
(Bell shaped cuff)
鐘形的袖口。別名：Dropped cuff

14圓形袖頭(Circule cuff)
鈕扣circule 是「圓形」的意思。袖口裁成圓形，袖口縫成波浪型的袖頭。別名：Win cuff、Ruffle cuff

15(Extention cuff)
extention 是指「伸展」的意思。袖口有波浪褶邊可以變寬的袖頭。

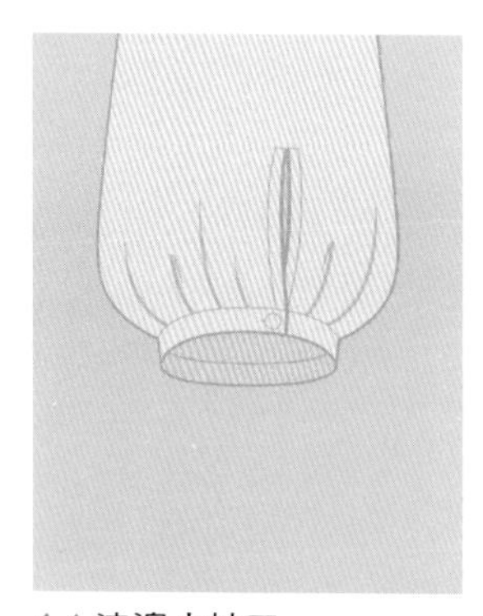

16滾邊小袖口
(Piping cuff)
細細滾邊的袖口。

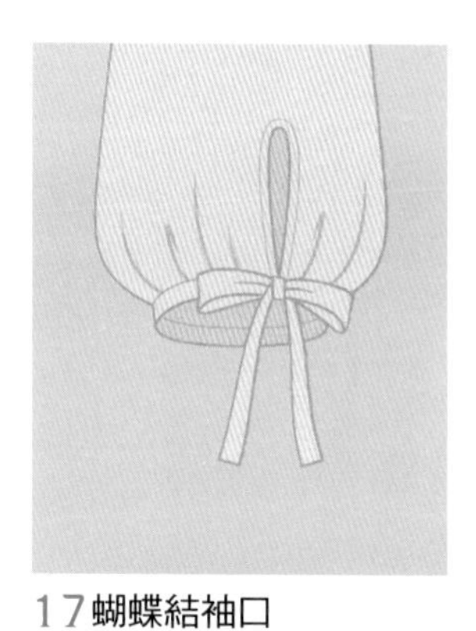

17蝴蝶結袖口
(Ribbon cuff)
袖口成蝴蝶結狀，可以調整鬆緊的袖頭。

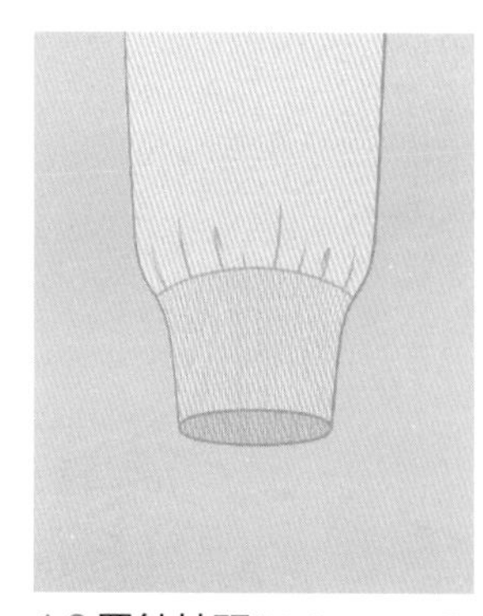

18羅紋袖頭(Knitted cuff)
條紋編織的袖口。防寒夾克等常見此型袖頭。

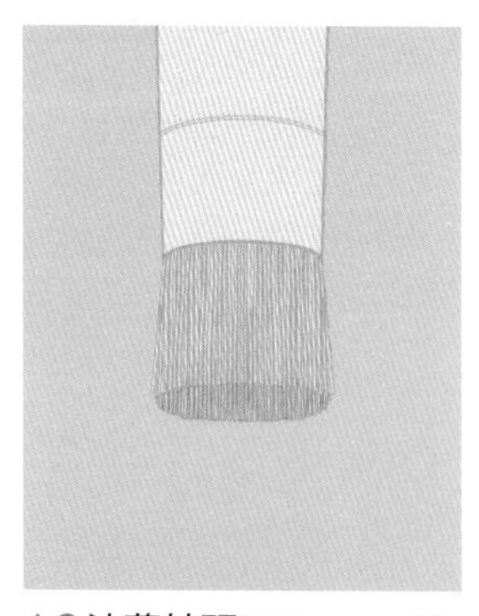

19流蘇袖頭(Fringe cuff)
袖口裝有流蘇(fringe)(p069)的袖頭。

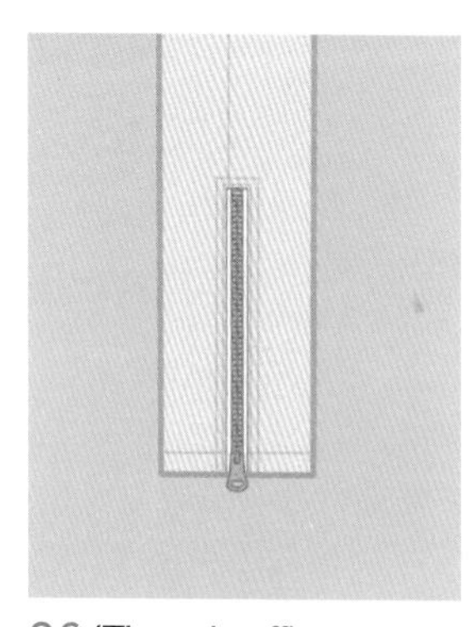

20(Tipped cuff)
袖口裝有拉鏈的袖頭。

後身

襯衫和女用襯衫的後身

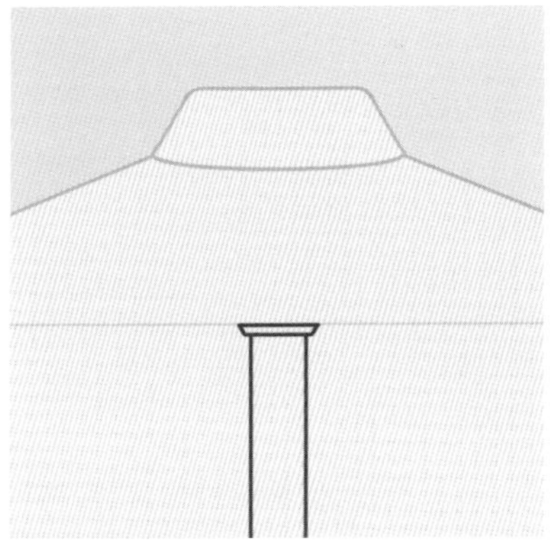

1 後中工字褶
(Back center box pleat)

背部中央車有工字褶(box pleat)。工字褶上面的掛耳(Hanger loop)是掛襯衫用的帶子。

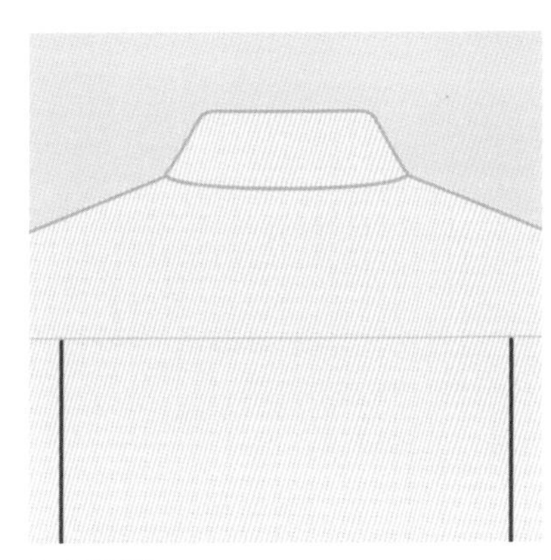

2 側褶裥(Side pleat)

襯衫側邊有褶裥。

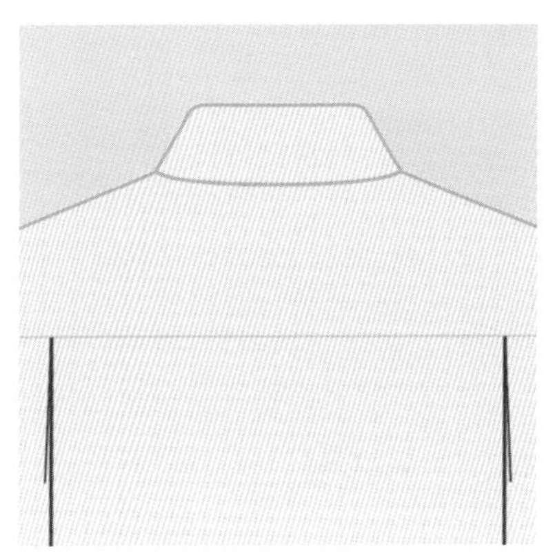

3 側褶(Side tuck)

側邊有打褶。

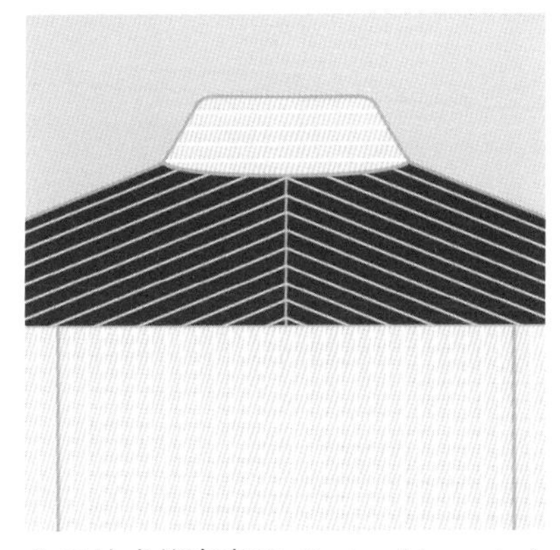

4 二片式後育克(Split shoulder yoke)

split是「分割」的意思。是指後育克分成二半的意思。

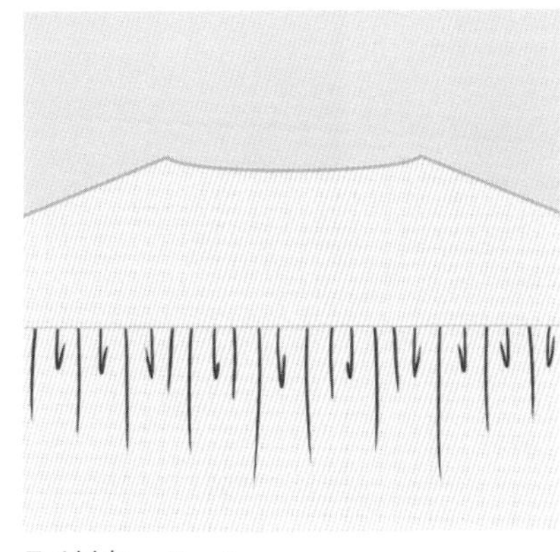

5 縮皺(gather)

很多皺褶或褶子呈現出柔和的感覺。

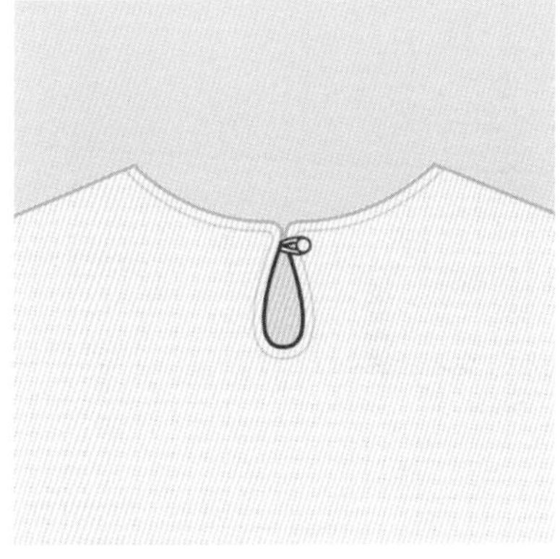

6 淚滴形後身(Tea drop back)

淚滴狀開口的後身。

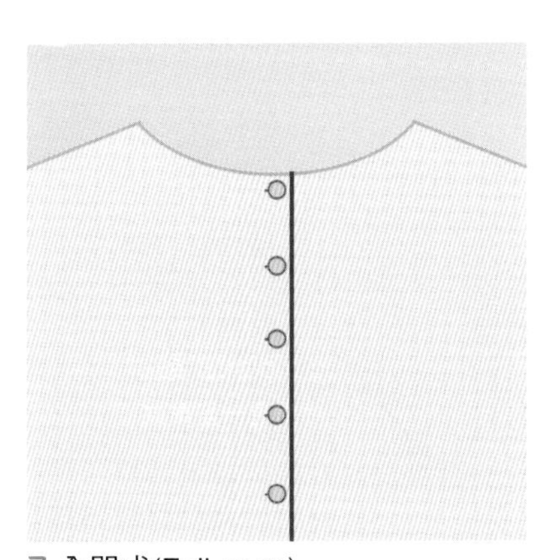

7 全開式(Full open)

整個背部打開的後身。

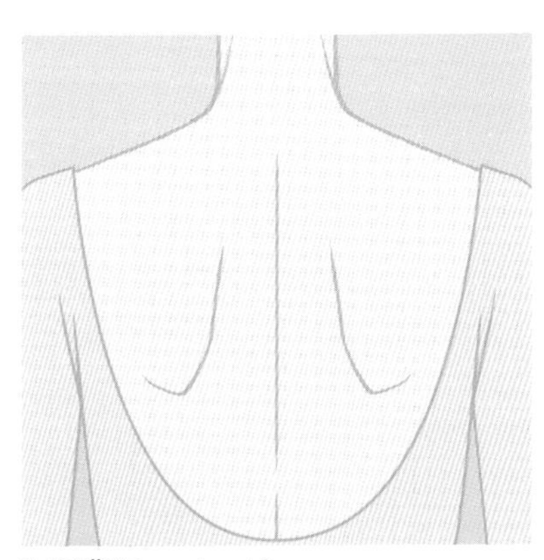

8 露背(Bare back)

背部露出的後身。

夾克(jacket)的後身

背叉(Vent)

夾克或大衣的後身或旁邊的下襬開叉的地方。這是為了增加騎馬時的運動量所設計的，所以在日本又稱為「馬乗り」。特徵是在掩襟會重疊。

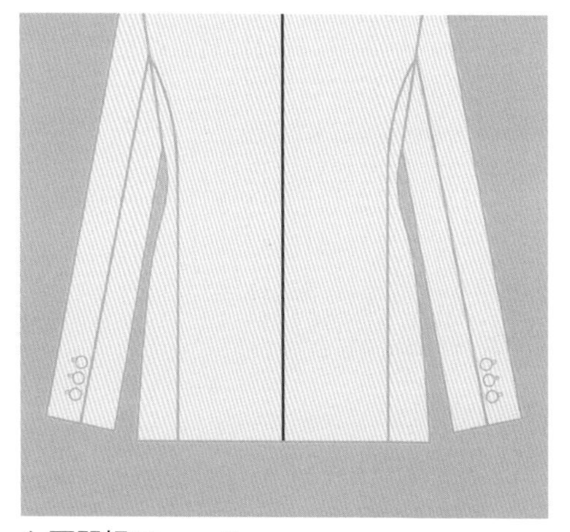

1 不開衩(No vent)

沒有背衩的大衣。別名：Without vent

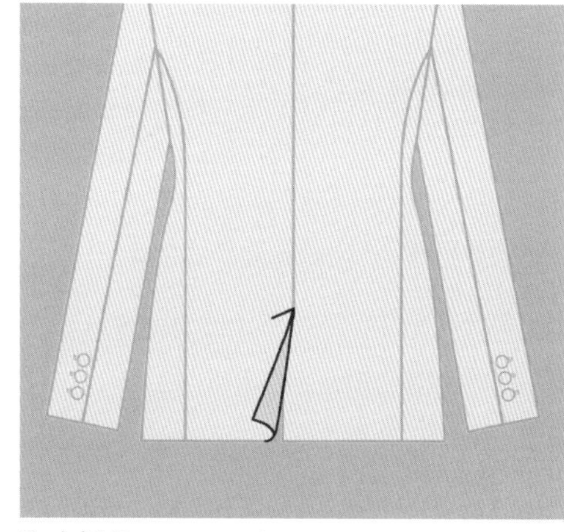

2 中衩(Center vent)

中間的背縫(Back seam)(p069)有背衩。

其他開叉

擺衩(Slit)：

衣服下襬處一條直的細長開叉。不是為了裝飾而是為了增加運動量所設計的。開衩的部份重疊。

切縫(Slash)：

擺衩的一種。較不具功能性而是為了裝飾用所設計的。不一定是直的，有的是圓弧形的。

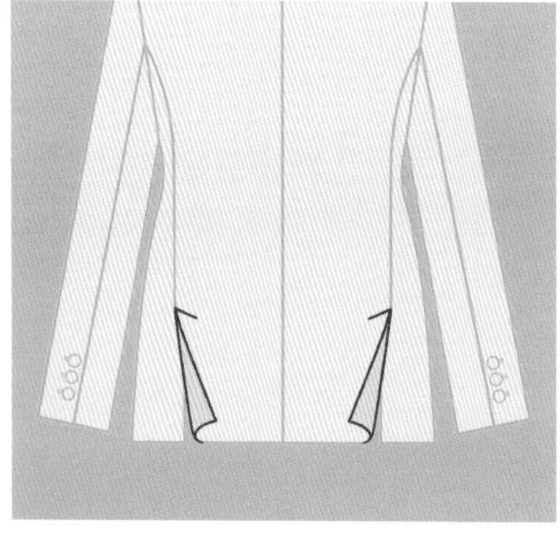

3 側衩(Side vent)

兩邊側擺縫下有開衩。別名：側擺衩

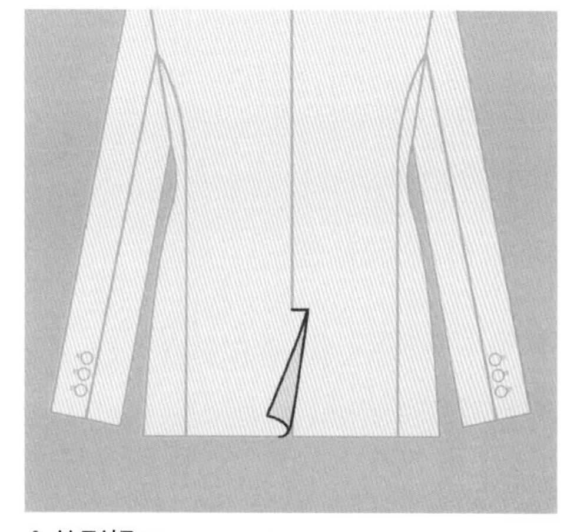

4 鈎形衩(Hook vent)
(中鈎衩Center hook vent)

溝狀的中衩。別名：鈎形衩

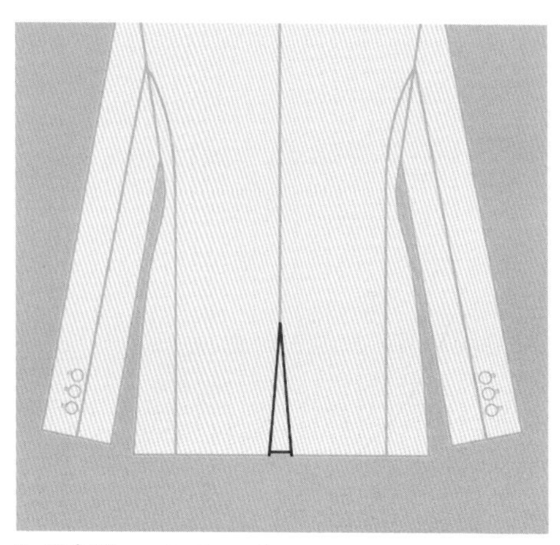

5 暗衩(Inverted vent)

車上暗褶(inverted pleat)(p071)增加運動量的開衩。

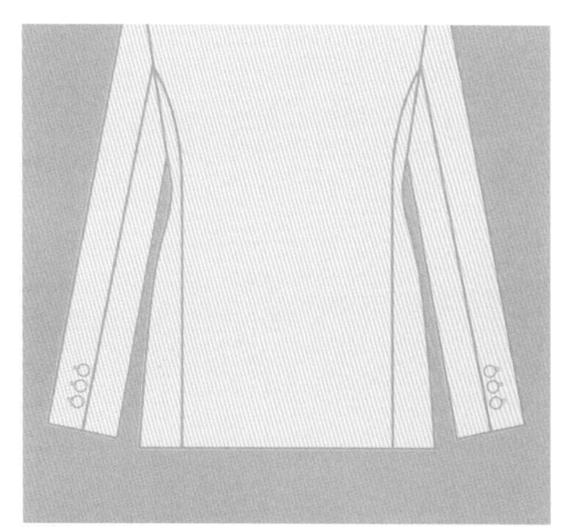

6 無背縫(One piece back)

背部只用一片布沒有背縫的後身。有背衩時旁邊就會比較淺。

下襬線(Hem line)

指衣服的邊緣線。

上半身衣物下襬線的變奏曲

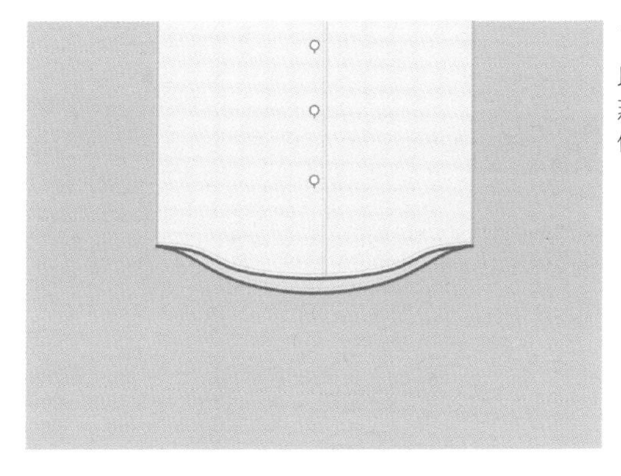

1 燕尾型下襬(Tailed bottom)

以前襯衫還做為貼身衣物時，利用燕尾下襬遮住臀部，取代內褲所流傳下來的。

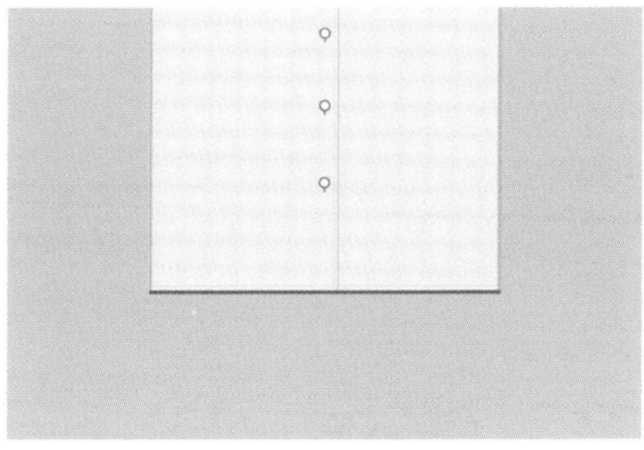

2 直角型下襬(Square bottom)

上半身衣物的下襬筆直呈四角型的下襬。下襬呈一直線時稱為平下襬(Square hem)。

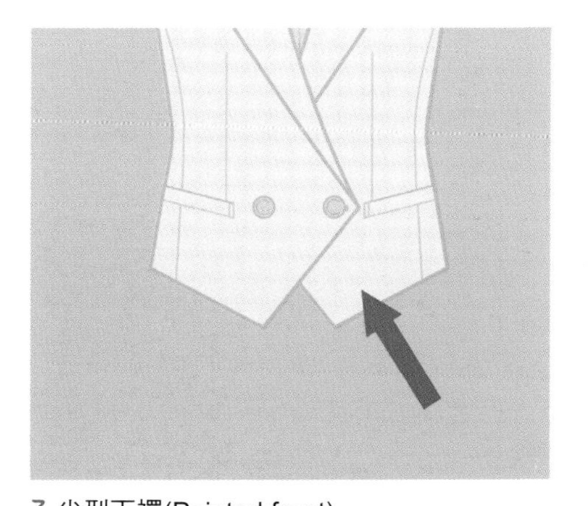

3 尖型下襬(Pointed front)

指裁成三角形的下襬。別名：Weskit hem

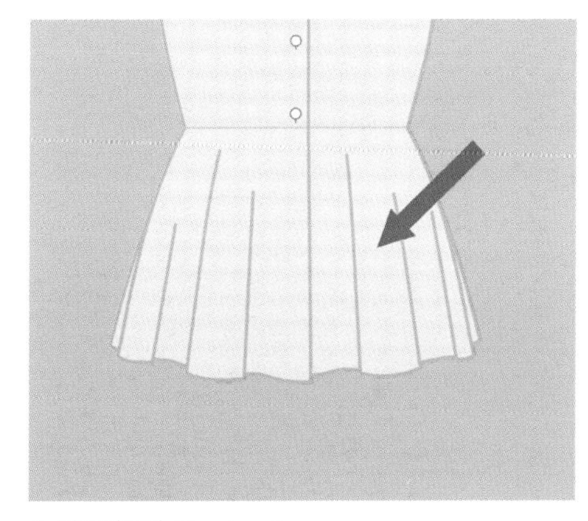

4 波形褶襞(Peplum)

指腰線以下呈波浪狀的部份。腰部緊縮，往下襬變膨鬆強調女性美。

下半身衣物下襬線的變奏曲

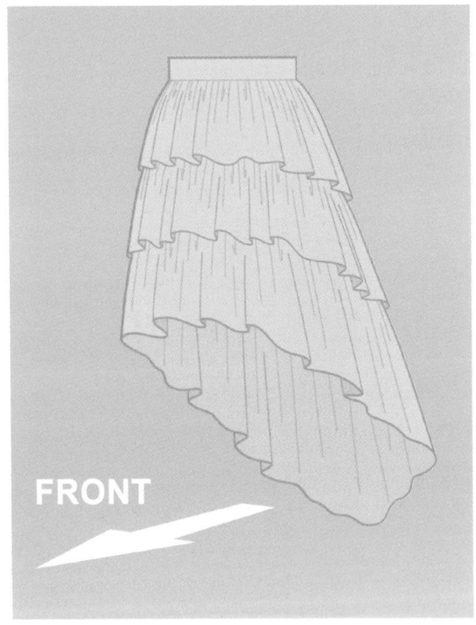

5 佛朗明哥下襬(Flamenco hem)

層擺(Tiered hem)的一種，前短後長。西班牙的佛朗明哥舞蹈的舞裙。

6

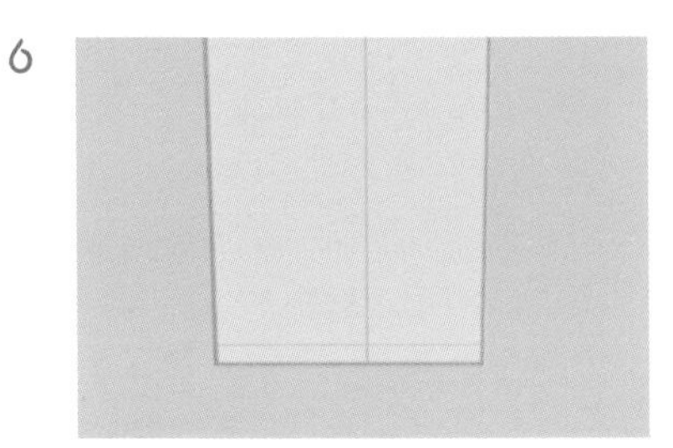

平腳褲(single cuff)

褲腳沒有反褶。

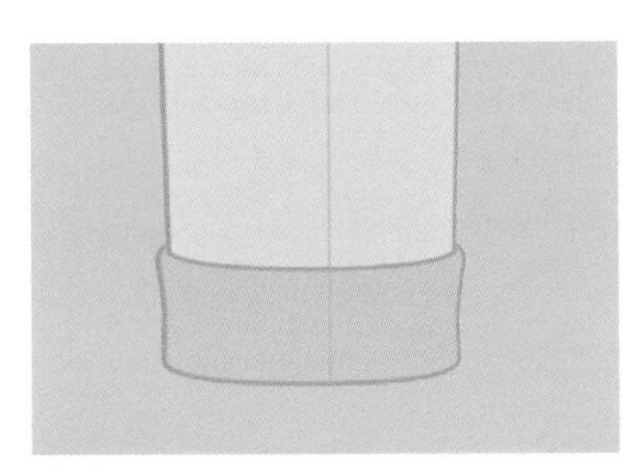

捲褲(Roll up)

褲腳捲起。

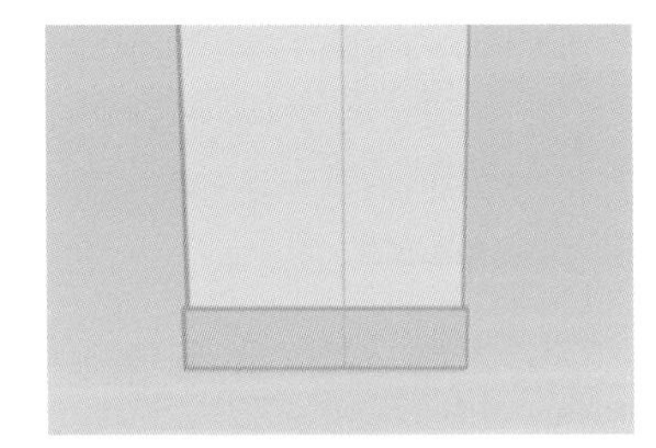

反腳(Turn up)

褲腳反褶燙平。褶線很明顯。別名：Double cuff、Cuffed bottom。

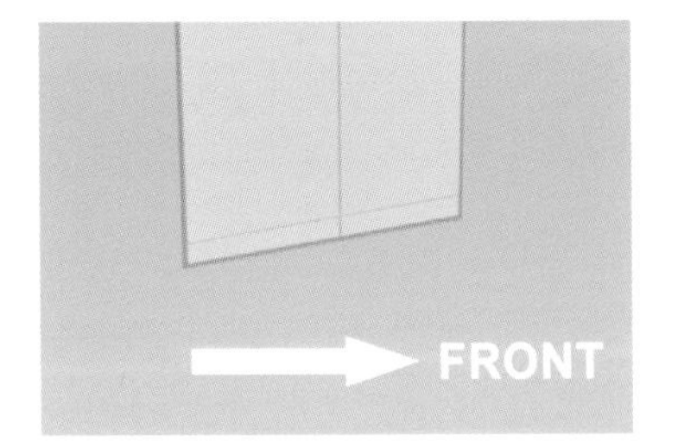

(Morning cut)

一種褲腳，後面較長，高低差約1.5～2cm。別名：Angled bottom。

其它下襬線的變奏曲

7 喇叭形(Flare)

展開到下襬，呈小波浪狀。

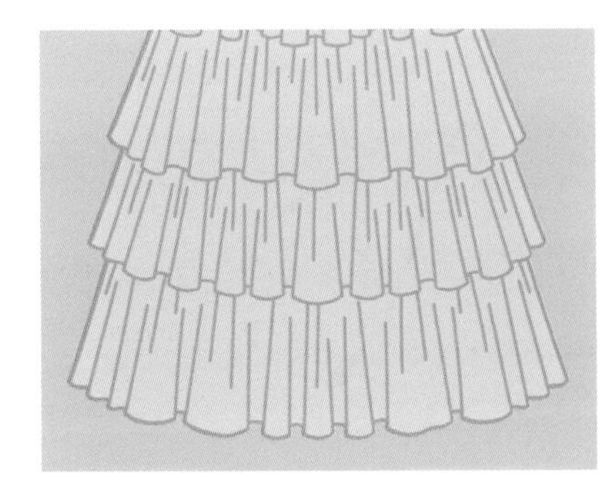

8 塔形(tiered)

一層一層的喇叭形。

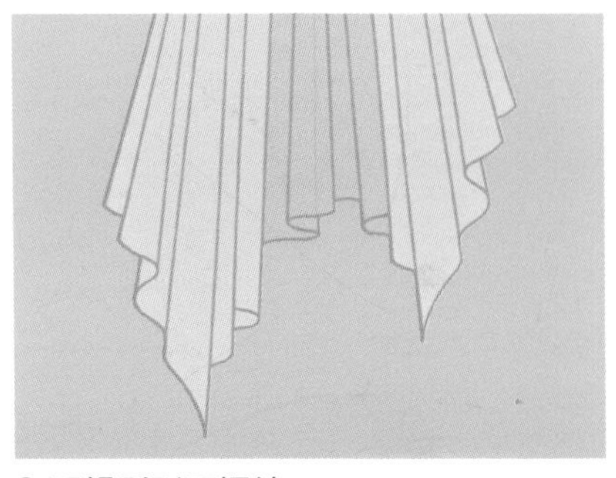

9 不規則形下襬線(Irregular hem line)

下襬線呈不規則形狀。別名：Handkerchief hem line、Uneven hemline。

細部(detail)　衣服細部造型的總稱

上半身和下半身衣物的細部造型

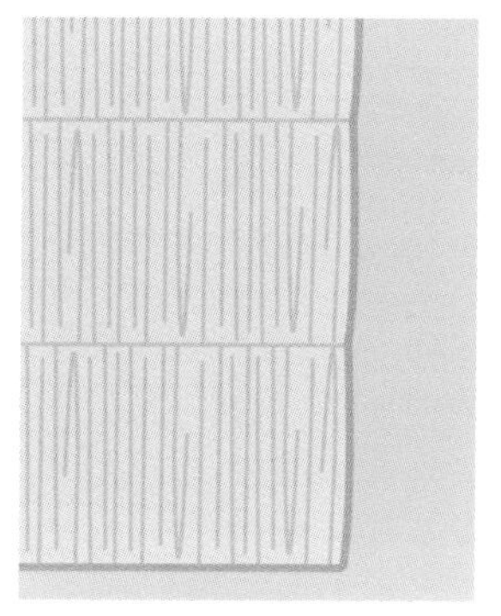

1 抽褶(shirring)
保留適當的間隔用縫紉機將布縮縫，縫出波狀的皺褶。

2 垂幔(Drape)
布幔下垂時所形成的柔和的皺褶或鬆垂狀。給人優美雅緻的感覺。

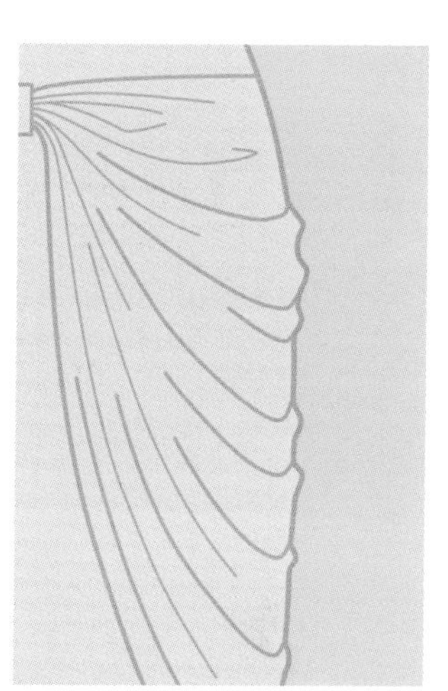

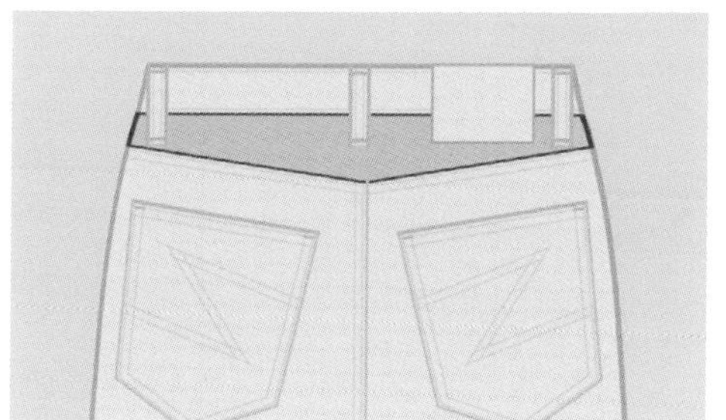

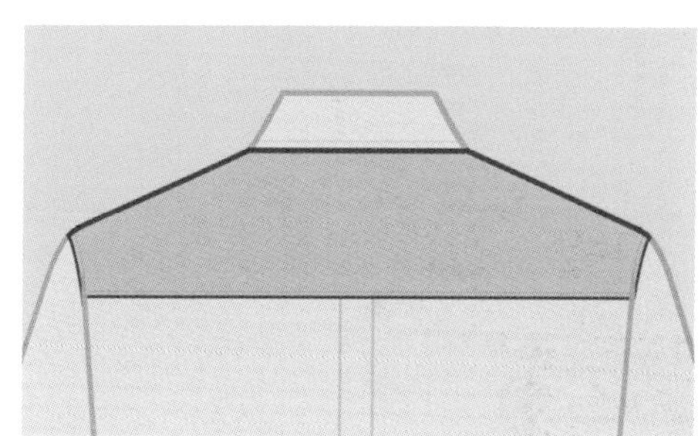

3 橫擔(Yoke又稱育克)
指做為補強或裝飾用而縫紉上的接布。

拉鏈(Fastener)

以鋸齒狀的鍊齒上下移動開關使鋸齒緊密結合。別名：拉鎖、夾頭

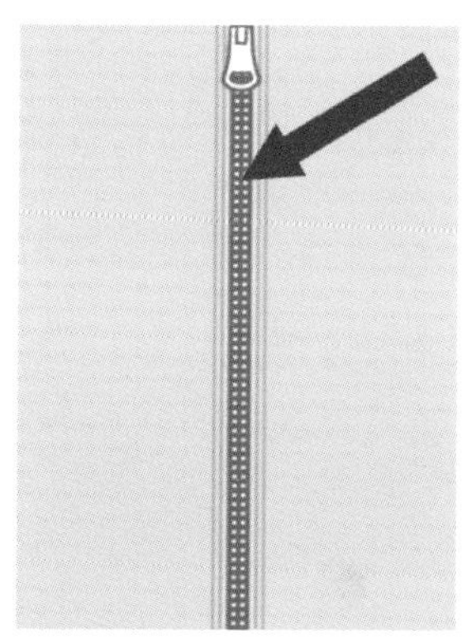

4 普通拉鏈
看得到拉鏈齒的拉鏈。拉鏈齒是指拉鏈互相咬合的部份。

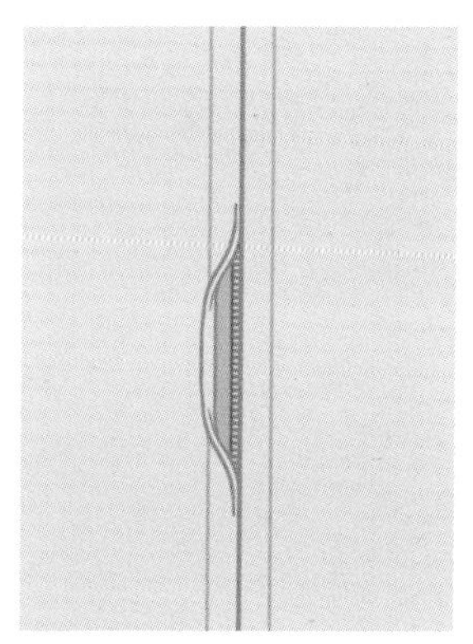

5 隱形拉鏈
看不到拉鏈齒的拉鏈。將拉鏈隱藏起來可以避免皮膚直接碰到拉鏈。

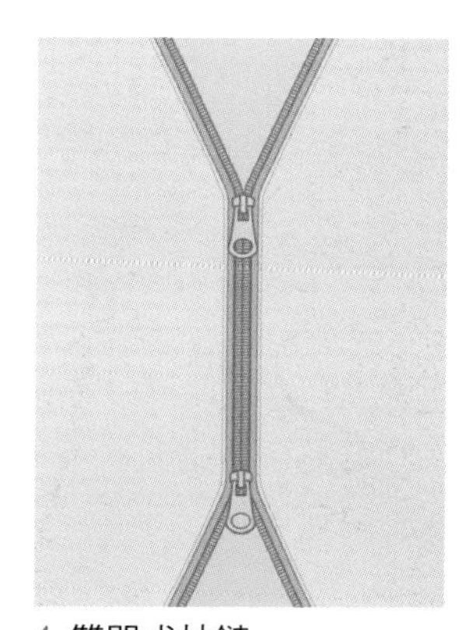

6 雙開式拉鏈
(Two way zipper)
指做為補強或裝飾用而縫紉上的接布。

上半身衣物的細部造型

內衣的細部造型

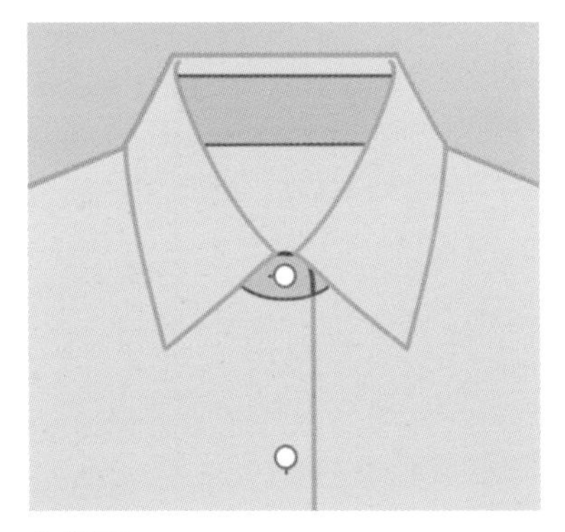

1 領座

襯衫領的「底座」部份。別名：領高

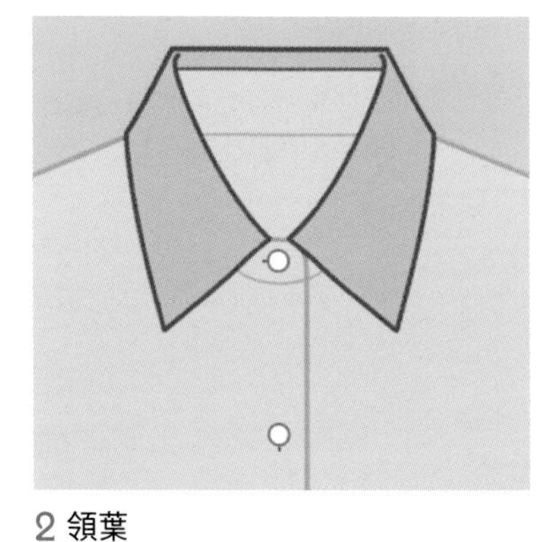

2 領葉

接在領座上的領子部份。此部份也稱為領子。別名：領面(Top collar)

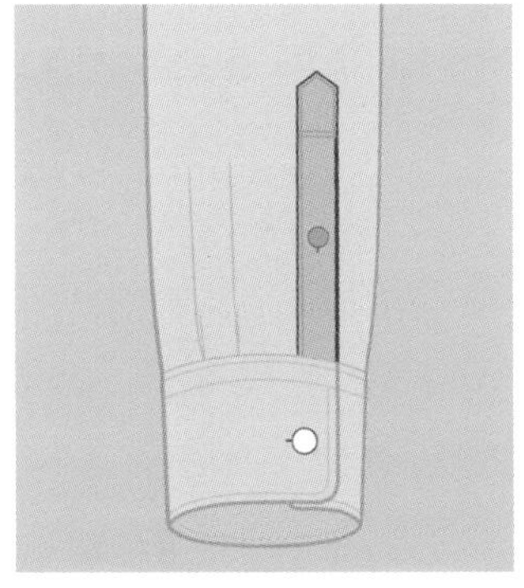

3 袖衩條

指袖開衩上的細長布條。插圖上的劍形布條在日本特別稱為「劍ボロ」。

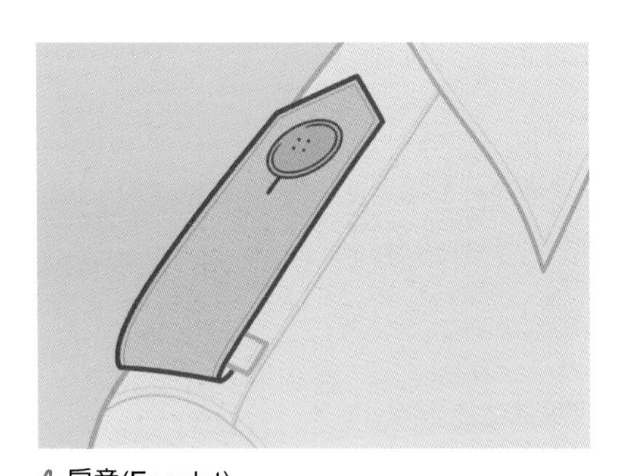

4 肩章(Epaulet)

指肩章、肩帶。縫在肩膀上帶狀的布。雙排扣附腰帶(防雨)短大衣(Trench coat)的肩章原本是用來做為固定懸掛在肩膀的槍和雙筒望遠鏡用的。別名：Shoulder loop

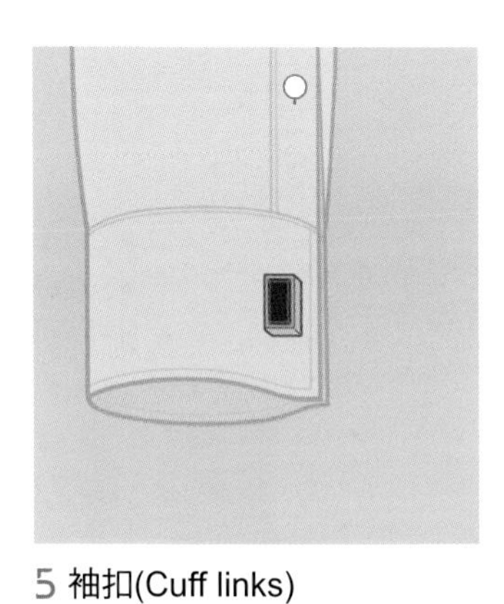

5 袖扣(Cuff links)

裝在袖口裝飾用鈕扣的總稱。別名：Cuff button

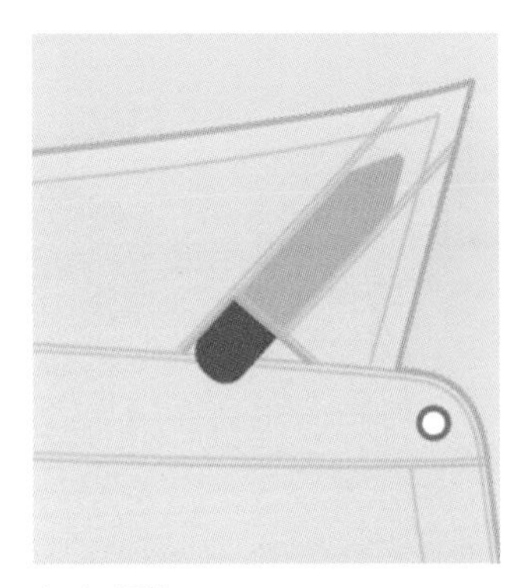

6 衣領條(Collar stays)

裝在衣領內側嗶嘰布製的領尖補強用具。別名：Collar keeper、領芯

外衣的細部造型

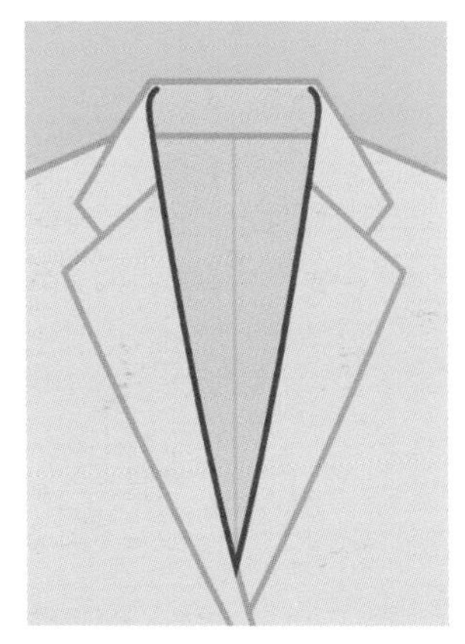

7 V區(V zone)

夾克的領口成V字形。

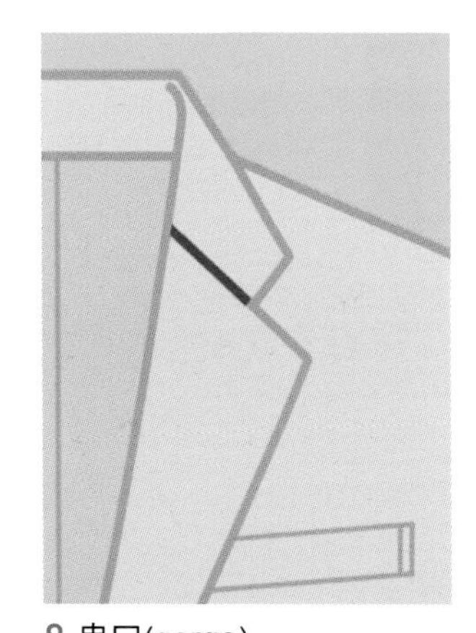

8 串口(gorge)

指領面和駁頭面的縫合線。別名：串口線(Gorge line)

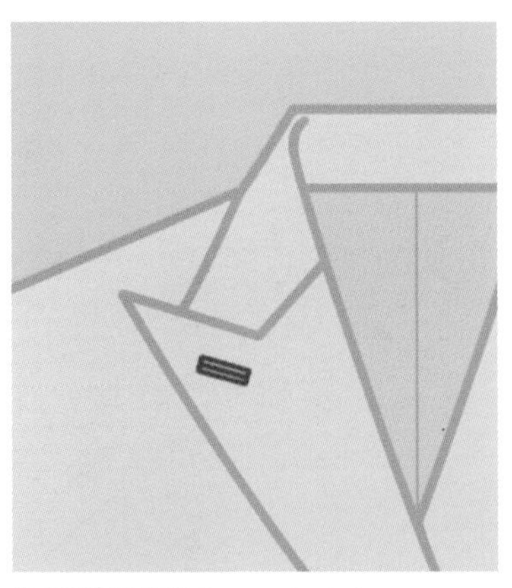

9 插花孔眼(Flower hole)

指下領片的扣眼。別名：Lapel hole

10飾邊(trimming)

將布邊用滾邊條(bias tape)或另外的布包起來以防止綻線或裝飾用。別名：滾邊(Piping)

11徽章(Emblem)

歐洲的王室貴族做為家徽用的盾形徽章。現在則被用來放在西裝夾克上展現校名或品牌名稱。別名：頂飾(crest)、紋章(Blazon)、族徽(Hrealdry)、布章(Wappen)

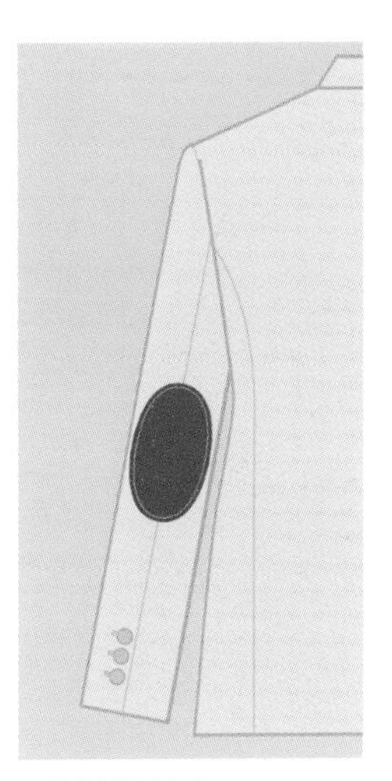

12肘部墊布
(elbow patch)

皮革製或布製的手肘墊布。

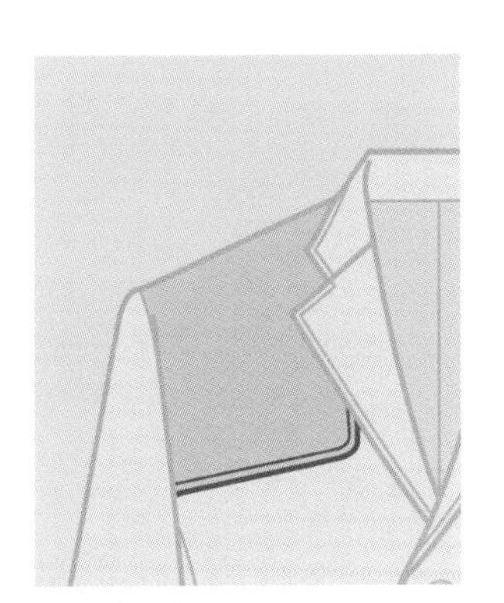

13槍托墊布(gun patch)

做為支撐槍托用的墊布。

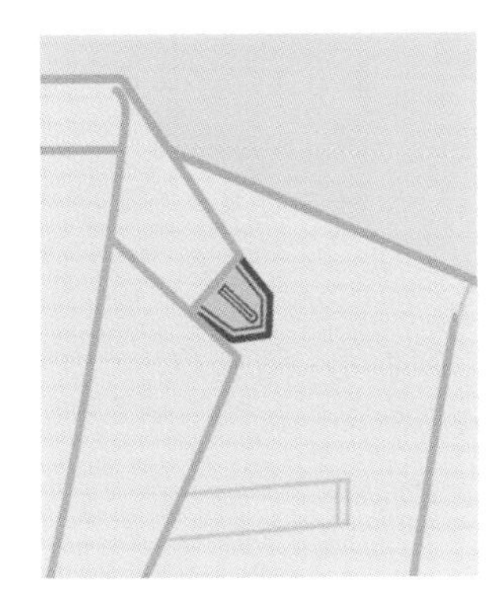

14喉絆(Throat tab)

裝在西裝領的上領片部份的小布條(小絆)。Throat是「喉嚨」的意思，用鈕扣固定做成立領就會位在喉嚨附近而命名。別名：喉門(Throat latch)

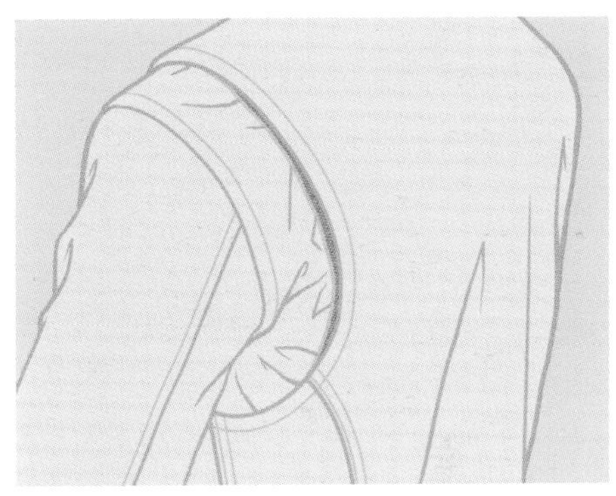

15活動褶(Action pleats)

指外套後面或背部的褶襉，為了增加運動量讓動作更流暢。

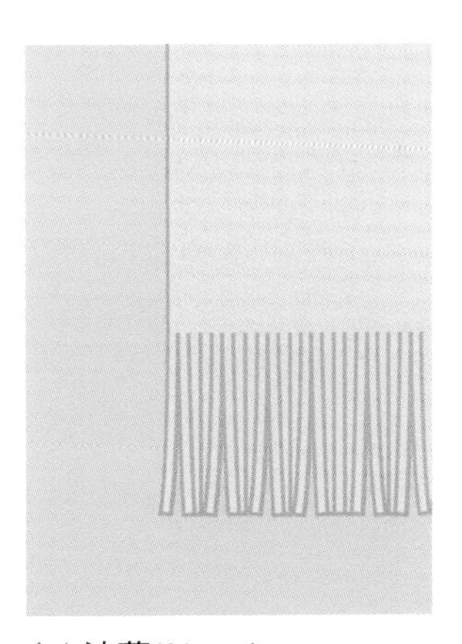

16流蘇(fringe)

緣飾。將布料尾端的紡線拆開。常見於圍巾或披肩、牛仔外套等。

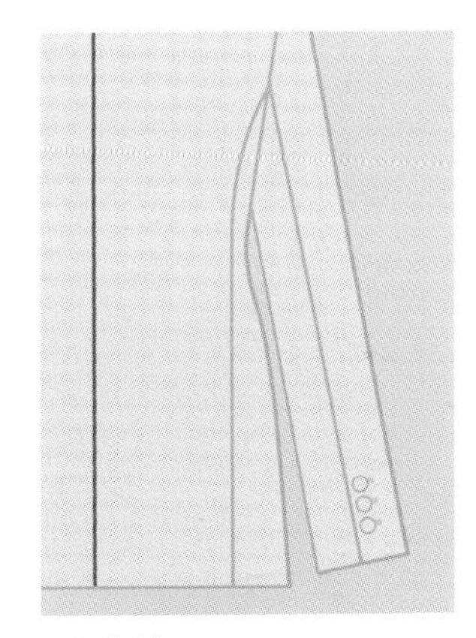

17背縫(Back seam)

背部中間的縫線。

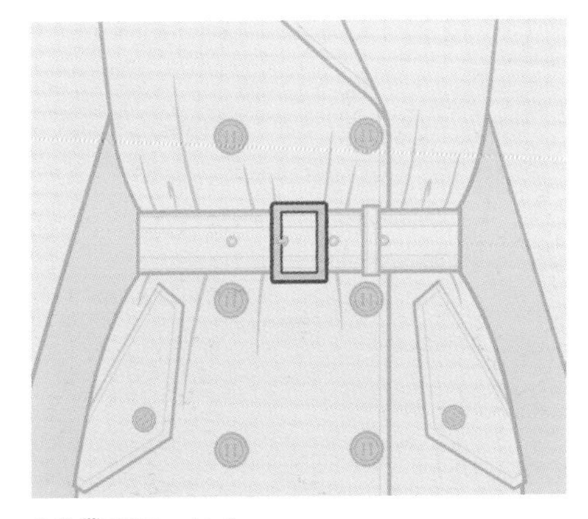

18帶扣(Buckle)

腰帶或皮鞋的卡子。別名：卡扣、飾扣

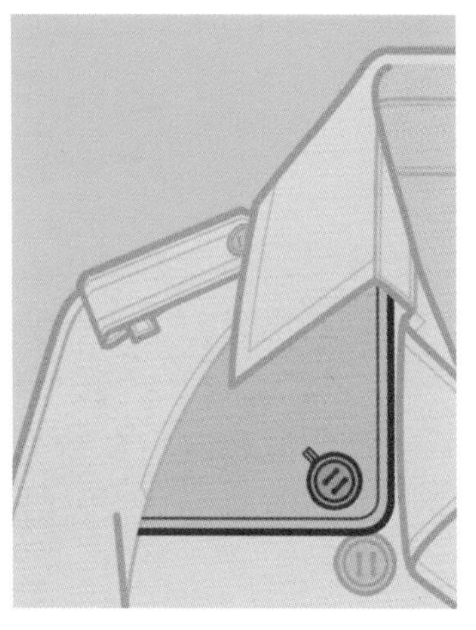

19防雨蓋(Storm flap)

指為了防止暴風雨等天候惡劣時雨水滲入裝在肩膀上的布。常見於雙排扣附腰帶(防雨)短大衣，此短大衣因為是軍服所以也具有槍托墊布的功能。別名：storm patch

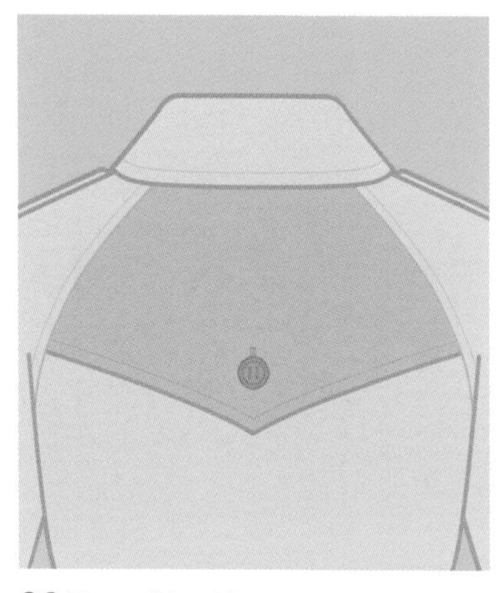

20(Caped back)

披肩(斗篷)狀的後育克(back yoke)，在最容易被雨淋濕的背部重疊二層布提高防雨的效果。包含後身一共是三層非常耐用。

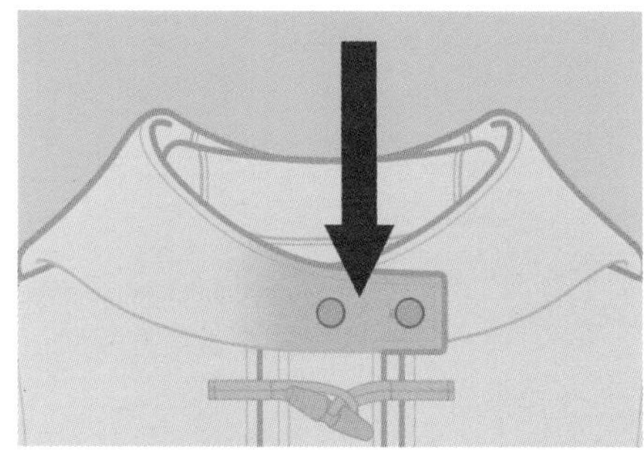

21下巴保暖帶(Chin warmer)

保暖下巴的布頭。也可以防止風雨從脖子灌進去。別名：下巴帽帶(chin strap)、 下巴擋風邊(chin flap)

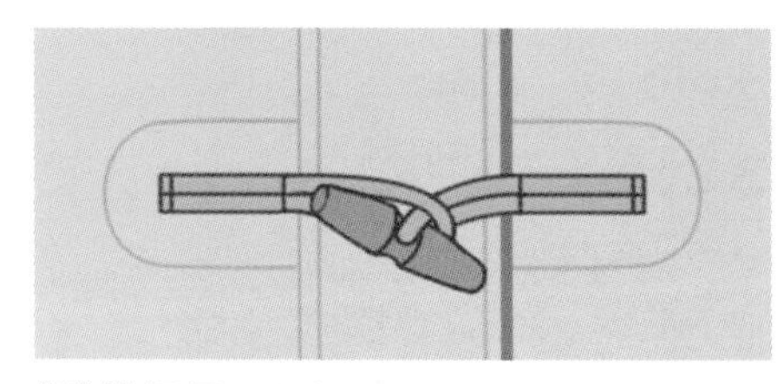

22栓扣(Toggle)

木頭或金屬製的浮標形的固定鈕扣。用於連帽粗呢風雪大衣(Duffel coat)。

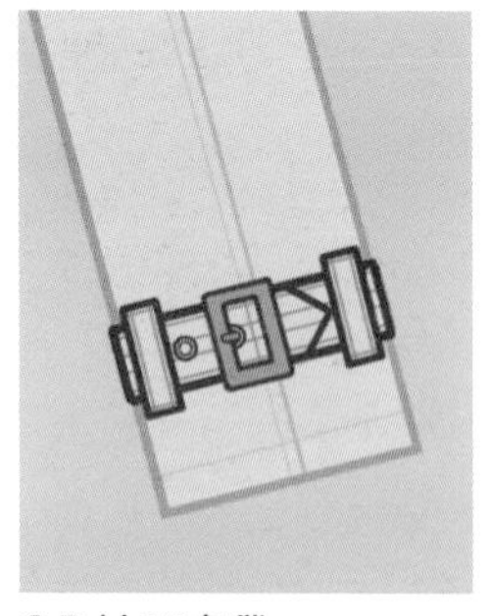

23袖頭束帶
(Cuff strap)

防止風雨從袖口灌入束緊袖子的帶子。

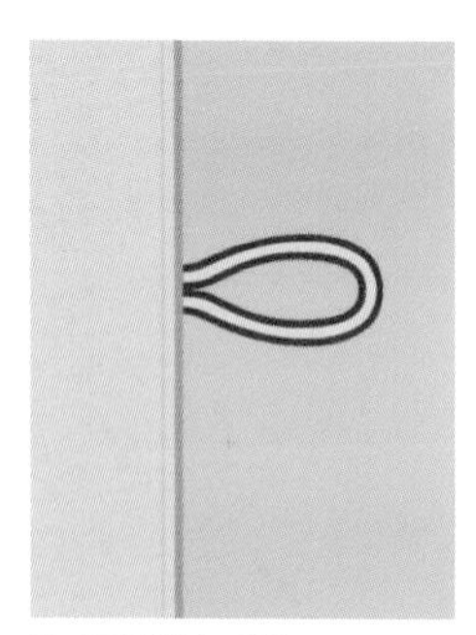

24環狀扣眼
(Loop botton hole)

指環狀的扣眼。

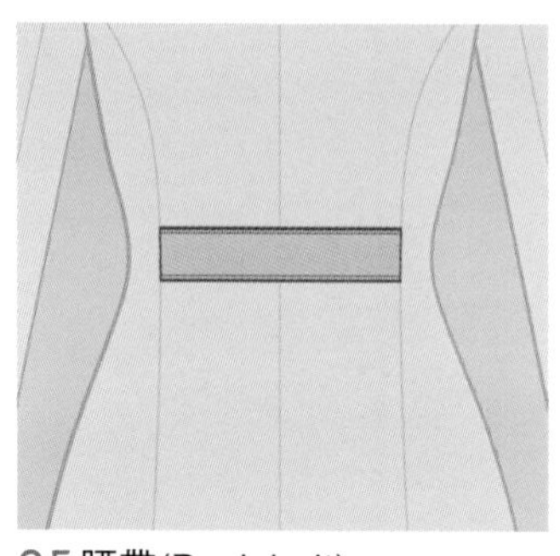

25腰帶(Back belt)

指裝在腰部的背部的帶子。也有裝在後身上不能拆卸的腰帶。

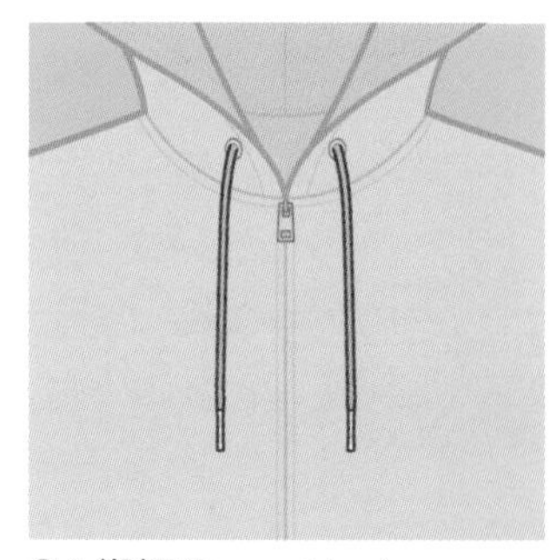

26綁繩(Drawstring)

「拉繩」的意思。拉住繩子可以調整大小。

27風帽
(Parka)的戴法

①帶上去之後將頭、頸完全包覆住。後腦勺有凸出一個角的、也有圓形的。

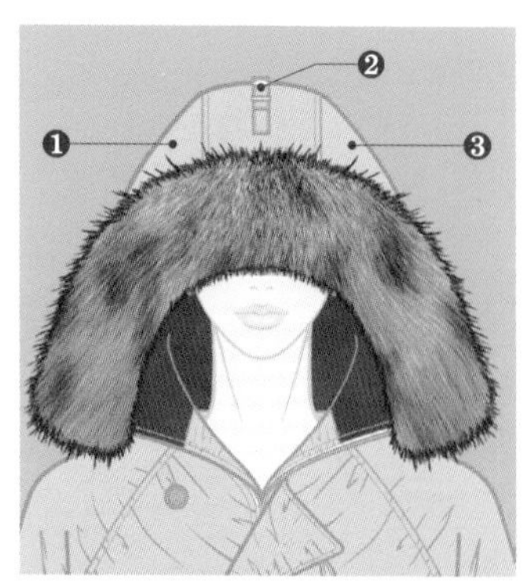

②風帽深的分成三個部份。

③風帽不常戴上。不戴的時候將風帽褶疊起來就看得到裡面。

下半身衣物的細部造型

褶襇(pleat)的造型變奏曲

指為了增加運動量或營造出立體感所設計的皺褶。褶線不會像打褶一樣在中途就消失不見，會一直延續到下襬。上半身衣物常利用在前後身，下半身衣物則常利用在裙子。

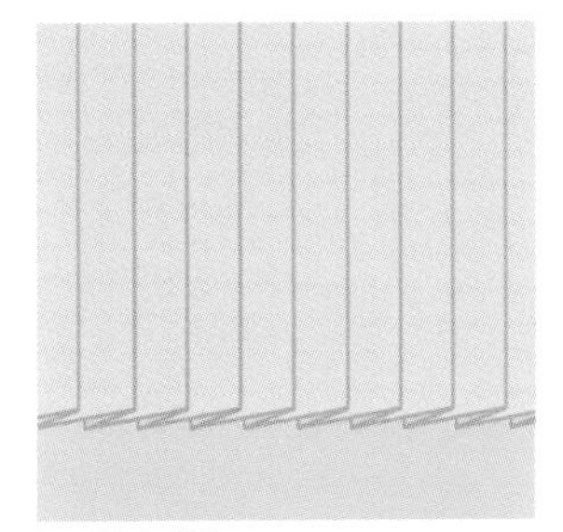

1 單向褶(One way pleat)
指褶往同一方向的褶襇。別名：側褶(side pleat)、單側褶

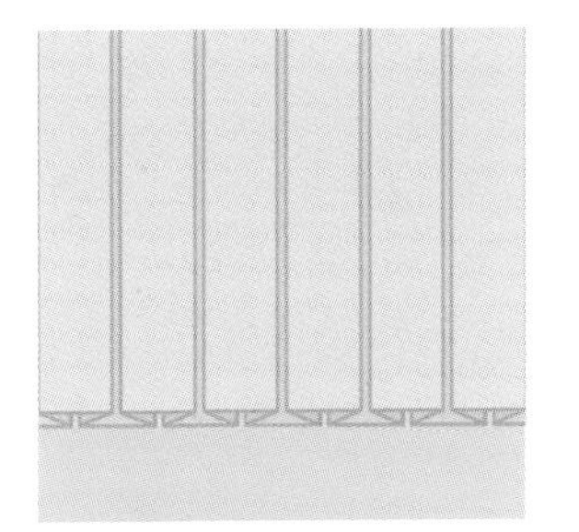

2 工字褶(Box pleat)
褶線在裡面會合的箱型褶襇。

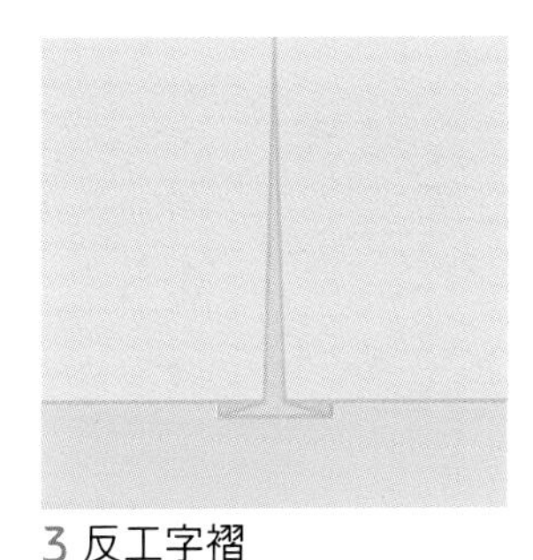

3 反工字褶
(Inverted pleat)
將工字褶反過來褶的褶襇。

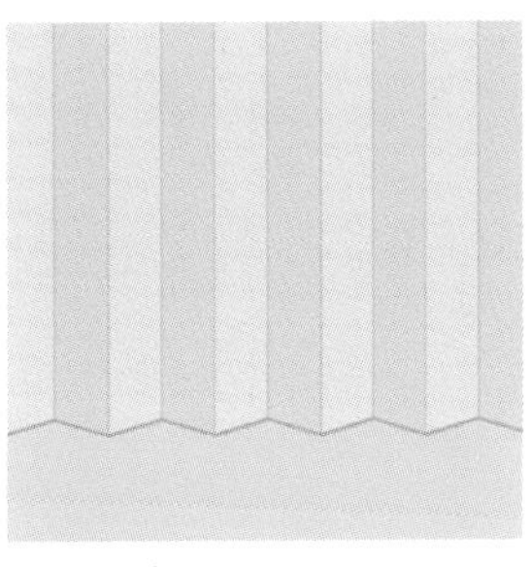

4 風箱褶
(Accordion pleat)
細細褶成手風琴的風箱狀的褶襇。

5 傘褶(Umbrella pleat)
下襬像傘一樣褶疊在一起的褶襇。

6 水晶褶(Crystal pleat)
像水晶一樣山褶線立起來的褶襇。褶襇寬度約2～4mm非常狹窄。

7 彎形褶(Curved pleat)
風箱褶的上面的褶襇裡面還有更細的褶襇，讓山褶線呈現曲線的褶襇。裙襬褶上這種褶襇的話，褶襇會沿著身體的曲線漂亮的彎曲。

8 (Fancy pleat)
fancy是「與眾不同」的意思。插圖中的褶襇山褶線的反褶是左右交叉。

9 (Random pleat)
褶襇成不規則狀。

10 (Fortuny pleat)
Random pleat的一種，使用很多布料，褶出水流般美麗獨創的褶襇。這是西班牙的Mariano Fortuny從古代希臘服裝上得到靈感所設計出來的。

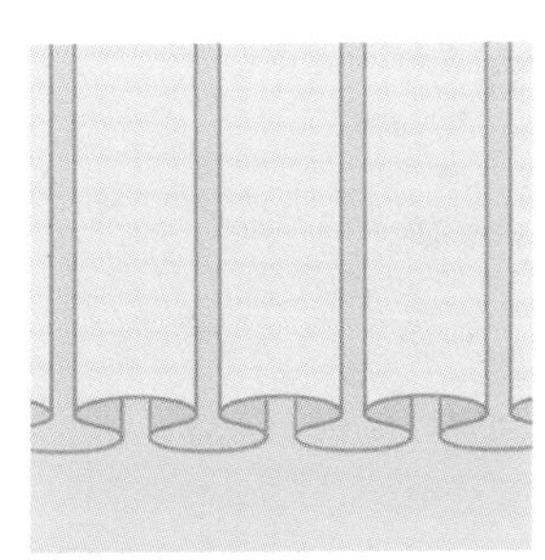

11 不定型褶
(Unpressed pleat)
沒有褶出很明顯的褶線柔和的褶襇。別名：軟褶(Soft pleat)同義詞：子彈褶(Cartridge pleat)(彈藥筒形狀的細長筒型的褶襇)

其他細部造型

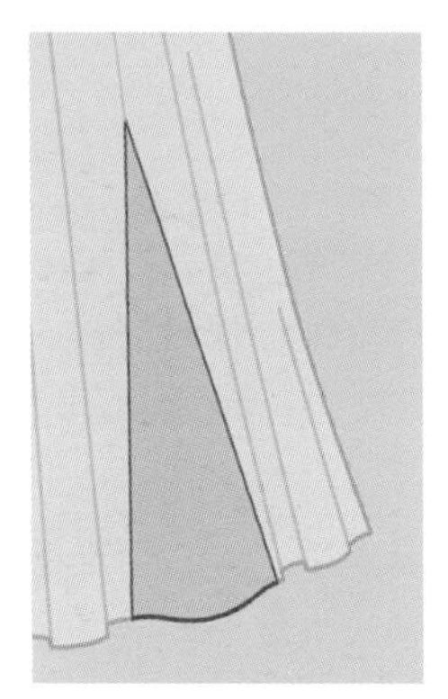

1 三角型布(gore)

指三角型細長的布頭。

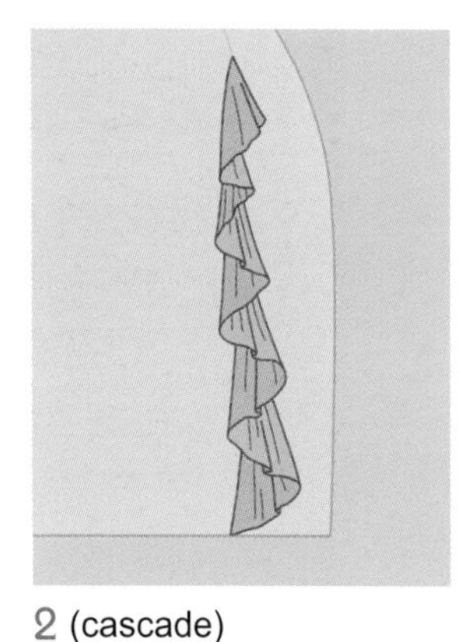

2 (cascade)

cascade是小瀑布的意思，指像瀑布一般優美的水流的裝飾布。

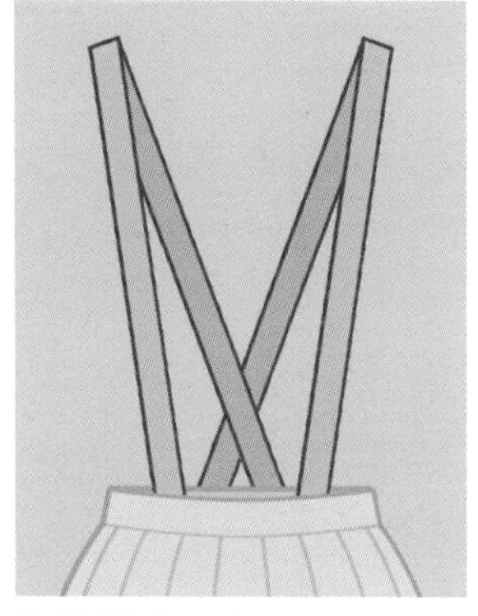

3 吊帶(Shoulder strap)

掛在肩上的帶子。

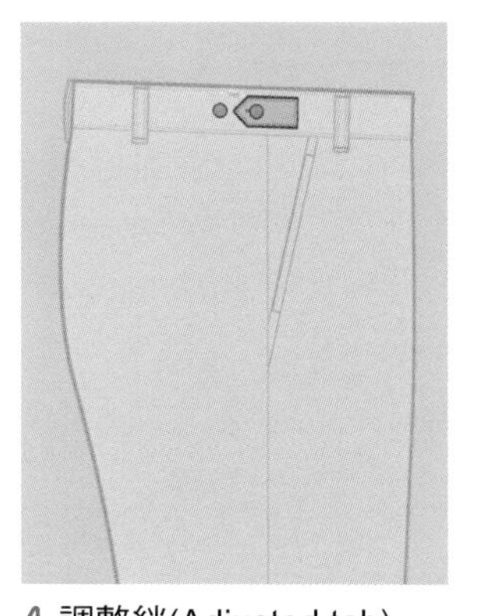

4 調整絆(Adjusted tab)

調整尺寸用的小絆。常用在沒有腰帶的褲子或外套的下襬。

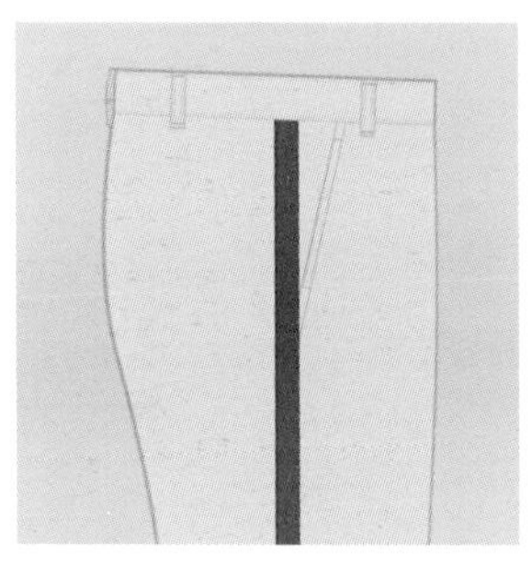

5 側章

褲子的兩旁的裝飾布條。

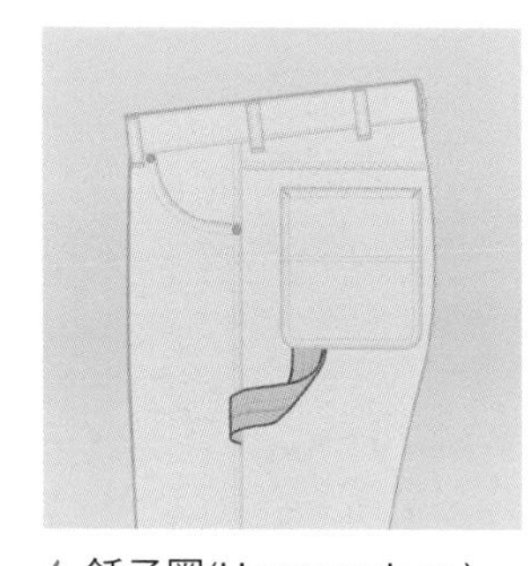

6 錘子圈(Hammer loop)

收納錘子用裝在側邊的環狀帶。

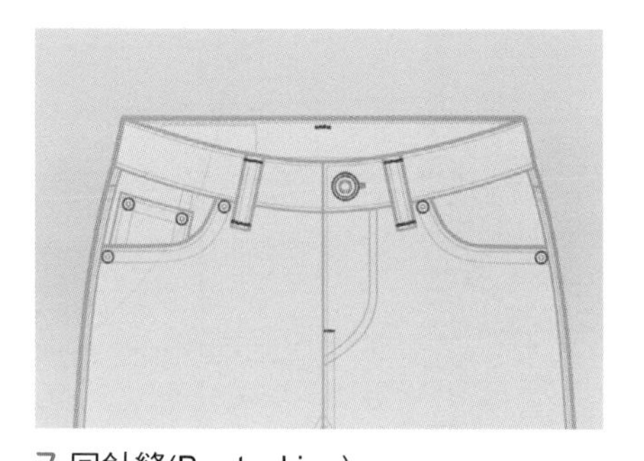

7 回針縫(Bar tacking)

指拉鏈和口袋等的止縫，避免縫線脫落做為補強用的止縫。

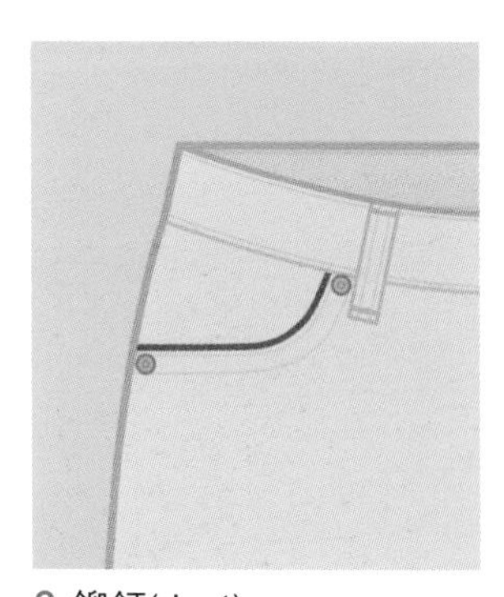

8 鉚釘(rivet)

正式名稱為Copper rivet。避免拉鏈和口袋的止縫脫線補強用的銅製鉚釘。代替回針縫。

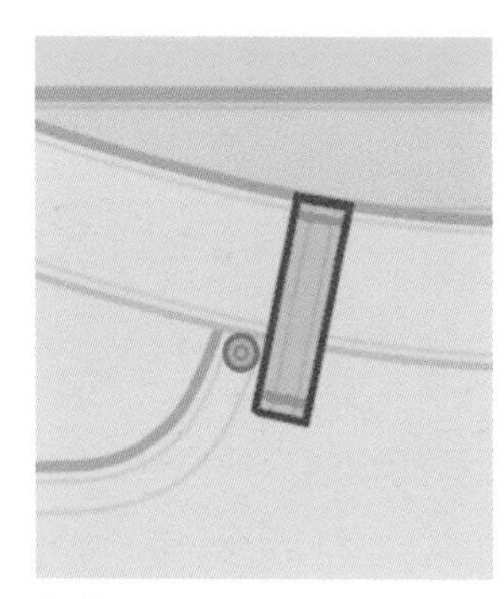

9 褲耳朵(Belt loop)

腰帶通過的地方。

10 皮標(Leather patch)

縫在牛仔褲的腰帶右後方的皮革製標籤。做為標示品牌名稱、產品名稱、品號、尺寸等資訊。

口袋(pocket) 收納袋的總稱。縫在衣服外面的口袋稱為：外袋(outside pocket)，裝在衣服內側的口袋稱為裏袋(inside pocket)。

上半身衣物的口袋造型變奏曲

胸袋(chest pocket)

胸部口袋的總稱。設計在胸部的一邊或兩邊。別名：手巾袋(Breast pocket)

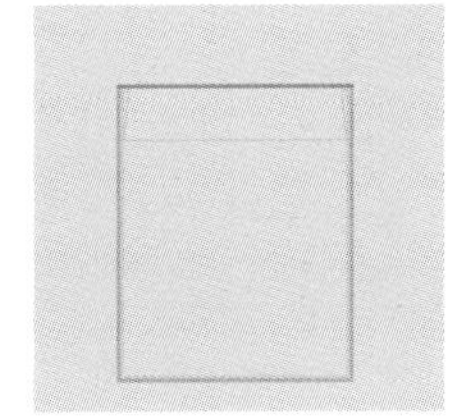

1 方形口袋 (square pocket)

襯衫上面的四角型外袋。

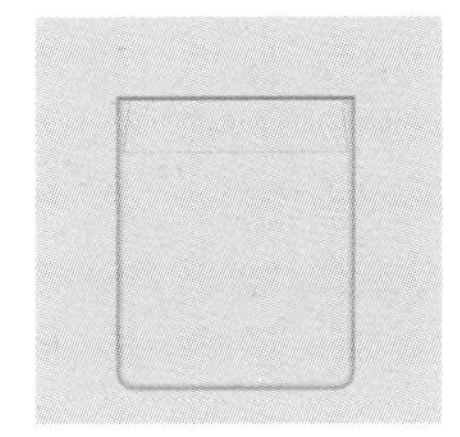

2 圓形口袋 (round pocket)

襯衫上面的角有點弧度的外袋。

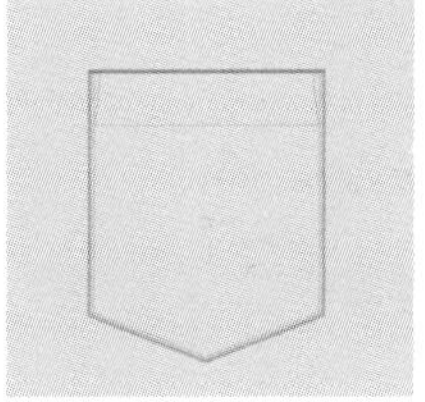

3 五角型口袋 (pentagon pocket)

pentagon的意思是「五角形」。指襯衫上面的五角型的貼袋。

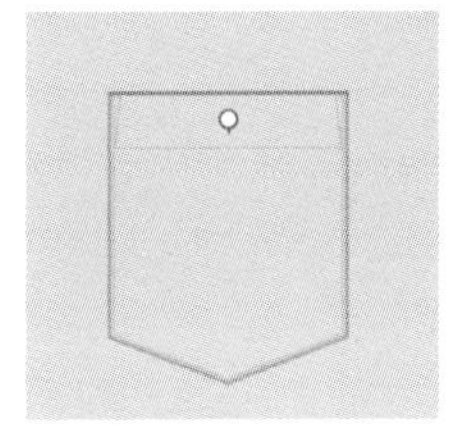

4 鈕扣口袋 (Button up pocket)

襯衫上面口袋口用鈕扣固定的五角形外袋。

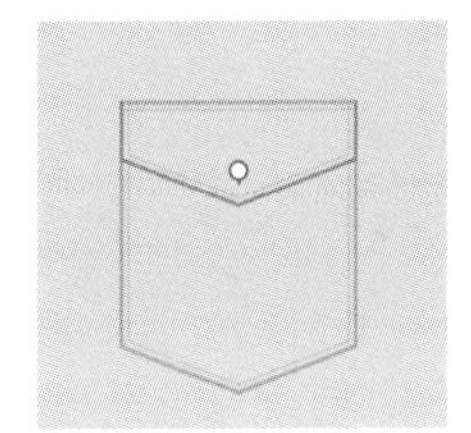

5 鈕扣有蓋口袋 (Button flap pocket)

用鈕扣固定袋蓋的外袋。

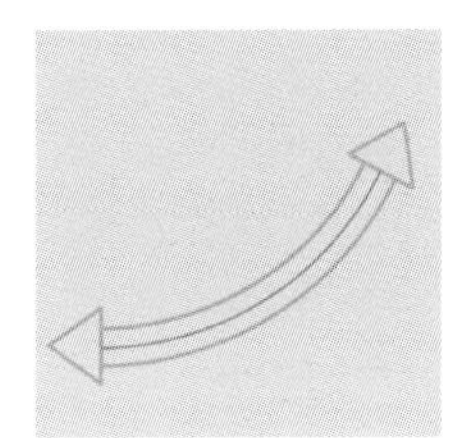

6 新月形口袋 (cresent pocket)

月牙形的外袋。

7 嵌線袋 (welt pocket)

夾克上常見的一種裏袋。別名：箱型口袋、切開式口袋(slit pocket)

側袋(side pocket)

位於腰際的口袋。別名：腰袋(waist pocket)

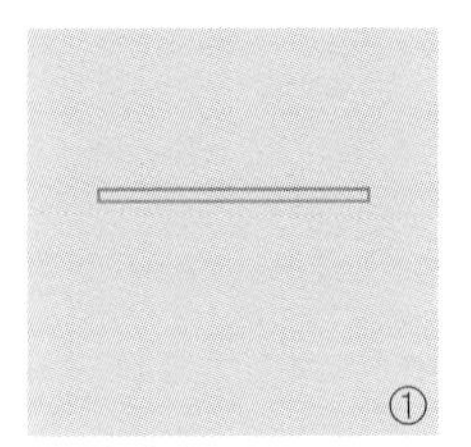

①

②

1 滾邊袋(piped pocket)

滾邊式口袋的總稱。①單滾邊(single piped pocket)②雙滾邊(double piped pocket)

2 有蓋口袋 (flap pocket)

有蓋子的口袋。

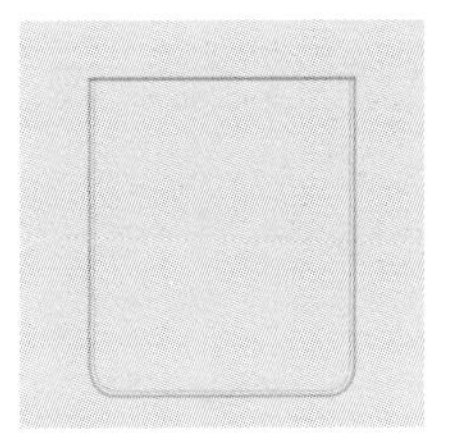

3 貼袋 (patch pocket)

在衣服表面直接車上或手縫袋布做成的口袋。別名：外袋(out pocket)、嵌袋(set in pocket)

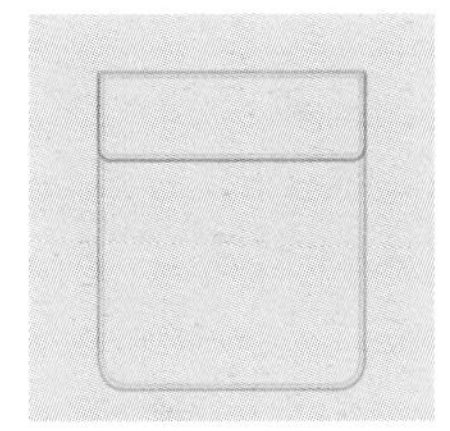

4 有蓋貼袋 (patch&flap pocket)

有蓋子的貼袋。

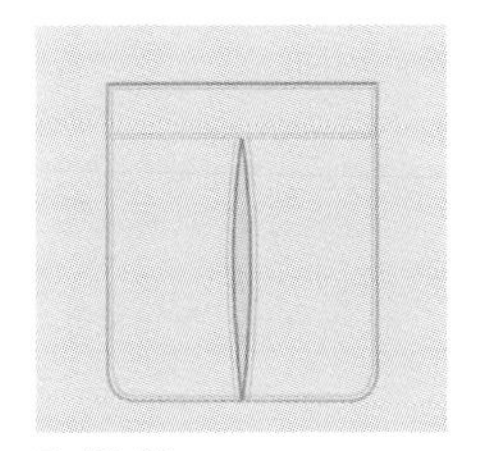

5 褶袋 (pleated pocket)

口袋中間有褶襇增加容積的口袋。

6 扇貝袋 (scallop pocket)

scallop是扇貝的貝殼的意思。倒山形的有蓋口袋。

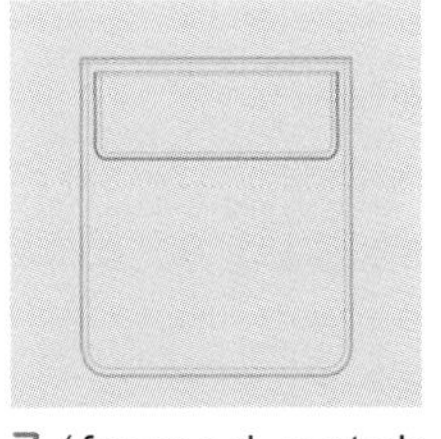

7 (framed patch pocket)

袋蓋在貼袋的裡面，看起來好像是有框框的口袋。

8 風琴袋 (accordion pocket)

貼袋的旁邊和底部有褶子容量很大的口袋。別名：吊袋(bellows pocket)、老虎袋

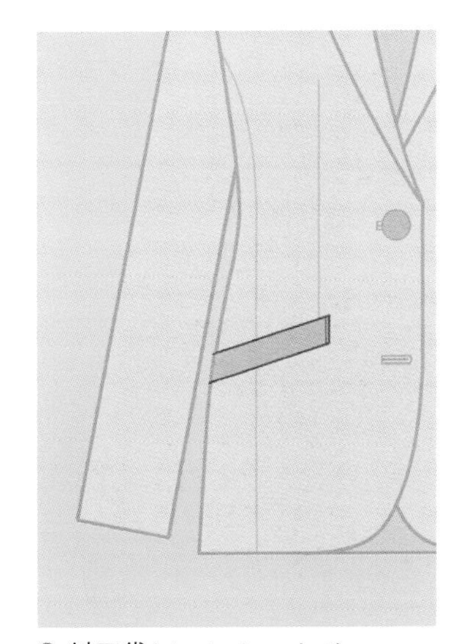

9 斜口袋(slanted pocket)

斜向剪裁的口袋。別名：斜口袋(hanging pocket)、斜岔口袋(angled pocket)

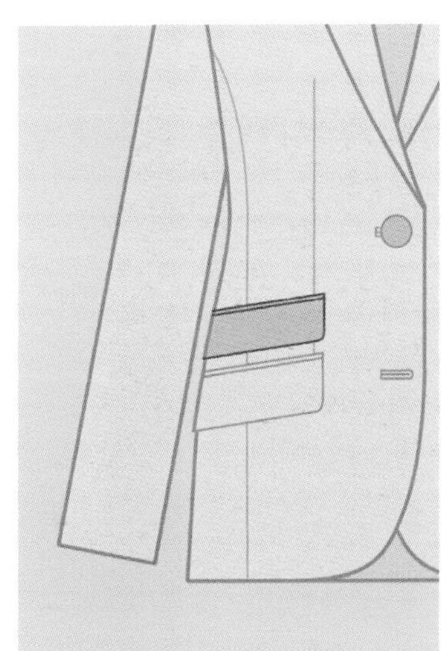

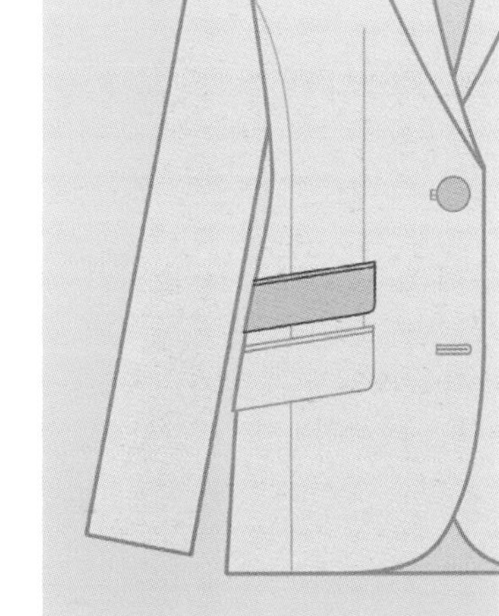

10 零錢袋(change pocket)

change是零錢的意思。位於夾克的腰袋上方的小的放零錢用的口袋。有蓋子

其他口袋

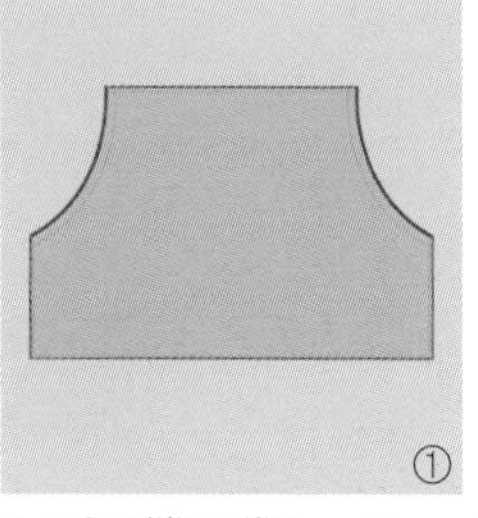

1 刷毛雙口袋(muff pocket)

保暖手部直向的口袋。別名：暖暖袋(hand warmer)①派克大衣(parka)上的刷毛雙口袋(muff pocket)②海軍大衣(pea coat)上的刷毛雙口袋(muff pocket)。

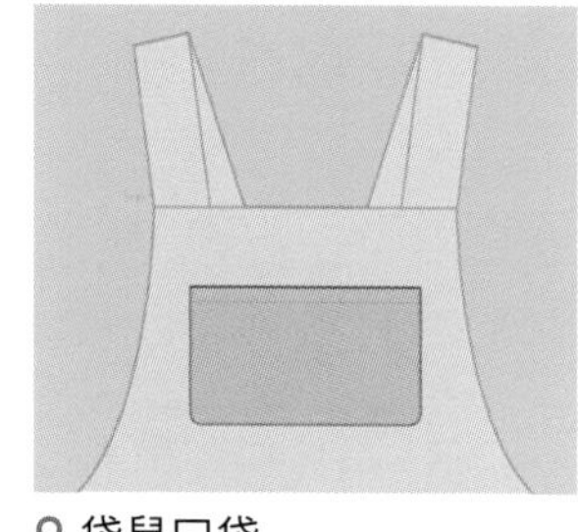

2 袋鼠口袋
(kangaroo pocket)

位於胸部到腹部之間的大口袋。別名：center pocket

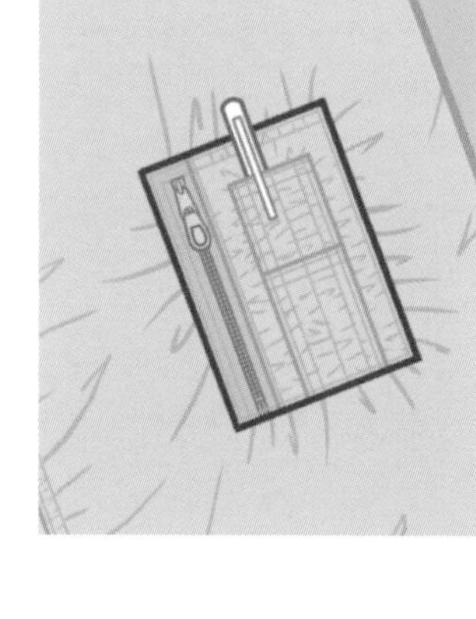

3 筆袋
(pen pocket)

MA-1和N3-B等軍服左手臂上常有的裝備。其特徵是附拉鏈的小型口袋裡有預防筆尖貫穿口袋底的塑膠製保護用具的筆架(penholder)。

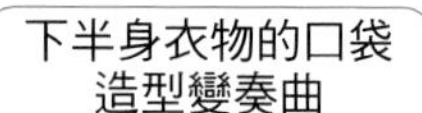

下半身衣物的口袋造型變奏曲

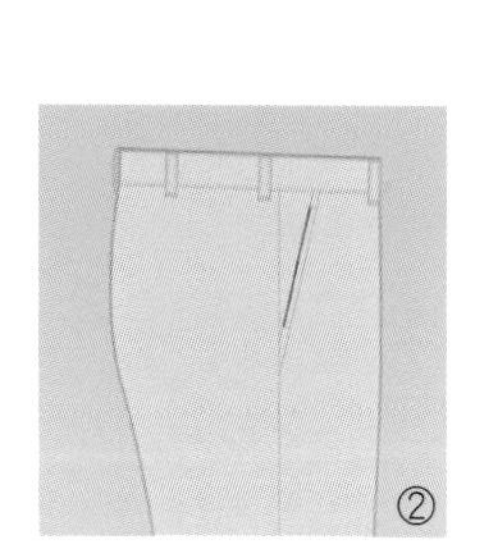

1 切線口袋(slash pocket)

利用縱向接布做成的口袋。①(seam pocket) 利用接縫處作成的口袋。別名：直袋(vertical pocket) ②(forward set pocket) 前傾式的口袋。別名：斜口袋(slanted pocket)

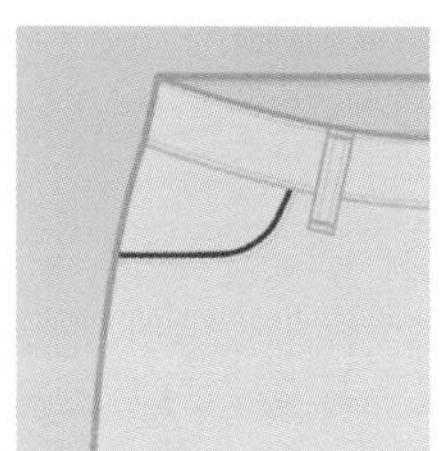

2 L形口袋
(L pocket)

成L形的口袋。

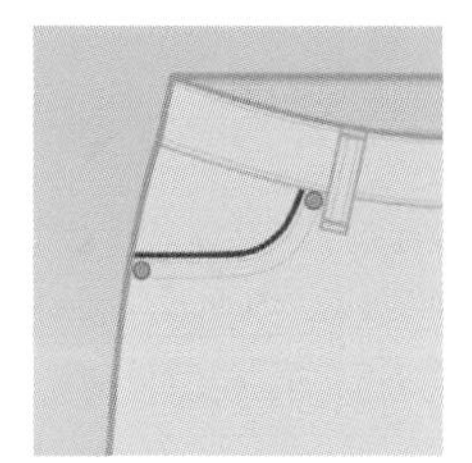

3 鉚釘牛仔褲口袋
(Riveted Jeans pocket)

牛仔褲最常見的口袋，用鉚釘加強固定L形口袋的兩端的口袋。別名：牛仔型袋(Western pocket)、美國西部型口袋(Frontier pocket)

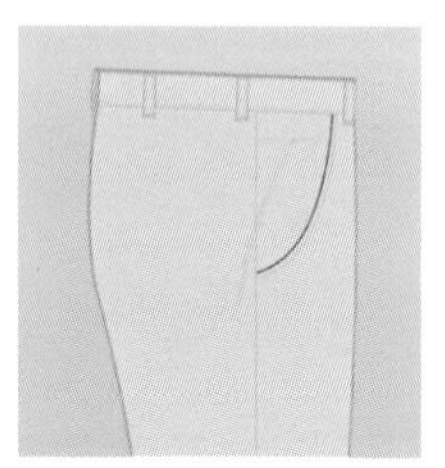

4 弦月形口袋
(Crescent shap pocket)

指弦月型的口袋。

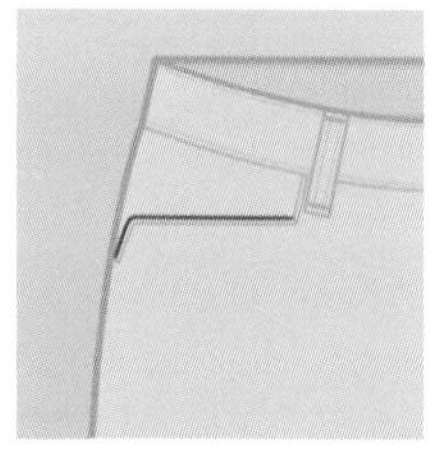

5 水平口袋
(Horizontal pocket)

指設計在褲子的兩旁切口是水平的口袋。別名：水平口袋口(Horizontal slit)

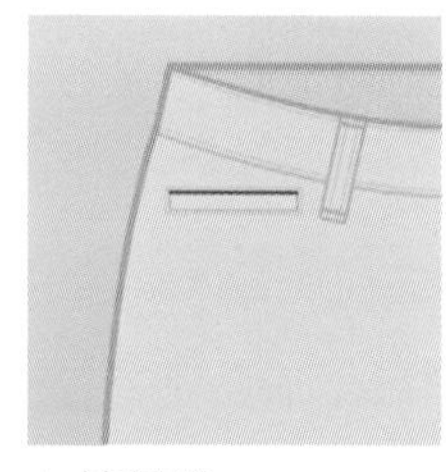

6 懷錶袋
(Fob pocket)

「fob」是懷錶袋的意思。指位於前面的小口袋。有的有袋蓋。別名：錶袋(Watch pocket)、懷錶袋(Watch fob pocket)

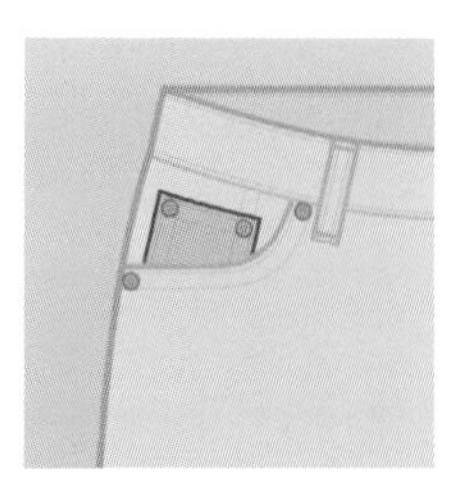

7 零錢袋
(Coin pocket)

懷錶袋(Fob pocket)的一種。牛仔褲等裝零錢用的小口袋。

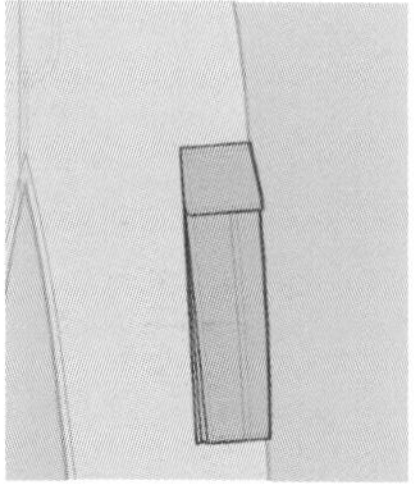

8 貨物口袋
(Cargo pocket)

設計在多袋褲兩旁的口袋。大多有接幫布。

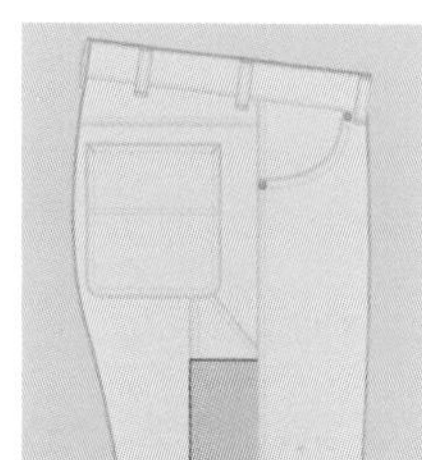
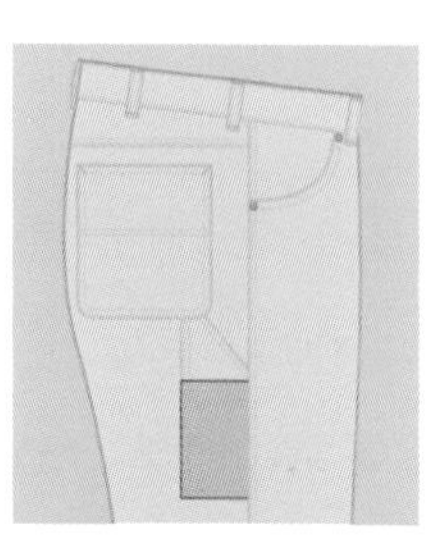

9 扳手口袋
(Spanner pocket)

畫家褲上裝工具用的直的口袋。別名：工具口袋(Tool pocket)、螺絲起子口袋(Screwdriver pocket)

10臀部口袋(Hip pocket)

位於臀部口袋的總稱。

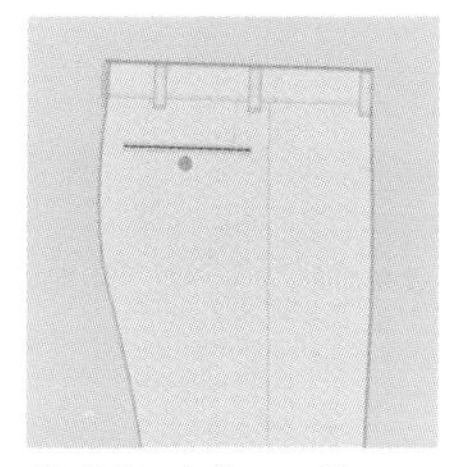

①鈕扣穿扣口袋 (Botton through pocket)

用鈕扣固定的雙滾邊口袋。

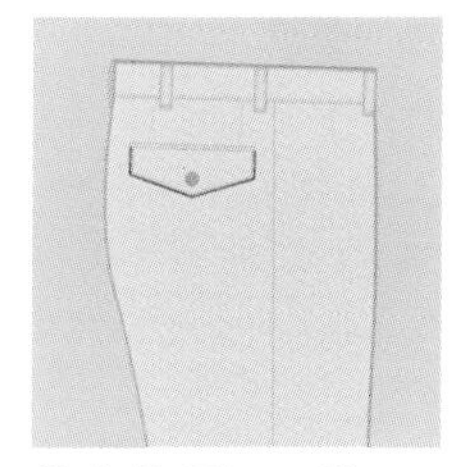

②有蓋鈕扣口袋 (Flap&buttondown pocket)

別名：槍袋(Pistol pocket)(Pis pocket：源自於以前用來裝小型手槍)

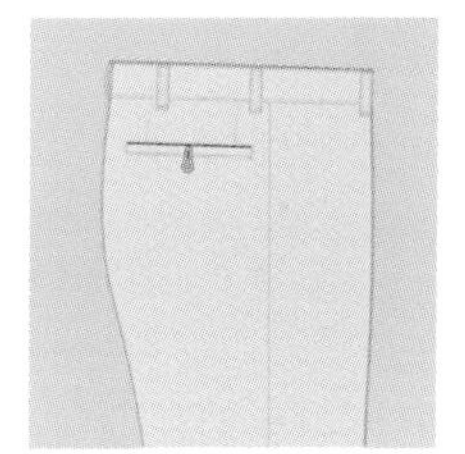

③飾扣口袋 (Frog pocket)

用縫在口袋上方的扣環固定下面的鈕扣的口袋。

針法(Stitch)

stitch是「縫紉方法」的意思。是針角的總稱。

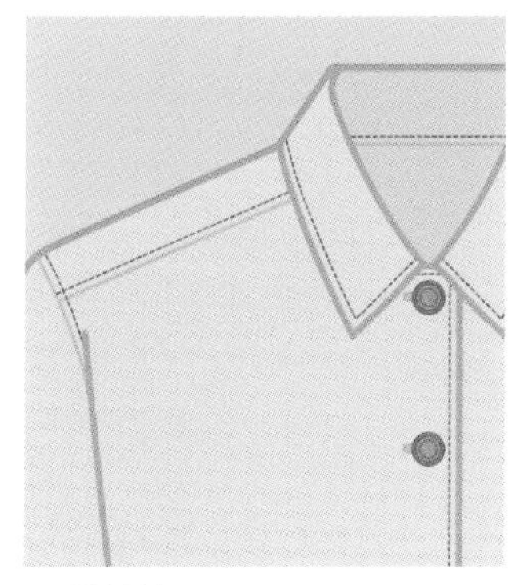

1 單針縫(single stitch)

一條直線的縫線。別名：平針縫(straight stitch)

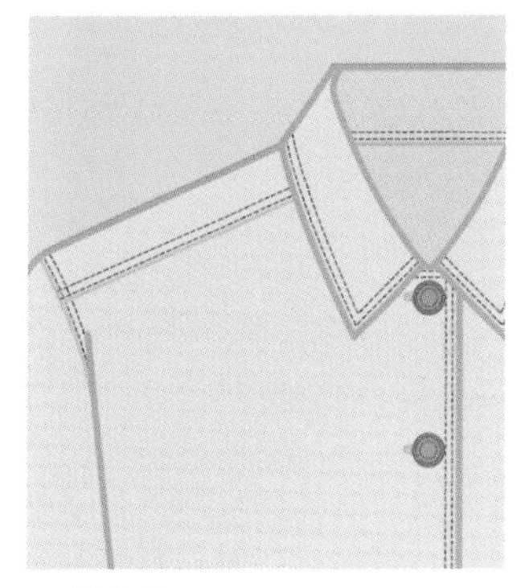

2 雙針縫(double stitch)

二條平行的縫線。提高強度的縫法。

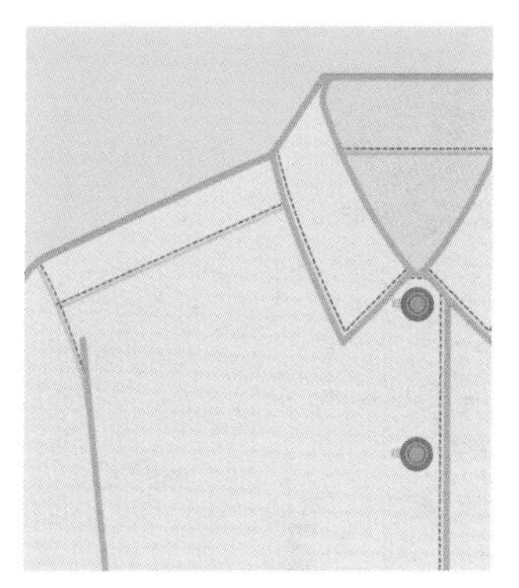

3 面縫(topstitch)

加強或裝飾縫合處或邊緣的針法。

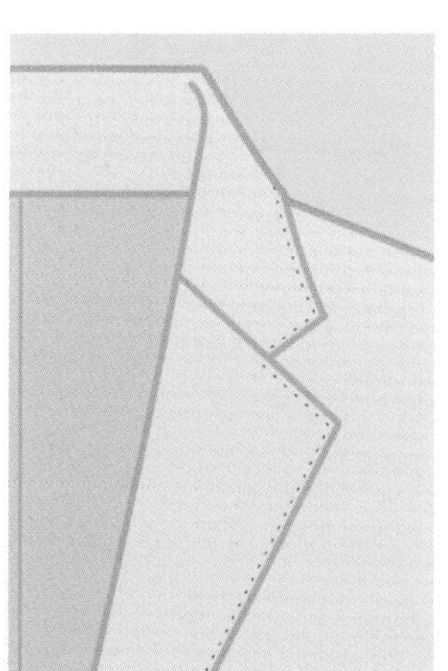

4 星點縫

外表看不太出來，用像星星一般的針腳所縫出的縫線。

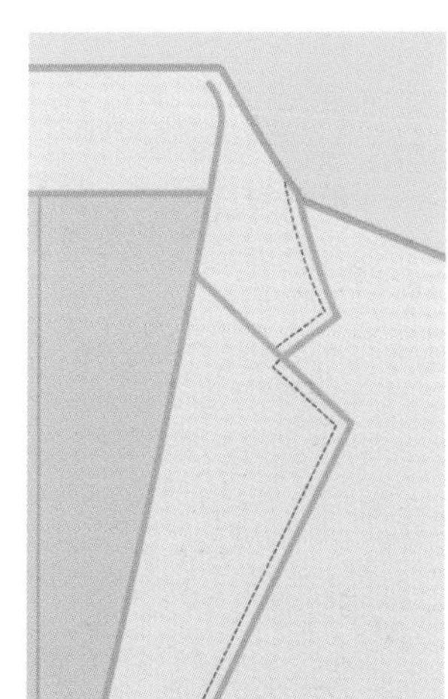

5 馬鞍縫 (saddle stitch)

單線雙針同時內外來回縫製的針法。比機器車縫要花更多時間，但是，此縫法就算有一條線斷掉，也還有另一條線維持著針腳，所以縫合的地方不會迸開。

Section 3 小附件的造型變奏曲

鞋類(Foot wear) 指腳所穿的。

鞋子變奏曲

名稱依鞋口的位置和狀態而有所不同。

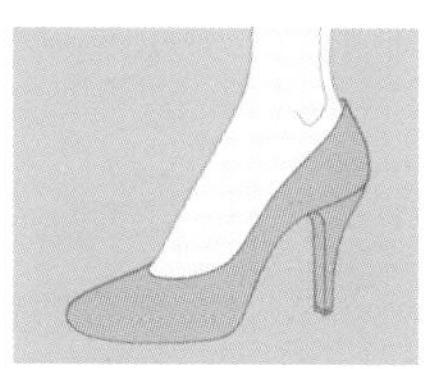

1 包鞋(pumps)

露出腳背的鞋子。

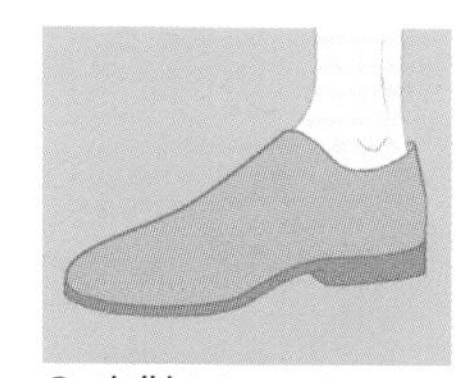

2 皮鞋(shoes)

鞋口在腳踝下面的鞋子。

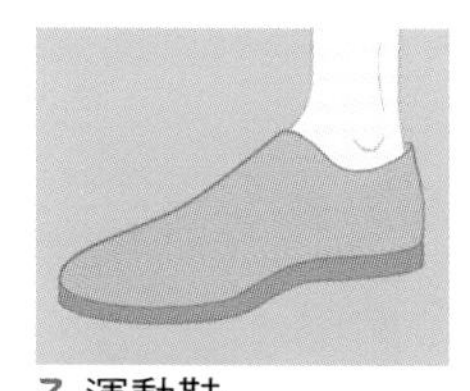

3 運動鞋(sneakers)

運動用的鞋子。

4 高度未達腳踝的短靴(bootee)

踝靴(ankle boots)的一種。女士用的鞋子。

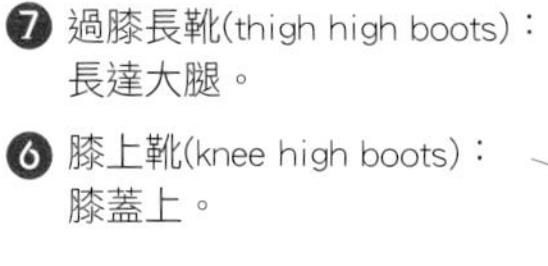

❼ 過膝長靴(thigh high boots)：長達大腿。

❻ 膝上靴(knee high boots)：膝蓋上。

❺ 長靴(long boots)：長度達膝蓋下。

❹ 半筒靴(half boots)：長度在小腿一半。

❸ 短靴(short boots)：蓋住些許踝關節的靴子。

❷ 及踝靴(ankle boots)：遮住腳踝的高度。

❶ 超短筒靴(demi boots)：高度在腳踝下附近的靴子。

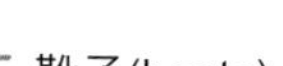

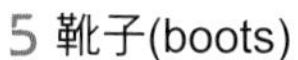

5 靴子(boots)

鞋口在腳踝以上的鞋子。不同高度有不同的名稱。

6 靴型涼鞋(boots sandal)

如涼鞋一般腳尖露出的靴子。

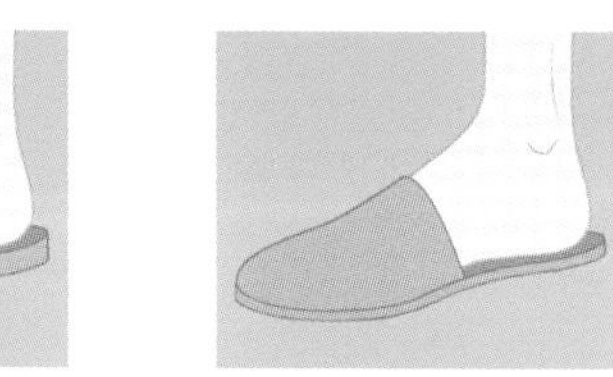

7 涼鞋(sandal)

沒有把腳包住，滑進去穿的鞋子。

8 拖鞋(slipper)

室內用的涼鞋。

鞋口的造型變奏曲

名稱依鞋口的位置和狀態而有所不同。

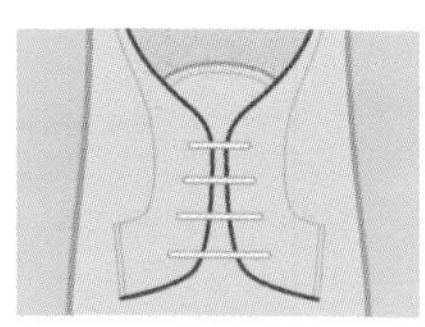

1 布魯徹爾鞋(blucher)(外翼式)

鞋腰蓋住鞋面的鞋口。

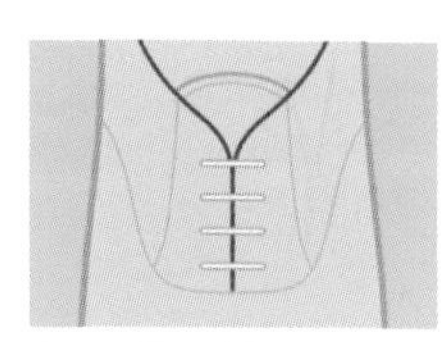

2 巴莫洛鞋(balmoral)(內翼式)

鞋腰縫在鞋的內側的鞋口。

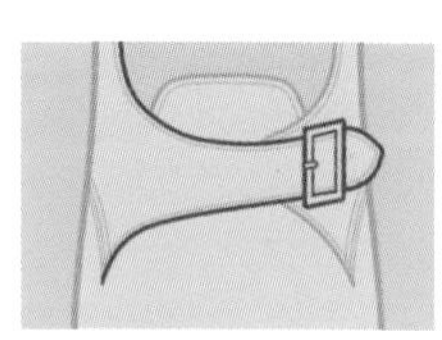

3 孟克鞋(monk strap)

鞋面有扣帶的鞋子。Monk是「修道士」的意思。十五世紀阿爾卑斯的修道士所設計出來的。

4 拉鏈鞋(fastener)

指要將拉鏈往下拉鞋口就會變寬，所以靴子常作此設計。拉鏈的位置在前面、大拇指側、小指側都可以。本插圖是在小指側。

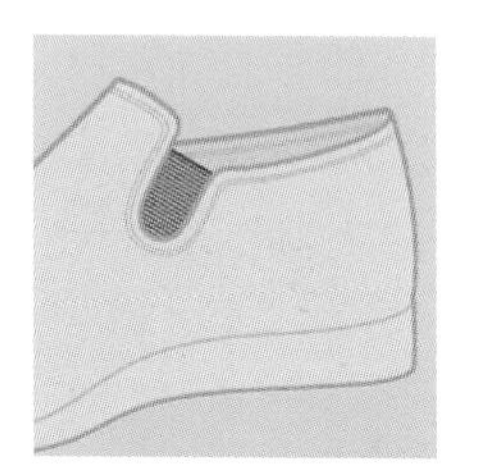

5 側襠鞋(side gore)

鞋子的旁邊有鬆緊布(襠)的鞋子。

6 鈕扣鞋

由小指側開關。有的是裝上裝飾用的鈕扣，旁邊再裝上拉鏈。

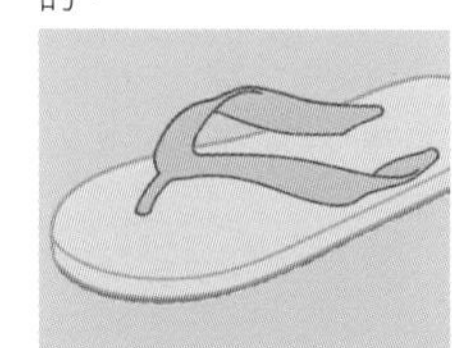

7 人字拖(thong)

指夾腳鞋。

細部構造 彙整出構成鞋子的主要細部名稱。

1 牛津鞋(Oxford shoes)

鞋口要繫鞋帶的鞋子。本插圖是一種叫做布洛克鞋(Brogues)的牛津鞋。別名：翼紋鞋(wing tip shoes)，鞋背上有翅膀模樣W型的針腳花紋。

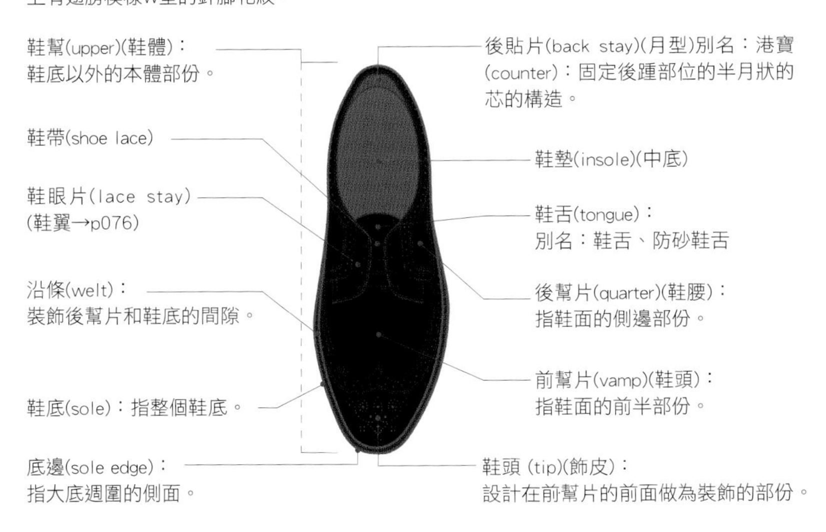

2 馬丁大夫鞋(Dr.Martin)

馬丁大夫是德國的鞋子製造商，本插圖的八孔靴很受英國勞工的喜愛，受到1960年代後半光頭族(skinheads)、1970年中期的龐克族的喜愛，是年輕人必備的鞋款。

大底(外底、鞋底)：鞋底接觸地面的部份。本插圖是德國的馬汀博士所設計有氣墊效果的「Bouncing sole」。

3 帆布鞋(Converse all star)

Converse所販售的輕便運動鞋，鞋幫主要是使用帆布或皮革，鞋底是橡膠底。有包覆到腳踝的HI Cut和露出腳踝的OX Cut。本圖為OX Cut。造型簡單、完成度高，適合各種服裝。

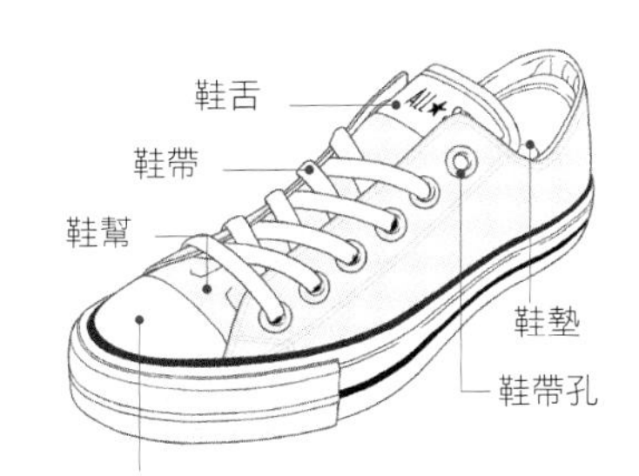

4 高跟鞋(High heel pumps)

女士特有的造型，增加身高，讓腳部線條看起來更流暢，展現女性美。

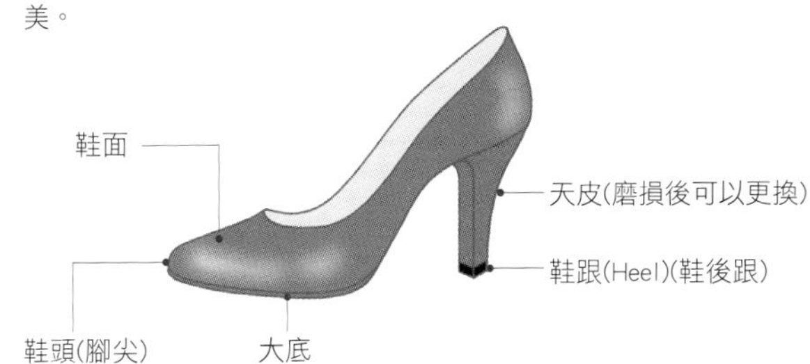

鞋底(Sole)和鞋跟(Heel)的設計變奏曲

Sole是指鞋底，Heel特別指鞋後跟的部份。

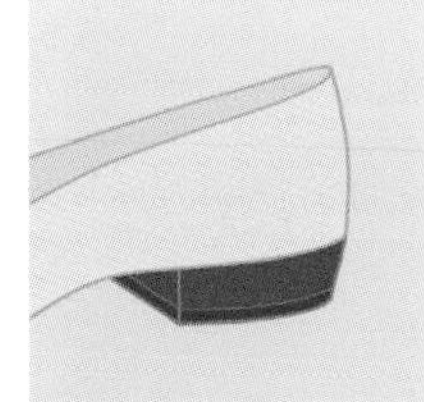

1 低跟鞋(Low heel)

鞋跟的高度在3cm以下的鞋子。

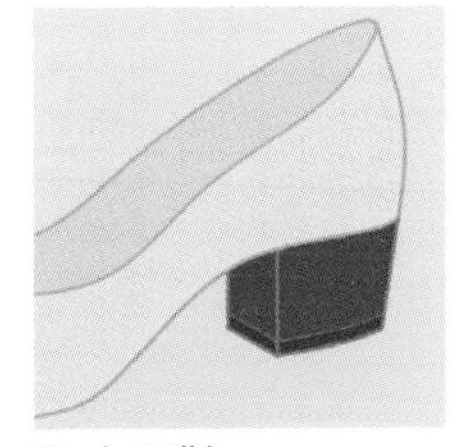

2 中跟鞋
(Middle heel)

鞋跟的高度在3～5cm的鞋子。

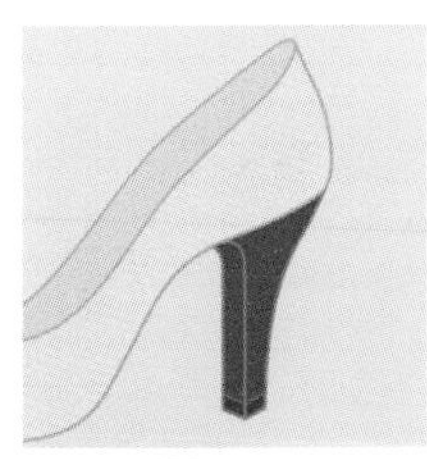

3 高跟鞋
(High heel)

鞋跟的高度在7cm以上。

4 細高跟鞋
(Pin heel)

鞋跟如針一般細的鞋子。

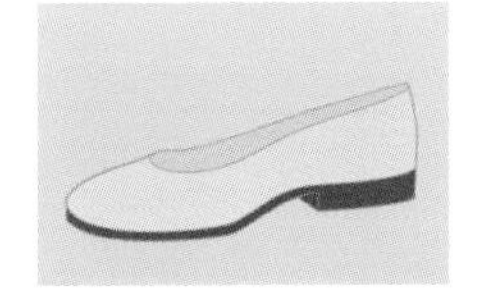

5 平底鞋(Flat feel)

屬於低跟鞋，鞋跟高度在1～2cm左右，接觸面大的鞋子。

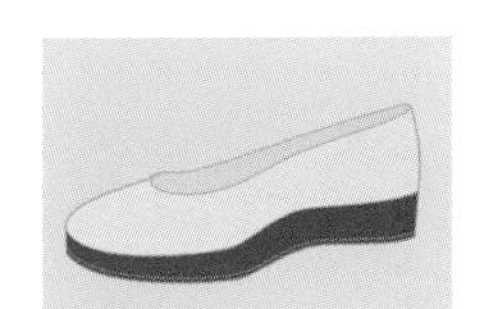

6 (Pinafore heel)

沒有鞋跟，整個鞋底連成一體的鞋子。

7 楔型鞋
(Wedge sole)

鞋後跟高，腳尖低的鞋底的鞋子。

8 厚底高跟鞋
(Platform sole)

腳尖和腳後跟都很高的鞋底的鞋子。

9 隱形增高鞋
(Secret heel)

乍看之下好像是平底鞋，鞋子裡面鞋墊有墊高，所以看起來比較高。

鞋尖的設計變奏曲 鞋尖是指腳尖的地方。

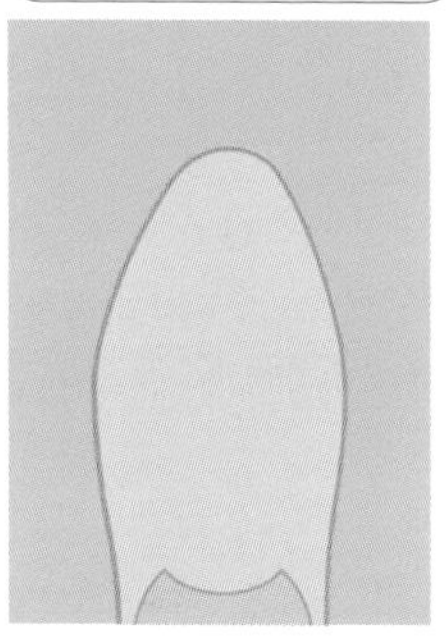

1 平頭鞋(Plain toe)
沒有任何裝飾。最普通的鞋尖。

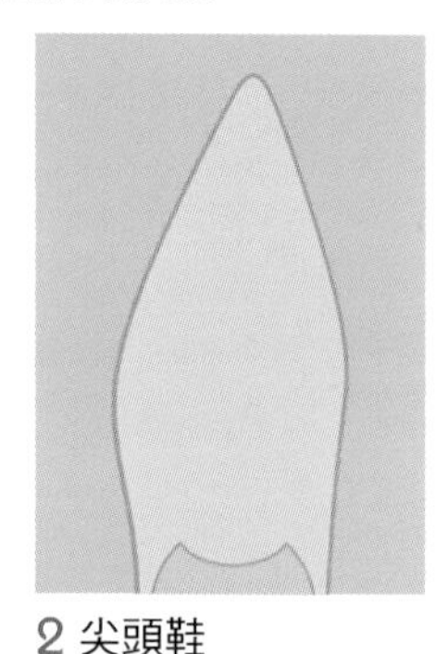

2 尖頭鞋
(Pointed toe)
尖形鞋頭的鞋子。別名：義大利尖頭鞋(Itilan cut)、Winkle pickers、Needle toe

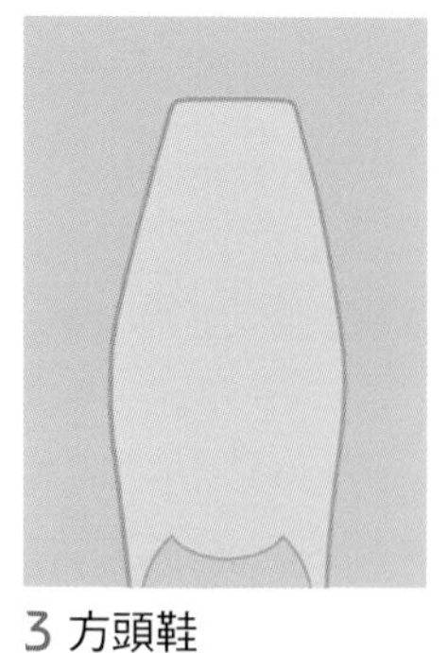

3 方頭鞋
(Square toe)
四角形鞋頭的鞋子。

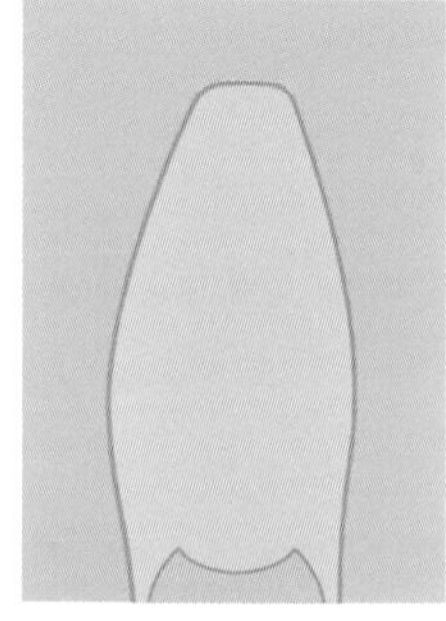

4 圓方頭鞋
(Round square toe)
方頭鞋的角呈圓形的鞋子。

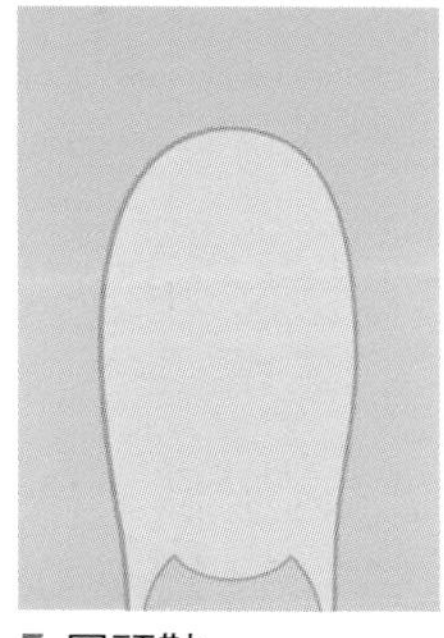

5 圓頭鞋
(Round toe)
圓形鞋頭的鞋子。

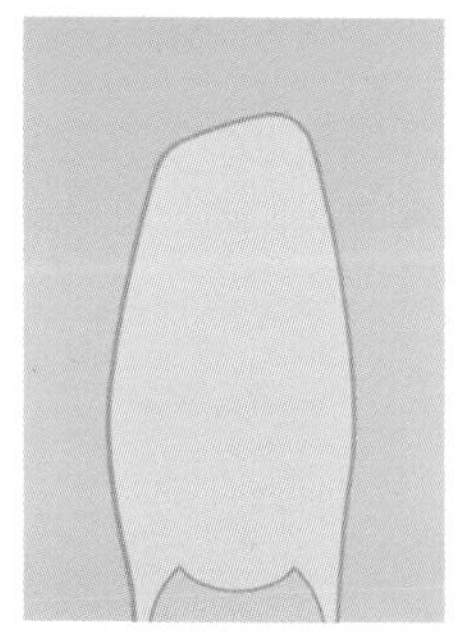

6 斜頭鞋
(Oblique toe)
鞋頭斜切的鞋子。

7 氣球鞋(Balloon toe)
鞋頭像氣球一樣鼓起圓潤的鞋子。別名：Bulb toe、凸額鞋

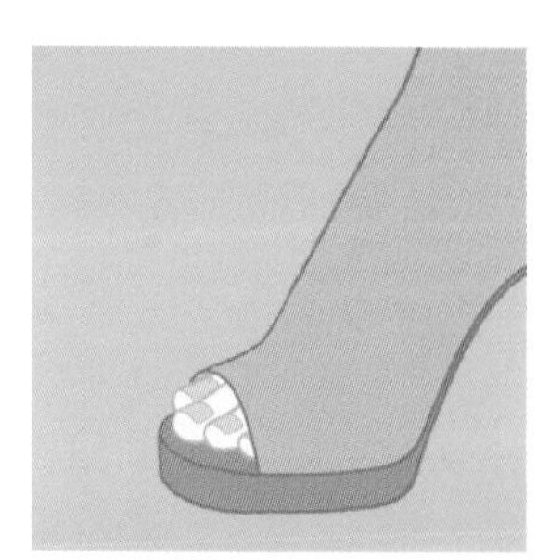

8 露趾鞋(Open toe)
鞋頭沒有包起來的鞋子。

鞋頭 飾皮。指前幫片的前方、將鞋尖的部份換成其它造型。

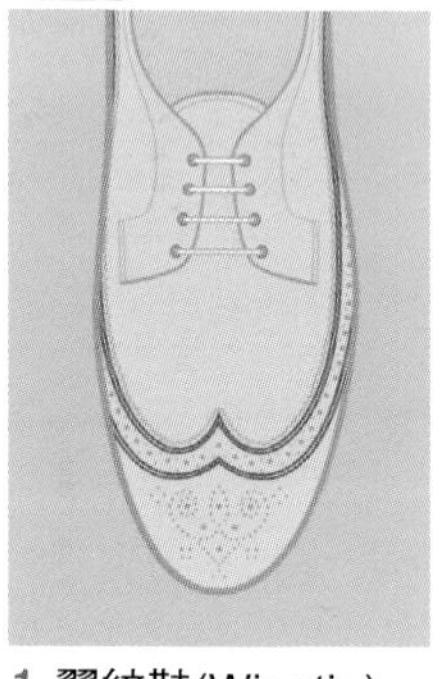

1 翼紋鞋(Wingtip)
有仿造翅膀形狀的W形針腳飾紋的鞋子。

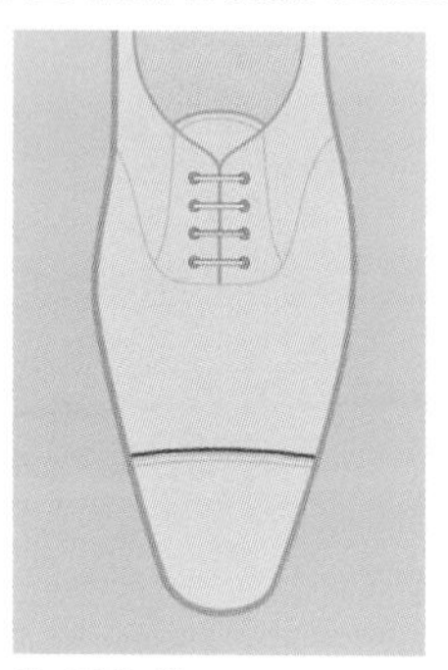

2 橫飾鞋
(Straight tip)
有一條橫飾的鞋子。

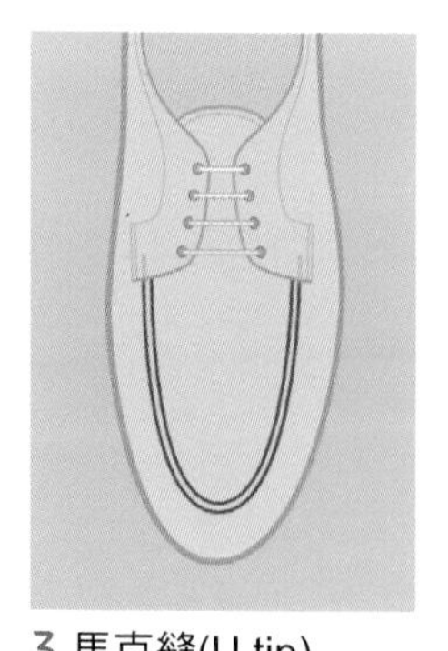

3 馬克縫(U tip)
鞋頭有U字形設計的鞋子。

4 鞋尖飾皮(Toe cap)
指裝在鞋尖的飾皮。

扣帶(Strap) 用來固定腳的帶狀物。

1 單帶鞋
(Single strap shoes)
腳背上有一字形的扣帶的鞋子。

2 T帶鞋(T strap shoes)
有T字型扣帶的鞋子。

3 交叉帶鞋(Cross strap)
鞋腰縫在鞋的內側的鞋口。

4 後跟繫帶鞋
(Ankle strap)
踝關節有扣帶的鞋子。

其他細部設計

1 鞋子的合體

鞋子的靴筒和鞋幫(鞋體：鞋子的本體部份)的連接方法有很多種。

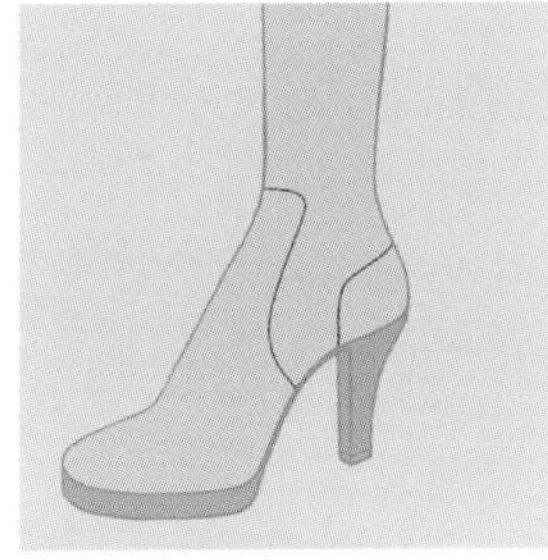

①後幫片(鞋腰)和靴筒連接。

②前幫片和腳跟穩定器連接在一起。

③鞋幫一體成形。

2 金屬鞋帶眼

金屬製的鞋帶孔。

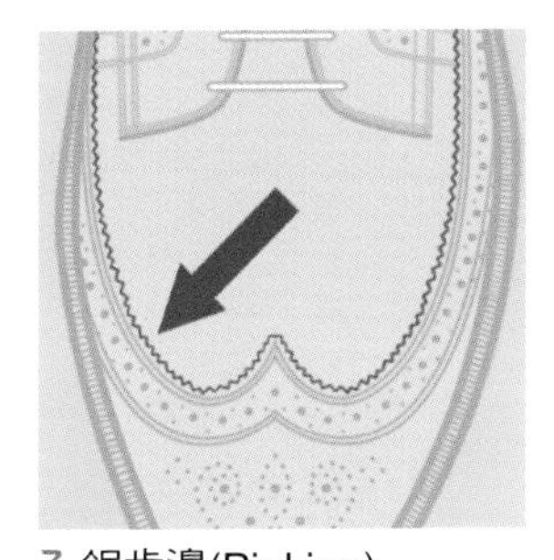

3 鋸齒邊(Pinking)

V字形的鋸齒狀裝飾。

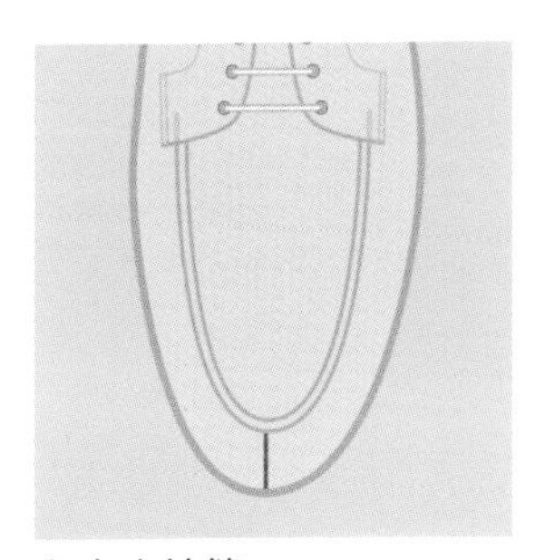

4 中央接縫(Center seam)

鞋尖中央一條直的接縫。

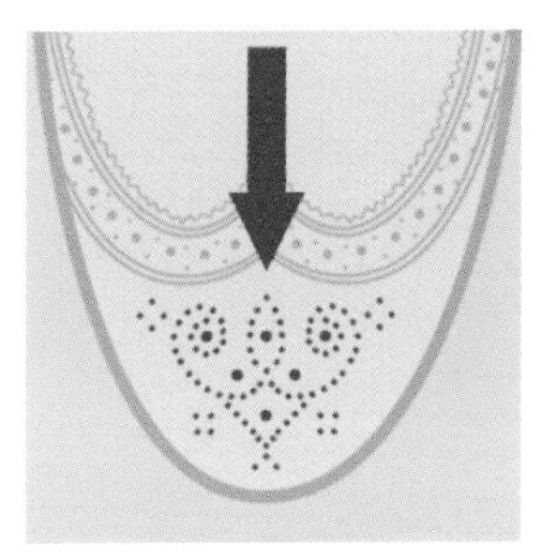

5 鞋頭雕花(Medallion)

鑽在鞋頭的小洞裝飾造型。別名：打孔(Perforation)

頭部飾物 帽子等戴在頭上的物品。

有邊帽子(Hat) 有一圈帽簷(Brim)的帽子。本圖為呢帽(中折帽)。

中折縫(Center crease)(中央下凹)
頂冠(Top crown)
抓帽子的地方
帽冠(Crown)(帽腔)
側冠(Side crown)
帽簷(Brim) (帽檐)
帽面(Facing)(帽簷的內側)
帽口(帽冠和帽簷相接的地方)
帽圈(Hat band)
帽緣(Edge)(帽簷的邊緣部份)

無邊便帽(Cap) 指只有前面有帽簷，或沒有帽簷的帽子。本圖為棒球帽。

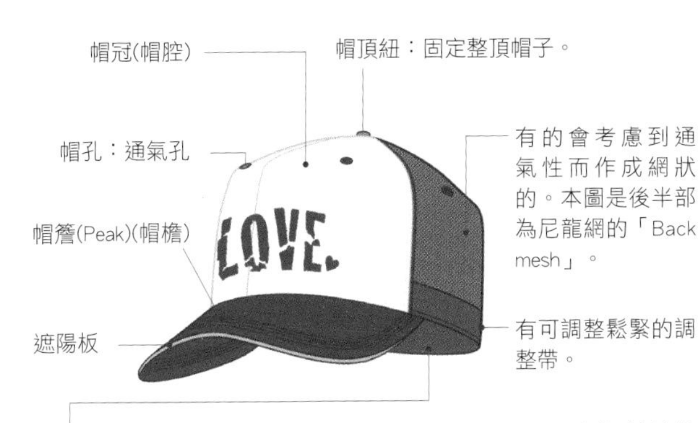

帽子定型止汗帶(Pin)：將帽子固定在頭上裝在帽子內側帽簷的構造。不是皮革製品，而是用原本的布料做成的。Pin是指頭髮。因為是最為接近肌膚和頭髮的部位，所以講求觸感舒適和吸汗、快乾。

附屬品(Accessory)

指裝飾用品。

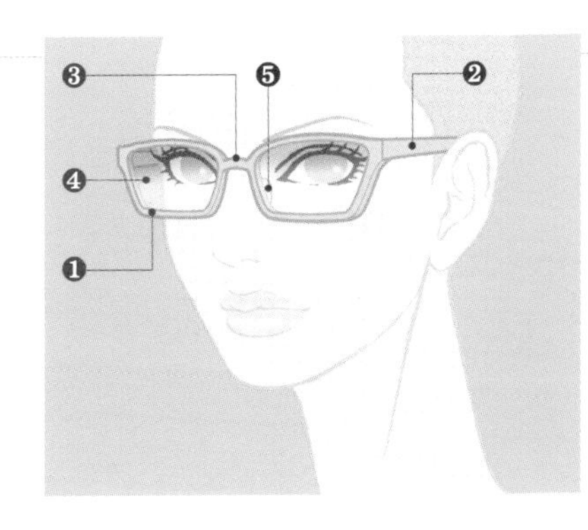

1 眼鏡(Eyeglass)

一般所指的眼鏡、太陽眼鏡。造型重點有以下四點：

❶ 鏡框：鏡片的周圍。這是決定整體感覺最重要的地方。

❷ 鏡腳(Temple)：側面部分。

❸ 鼻樑架(Bridge)：連接兩邊境片的部分。

❹ 鏡片(Lens)：添加顏色或漸層的鏡片就可以改變味道。

❺ 鼻墊(Nose pad)

2 髮飾

有髮帶、頭飾、髮筋、頭巾等。

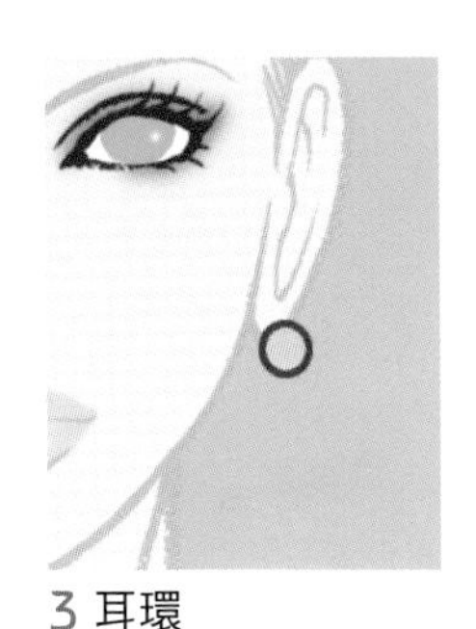

3 耳環

指耳朵裝飾品。有夾式、扣式等。

4 穿式耳環

指在耳朵打一個小洞穿上去的耳環。

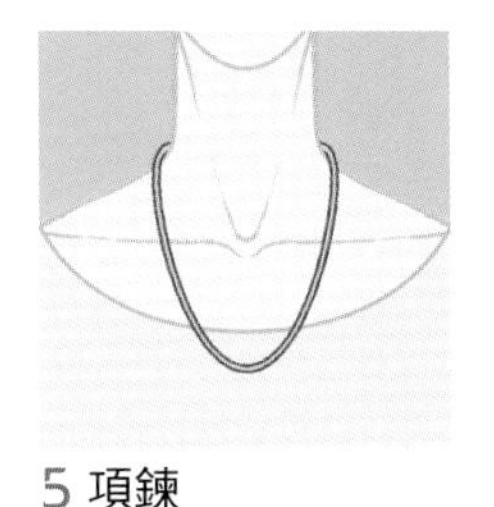

5 項鍊

指頸部飾品。有鏈型、垂飾、串珠型。

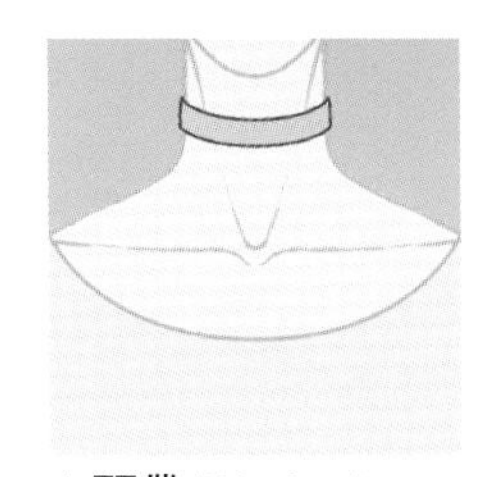

6 頸帶(Choker)

指剛好貼住頸部的項鍊。Choker是「勒住頸部」的意思。

7 領帶

繫在頸上的帶狀、繩狀的飾品。大部分搭配襯衫。

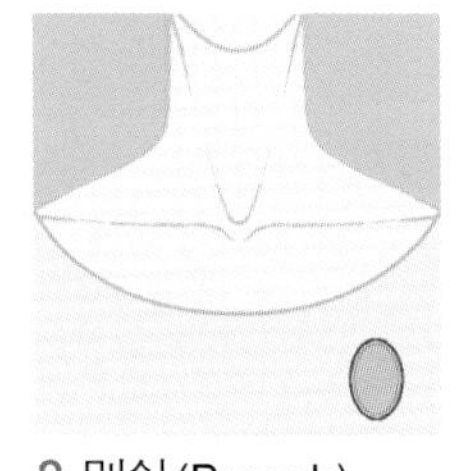

8 別針(Brooch)

固定披肩或領帶、裝飾胸部的裝飾品。有胸花(花飾)或浮雕(浮刻在寶石或貝殼上的裝飾品)等。

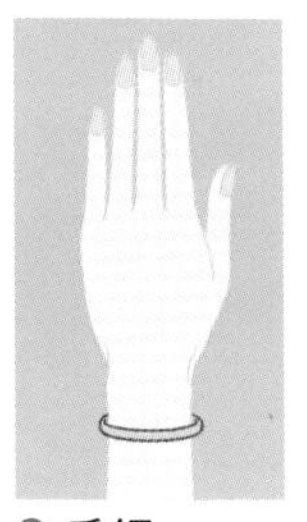

9 手鐲
(Bracelet)

戴在手腕的鐲子。手錶在廣義上也可以算是bracelet。

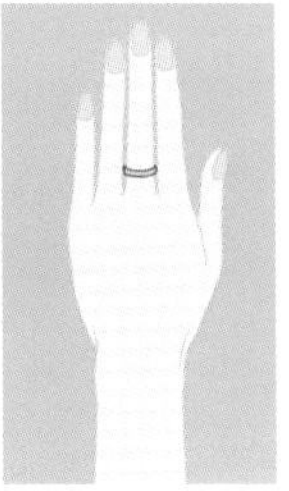

10指環

指戒指。從鑲寶石、用貴金屬製造的高級品到玻璃、串珠等便宜的，高低價位不同。

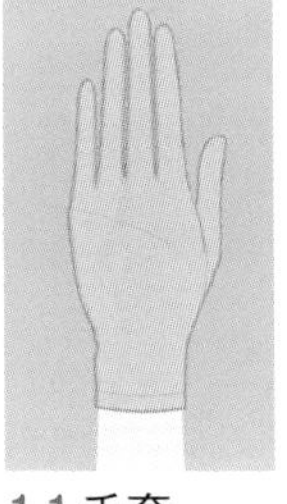

11手套

有五跟手指頭分開的「手套」和只有大拇指分開的「連指手套」。

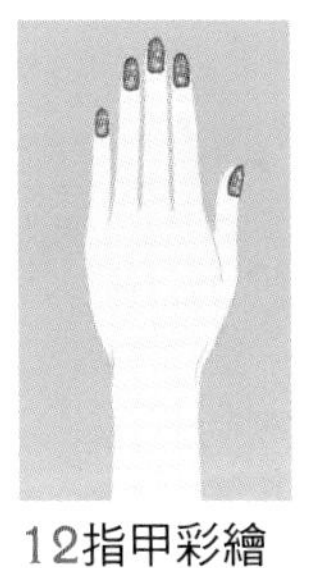

12指甲彩繪
(Nail art)

指在指甲上化妝彩繪。有修指甲、假指甲等。

13臂飾(armlet)

裝在上臂的裝飾品。有手鐲(Bangle)、髮束(chouchou)(原本是紮頭髮用的)等。

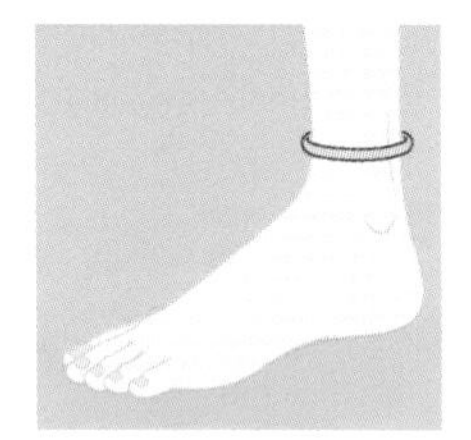

14踝環(anklelet)

套在腳踝的環飾品。

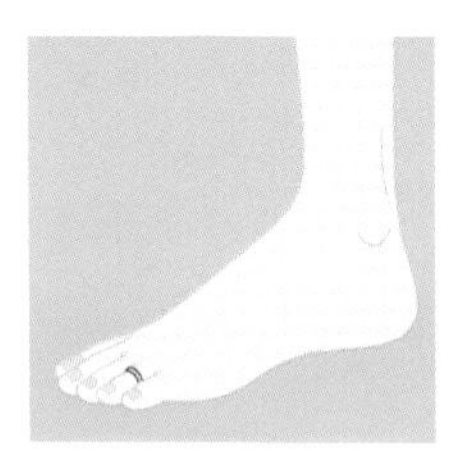

15趾環(toe ring)

腳趾頭的飾環。

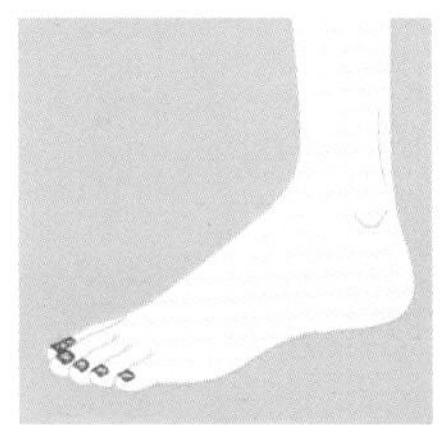

16修趾甲術
(pedicure)

指甲彩繪的一種，在腳指甲化妝。

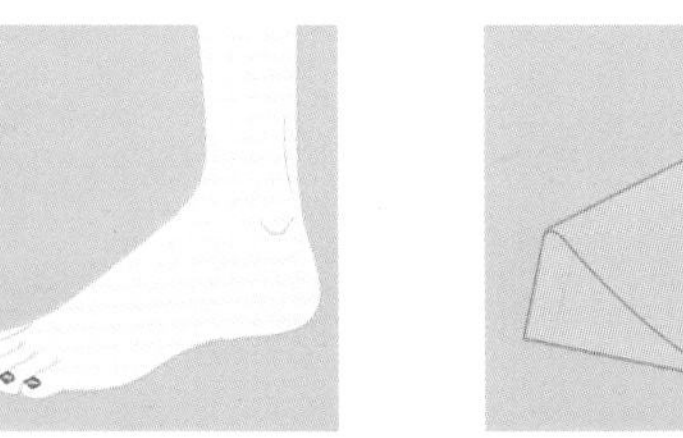

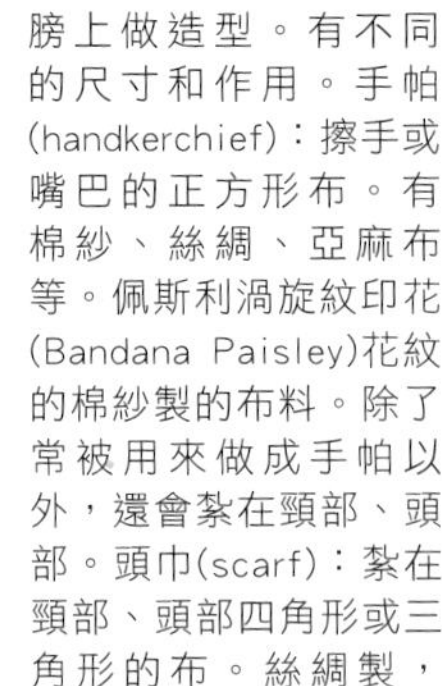

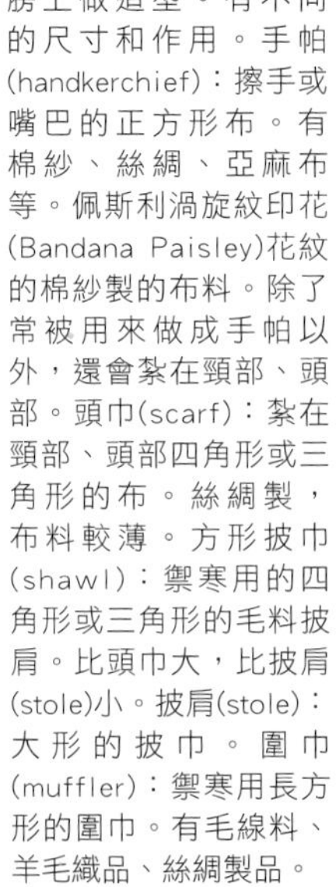

17布

綁在脖子上或批在肩膀上做造型。有不同的尺寸和作用。手帕(handkerchief)：擦手或嘴巴的正方形布。有棉紗、絲綢、亞麻布等。佩斯利渦旋紋印花(Bandana Paisley)花紋的棉紗製的布料。除了常被用來做成手帕以外，還會紮在頸部、頭部。頭巾(scarf)：紮在頸部、頭部四角形或三角形的布。絲綢製，布料較薄。方形披巾(shawl)：禦寒用的四角形或三角形的毛料披肩。比頭巾大，比披肩(stole)小。披肩(stole)：大形的披巾。圍巾(muffler)：禦寒用長方形的圍巾。有毛線料、羊毛織品、絲綢製品。

18腰帶

將下半身衣物固定在腰部的服飾用品。大部份是有帶扣的帶狀腰帶，不過也有鏈狀或串珠形、繩狀等各種裝飾用腰帶。固定下半身衣物的還有從肩膀懸吊下來固定的吊帶(suspender)。

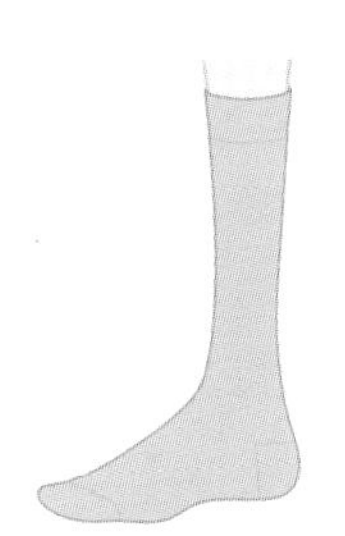

19襪子(Hosiery)

襪子、長襪(stocking)的總稱。從短襪到翻口短襪(socklet)(長度到腳踝)、半統襪(socks)(長度到腳踝上)、水手襪(crew cosks)(長達小腿)、高統襪(high socks)(長度到膝蓋下)、膝上襪(knee high socks)(長達膝上)、褲襪(panty stocking)(長達腰部。後的叫做緊身褲襪(tights))。

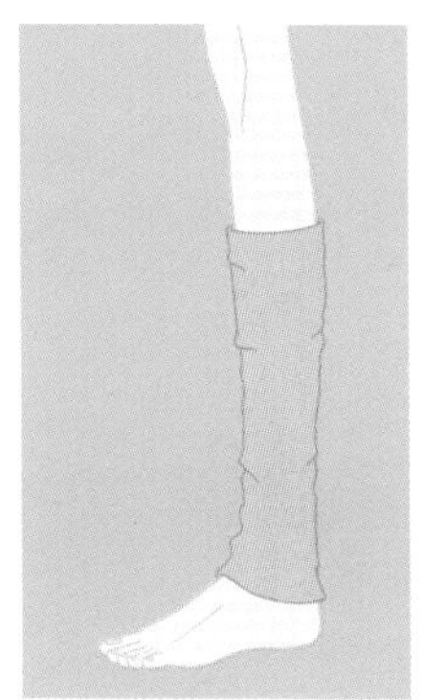

20保暖腳套
(Leg warmer)

襪子的一種。包覆膝蓋到腳踝之間針織品的襪套。

21袋巾
(pocket chief)

放在夾克胸袋裝飾用的方巾。裝飾方法有很多種。本插圖為壓花造型(crushed)。

Chapter2
設計構想

CHAPTER2 Design Conception

設計的三大要素

茫然的開始設計服飾，就只會侷限在自己固有的觀念中，結果都如出一轍。同樣的長度、同樣的輪廓…要怎樣才能突破這些以較高的層次設計出更多的造型呢？重點就在於「從大部份往小部份著手」。也就是說從輪廓→各部構造→細部依序檢討。這三項是設計的三大要素。然後在從素材、花樣、顏色著手，就能無限展開設計之路。

Section 1 (真我霓裳)的設計流程

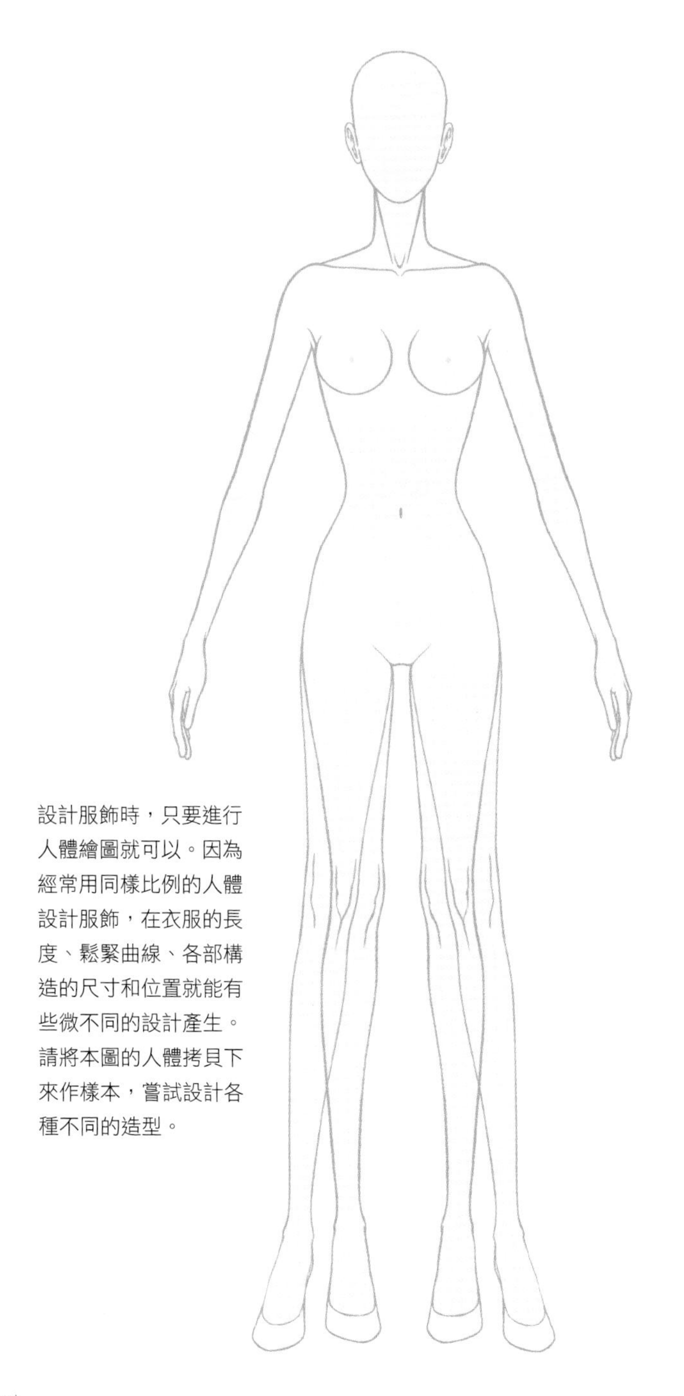

設計服飾時，只要進行人體繪圖就可以。因為經常用同樣比例的人體設計服飾，在衣服的長度、鬆緊曲線、各部構造的尺寸和位置就能有些微不同的設計產生。請將本圖的人體拷貝下來作樣本，嘗試設計各種不同的造型。

上半身衣物的設計

現在來設計「正式襯衫(regular shirt)」。布料是使用一般的襯衫布料的薄府綢(broadcloth)(p108)。這是最基本的設計，不過還是請一個步驟一個步驟的逐步設計。

決定服裝輪廓

決定衣服整體的外型。因為會影響整體的感覺，所以非常重要。

長度(length)

首先是縱向的平衡，也就是決定長度。
(上半身衣物的長度變奏曲請參考p034)

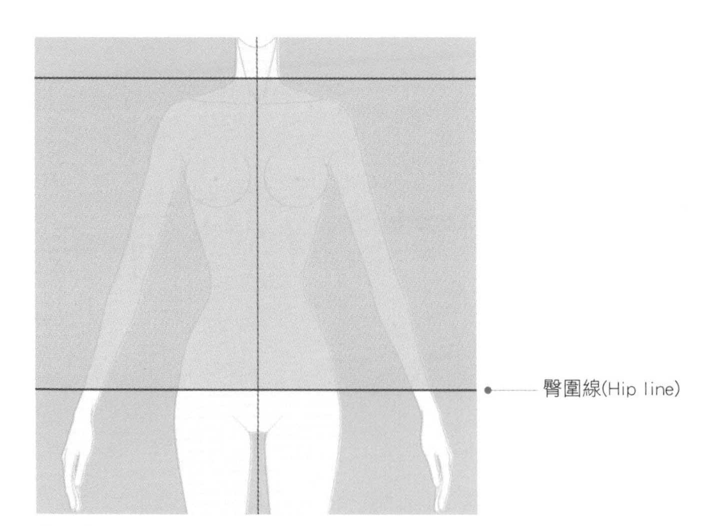

1 因為是一般的襯衫，所以設計到臀圍線(Hip line)。(上半身衣物的設計變奏曲請參考p034)

輪廓線

接著決定橫向的寬窄度。決定寬度也就決定衣服的大小。

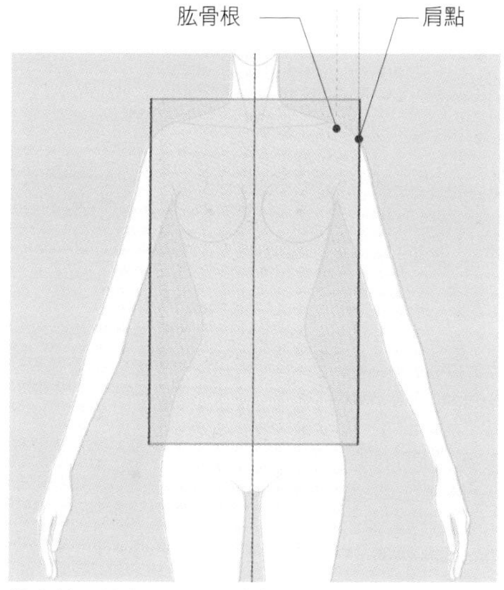

2 有袖子的衣服如果不夠寬的話袖子就沒辦法動，所以寬度不是到肱骨根，而是要延伸到肩點(shoulder point)。

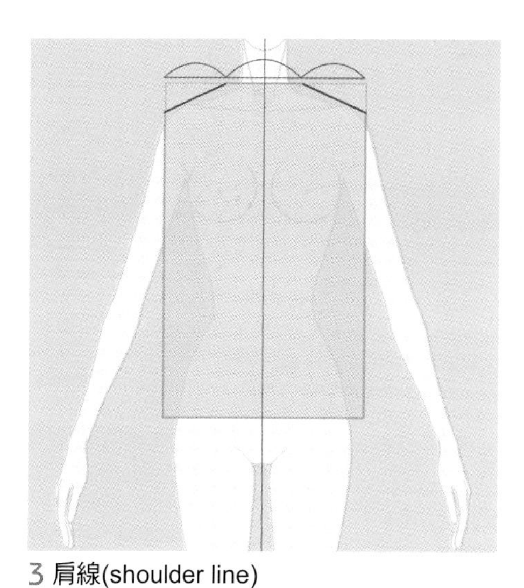

3 肩線(shoulder line)

決定設計沒有墊肩的簡單肩部的輪廓線。將肩線分成三等份畫出。肩膀稍微寬一點。

(肩線的造型變奏曲請參考p056)

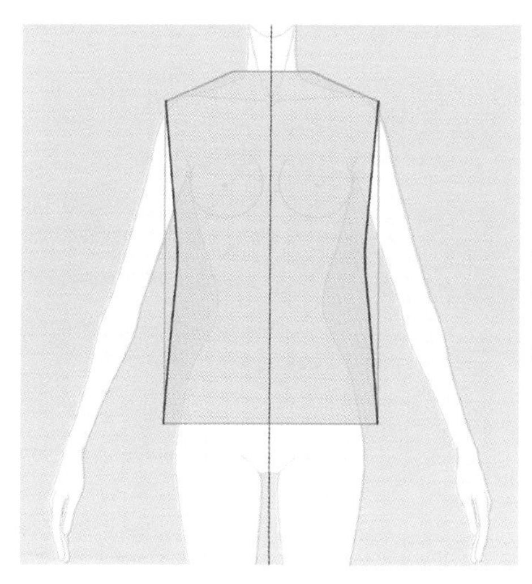

4 輪廓線

稍微有點腰身，讓腳看起來更長。重點在於在比實際的腰線稍微高一點的地方設計曲線。

(輪廓線的造型變奏曲請參考p034~035)

構造線

要讓衣服穿在身上有立體感就必須要將布褶起來立體的縫製。所以一定要有構造線。女性因為胸部隆起和腰部內凹，所以會顧慮到這二點而設計省道和剪接線。

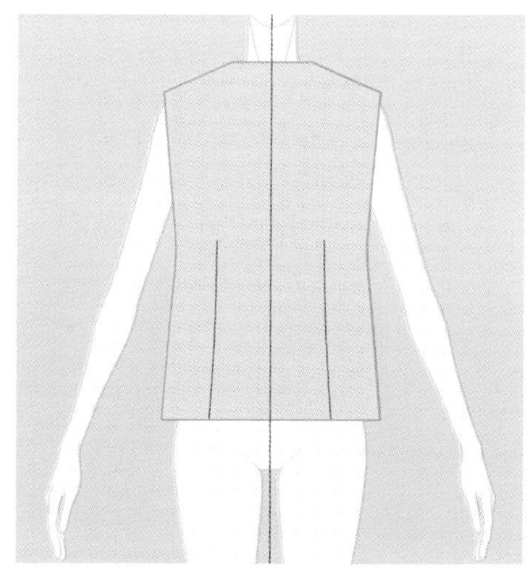

5 因為讓腰部變細，所以左右設計了前省。(構造線的造型變奏曲請參考P038)。

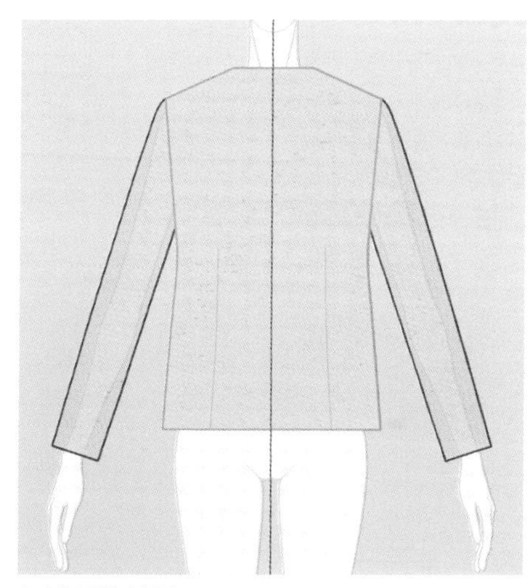

6 袖子的外型。

袖子較服貼。

決定各部構造

一一設計出構成服飾的主要結構。從最醒目的衣領開始。

衣領的造型

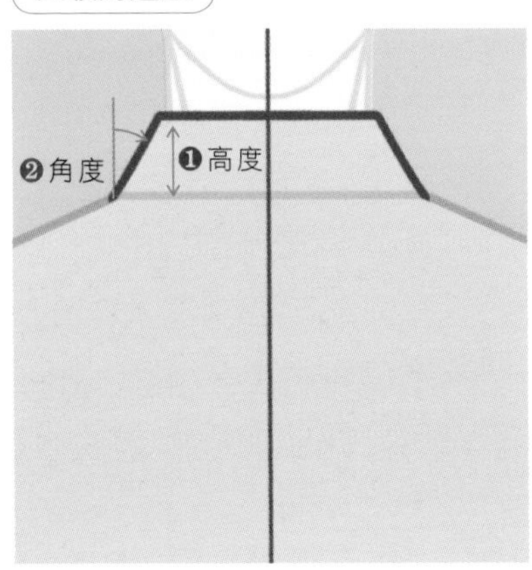

7 首先設計領高。

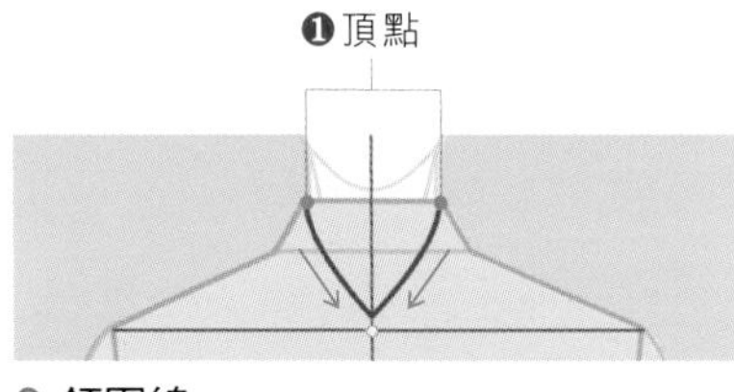

8 領圍線

因為是襯衫所要決定V區(P069)的深度。
從領高的頂點劃出V字形。
(領圍線的造型變奏曲請參考P042)。

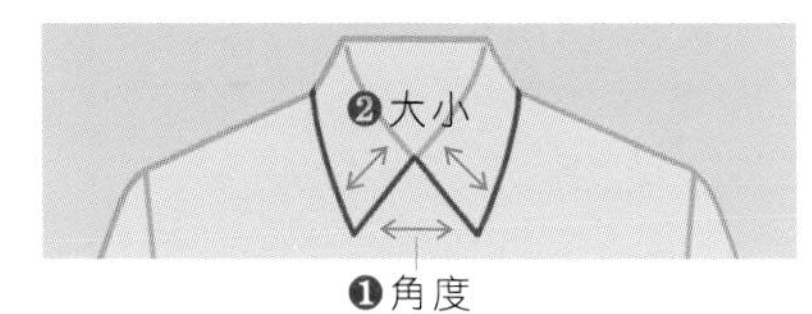

9 衣領的角度和大小。

10 衣領因為是立體的，所以要設計領座。衣領設計完成。(衣領的造型變奏曲請參考P046)

下襬線(Hem line)的造型

11 本次是設計燕尾型下襬(Tailed bottom)。後身較長。這是顧慮到前傾所設計出來的。(下襬線的造型變奏曲請參考P065)

前身的造型

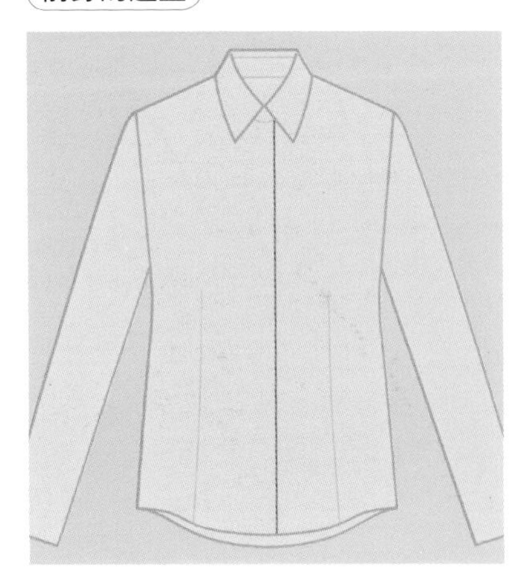

12 前襟

設計為暗門襟(French front)。(前襟的造型變奏曲請參考P053)

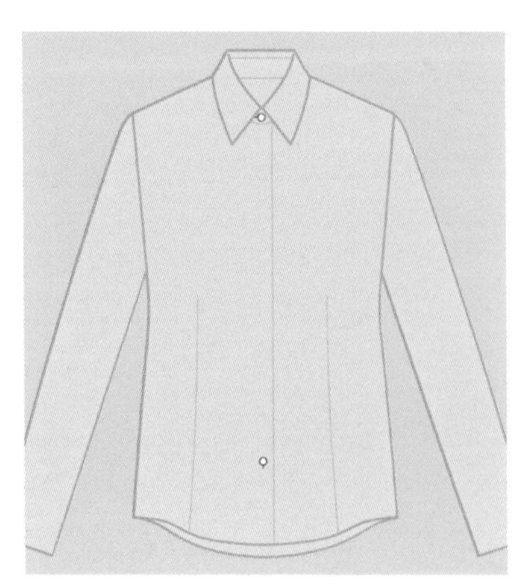

13 鈕扣

重點在於大小和數量。首先決定最上面和最下面的位置。扣眼也一定要畫出來。內衣(襯衫、女用襯衣等)是直扣眼，外衣(夾克、大衣等)是橫扣眼。領高的扣眼因為布料是橫紋的，所以是橫扣眼。

14 最後分配中間的鈕扣。(前身的造型變奏曲請參考P052)

袖子的造型

15 首先擦掉袖孔的腋下線。

16 袖孔設計為襯衫袖(shirt sleeve)。(袖孔的造型變奏曲請參考P057)

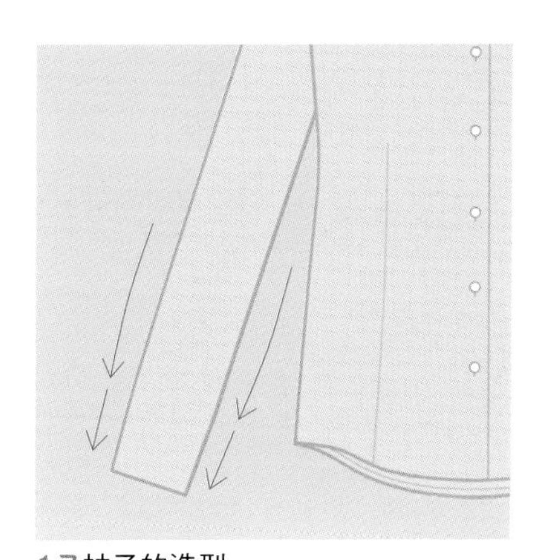

17 **袖子的造型**

袖長為長袖的長度，往袖頭稍微縮窄。(袖子的造型變奏曲請參考P058)

18 **袖頭的造型**

決定袖頭的高度。

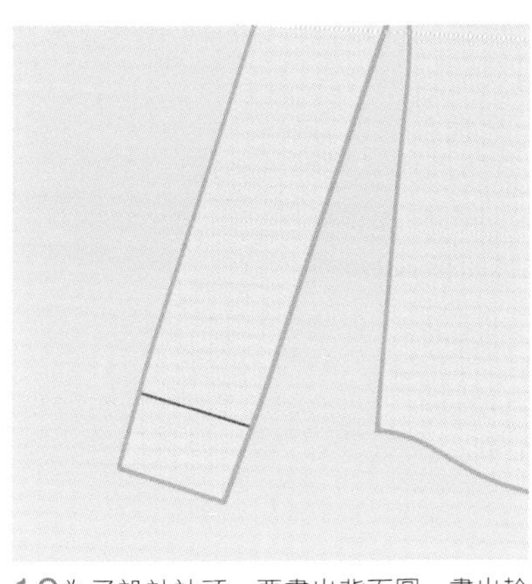

19 為了設計袖頭，要畫出背面圖。畫出輪廓，袖頭的高度要和前身一樣高。

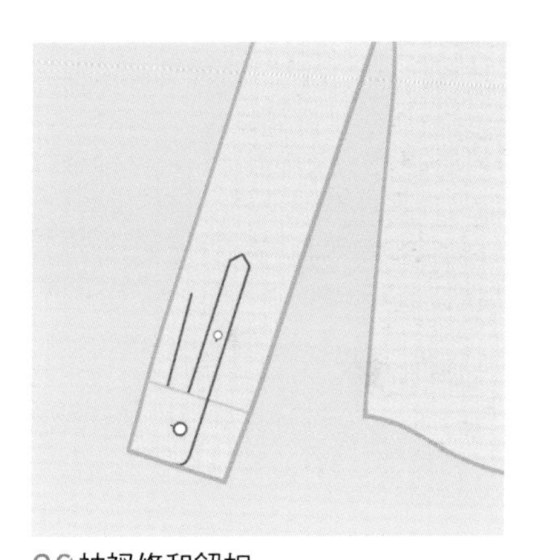

20 **袖衩條和鈕扣**

袖衩條為日本稱為「劍ボロ」的劍形袖衩條。

(袖頭的造型變奏曲請參考P061)

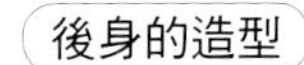

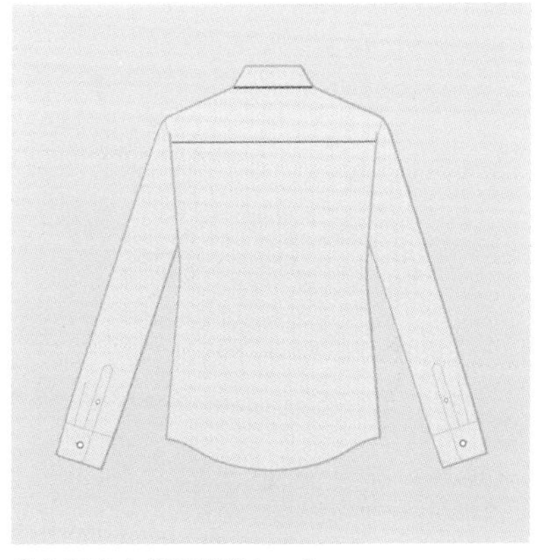

21 畫出衣領和橫擔(yoke)。

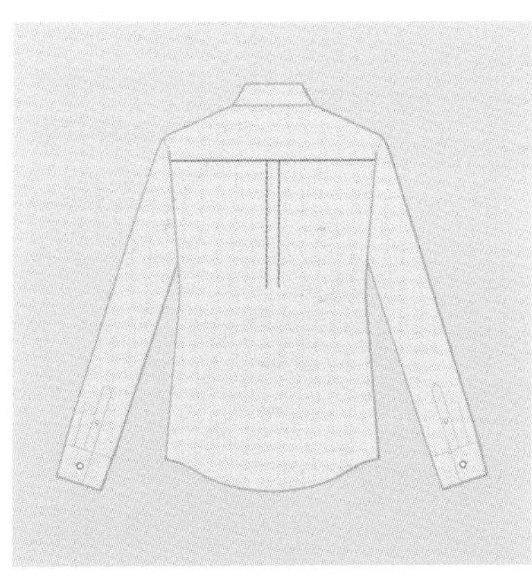

22 畫出後中工字褶(Back center box pleat)

決定細部(detail)

細部是衣服的細部造型的總稱。

23 肩膀設計橫擔做為加強。因為是橫紋布料，所以是設計成橫的。(細部的造型變奏曲請參考p067)

24 口袋

先畫四角形設計平衡，然後再詳細設計。(口袋的造型變奏曲請參考p073)

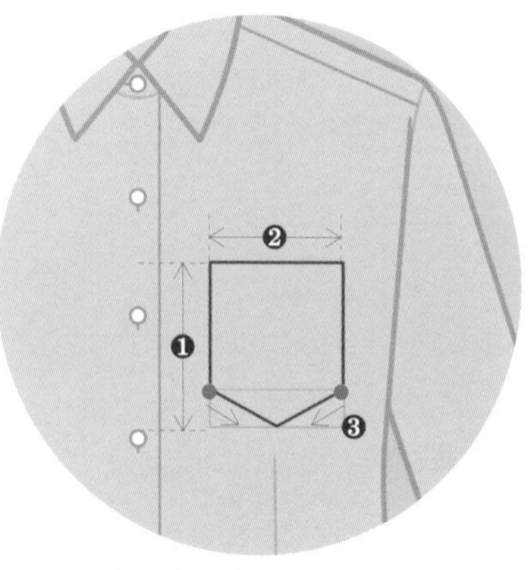

❶參考鈕扣的位置。
此次是設計在第二、第三顆鈕扣到第四顆鈕扣之間。
❷寬度是設計成直的。

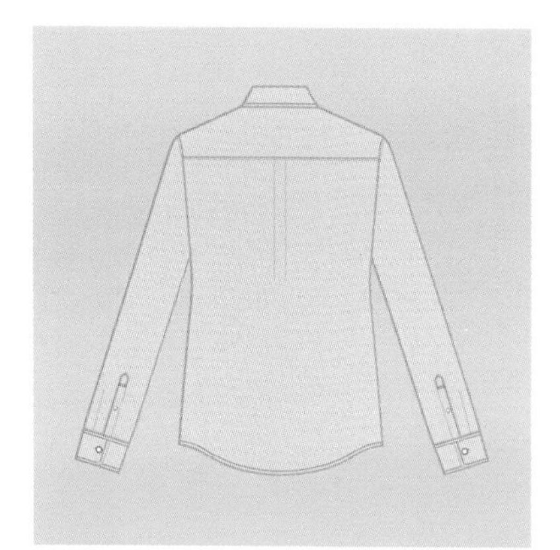

25 最後設計針法(Stitch)讓造型更有型。(針法的造型變奏曲請參考p075)

26 完成。

裙子的設計流程

現在要來設計「多片裙(Gored skirt)」。布料是用一般的裙子布料其中一種的雪紡綢(chiffon)(→p111)。

決定輪廓

決定衣服整體的外型。因為左右著整體的感覺所以重要。

輪廓線

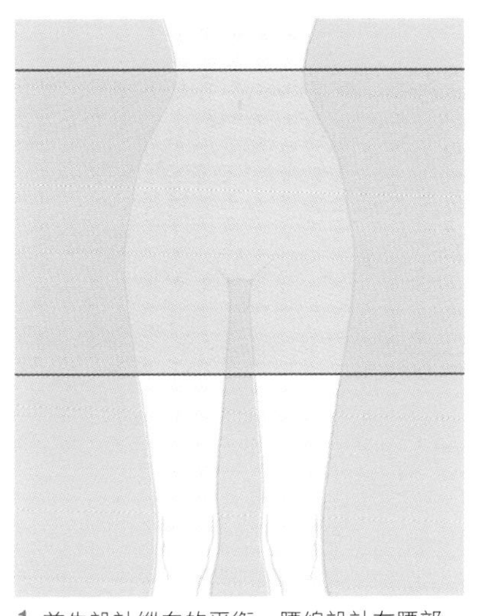

1 首先設計縱向的平衡。腰線設計在腰部，下襬為迷你(Mini length)的長度。(長度的造型變奏曲請參考P036)

2 接著設計裙子的寬度畫出輪廓線。決定設計寬鬆的多片裙。(輪廓線的造型變奏曲請參考P036)

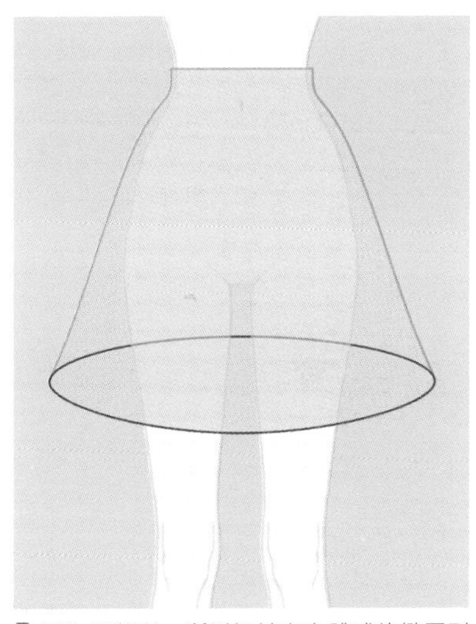

3 因為很蓬鬆，所以設計有立體感的橢圓形下襬。

構造線

4 腰線

腰部是二節式腰頭(separate waistband)。

5 褲襠

後開式。

6 接布

因為很膨鬆，所以設計八片接布的裙子。(構造線的造型變奏曲請參考P041)

決定各部構造

逐一設計構成服飾的各部構造。

7 下襬線為喇叭形。
(下襬線的造型變奏曲請參考P066)

8 褶出喇叭的褶子。

決定細部

9 因為很寬鬆，所以接上三角形布(gore)讓裙子更寬鬆。(細部的設計變奏曲請參考p071~072)

10完成

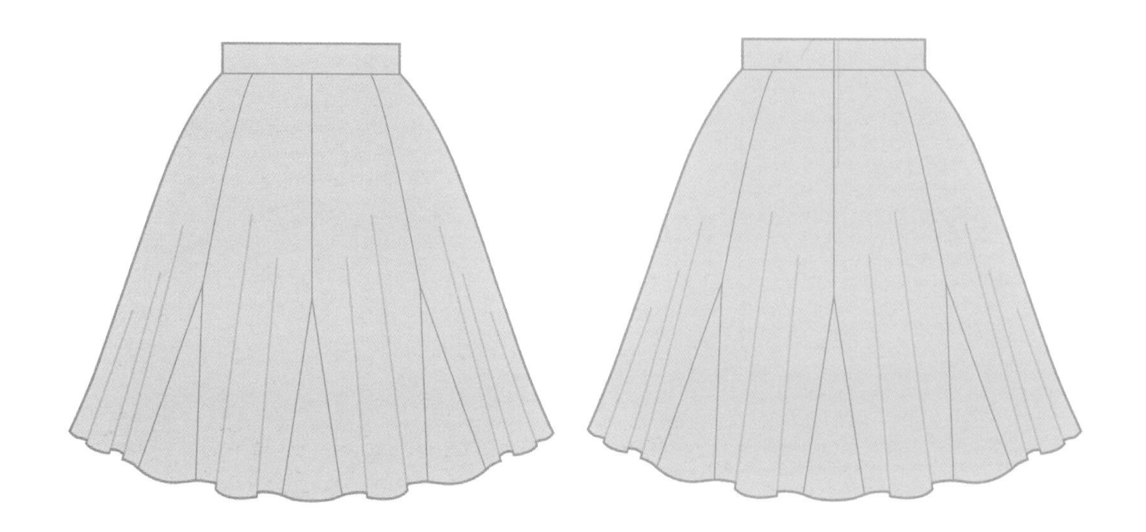

褲子的設計流程

以牛仔褲為例。布料當然是用單寧布(p109)。

決定輪廓

決定衣服整體的外型。 外型左右著整體的感覺所以非常重要。

長度

1 首先是設計直的均衡。
腰線是低腰(low-rise)，下襬線是長裙。
(長度的設計變奏曲請參考P037)

輪廓線

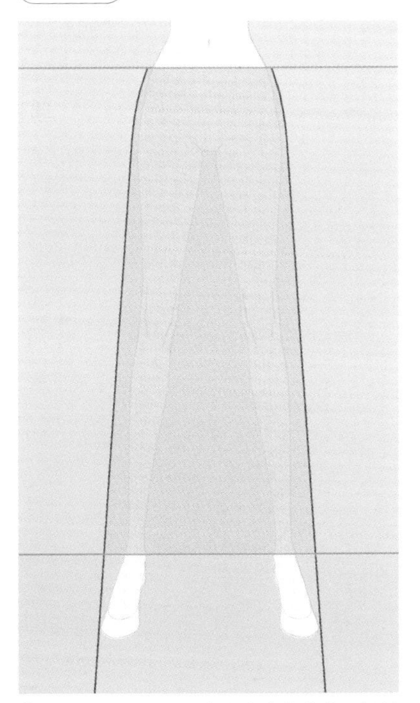

2 接著是設計褲子的寬度畫出輪廓線。設計出直線條。

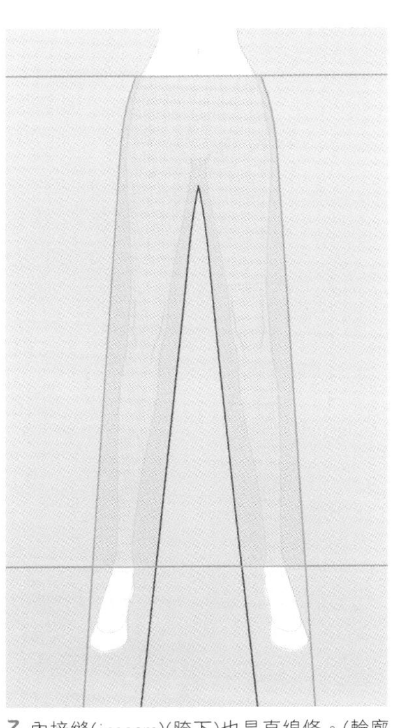

3 內接縫(inseam)(胯下)也是直線條。(輪廓線的設計變奏曲請參考p037)

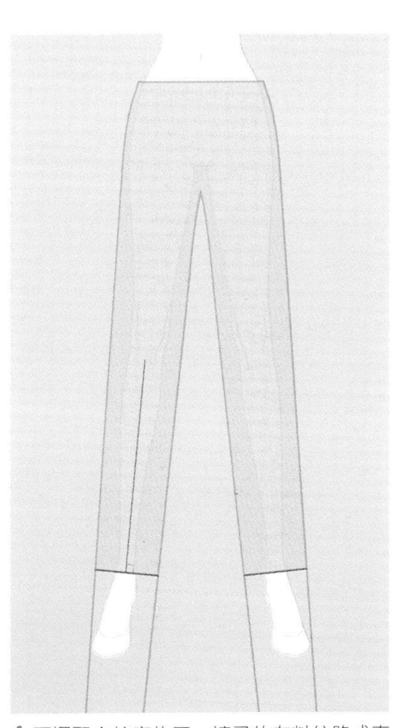

4 下襬配合輪廓修正。褲子的布料紋路成直角。

構造線

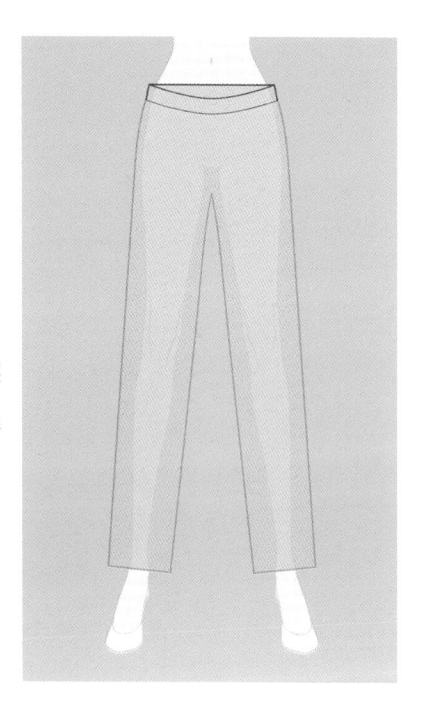

5 腰線

腰部是設計成二節式腰頭(separate waistband)。(腰線的設計變奏曲請參考p040)

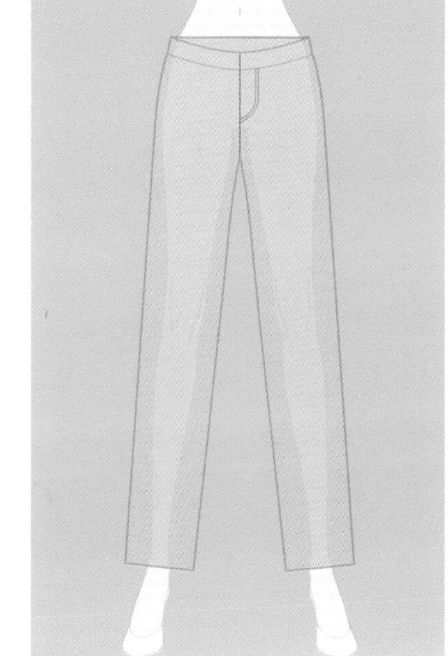

6 褲襠

設計成前開的前貼布(Fly front)。

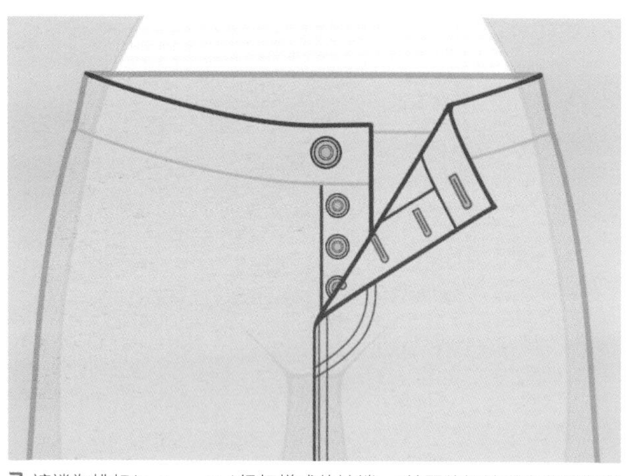

7 褲襠為排扣(Bottom Fly)鈕扣樣式的褲襠。(前開的設計變奏曲請參考p040)

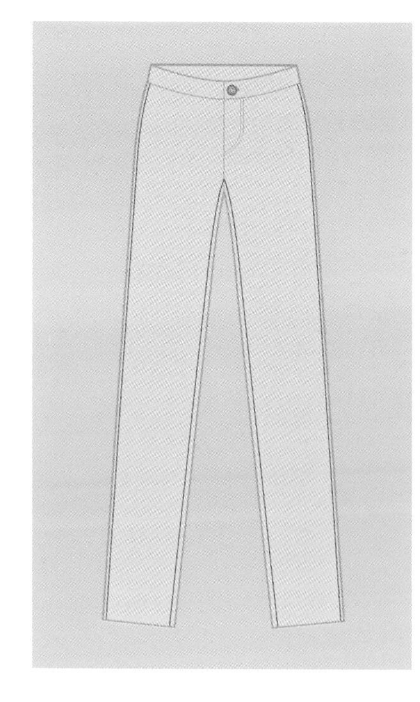

8 褲身是無褶褲(No tuck)。為顧慮到運動性而將前身做的較小一點，所以設計了腋下線和胯下線。(打褶(Tuck)的設計變奏曲請參考p041)

決定各部構造

逐一設計構成服飾的各部構造。

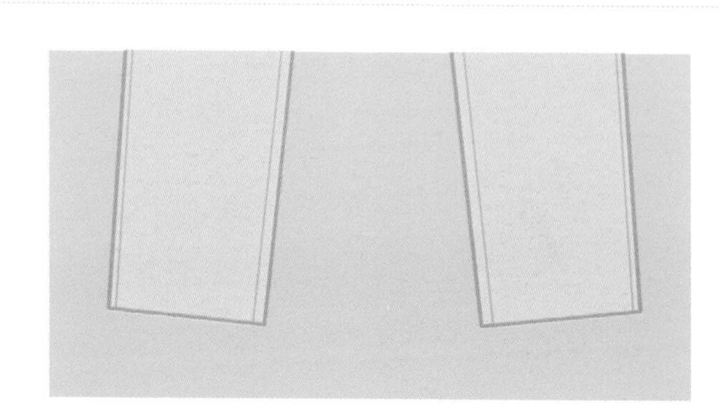

9 下襬線(褲腳)設計成平腳褲。(下襬線的設計變奏曲請參考p066)

決定細部

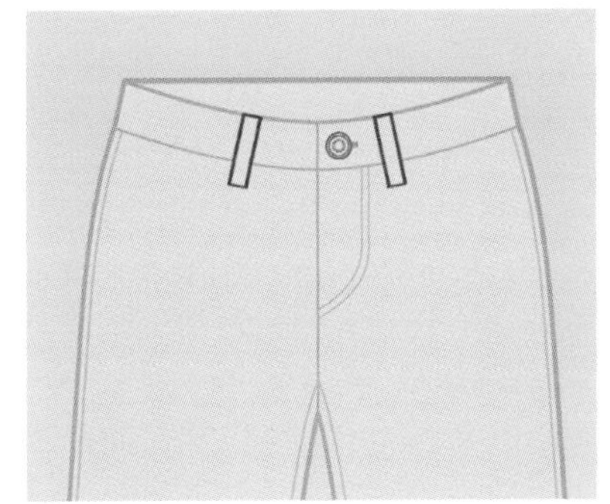

10 設計褲耳朵。

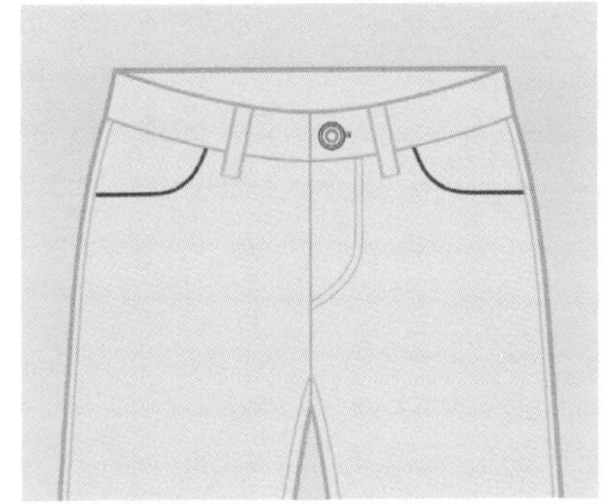

11 設計口袋。本設計為L形口袋（L pocket）。（口袋的設計變奏曲請參考p074）

12 在右邊口袋設計零錢袋。

13 用鉚釘加強固定口袋。

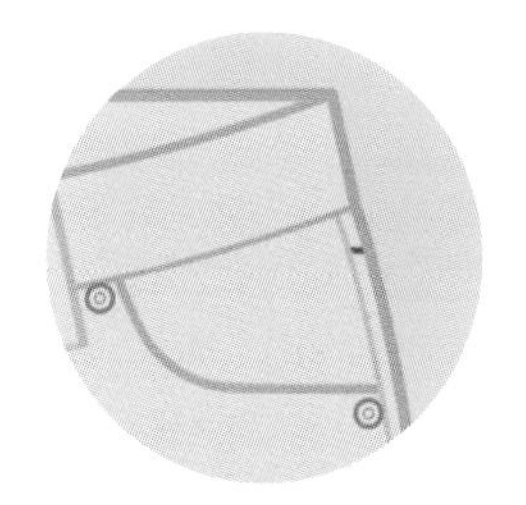

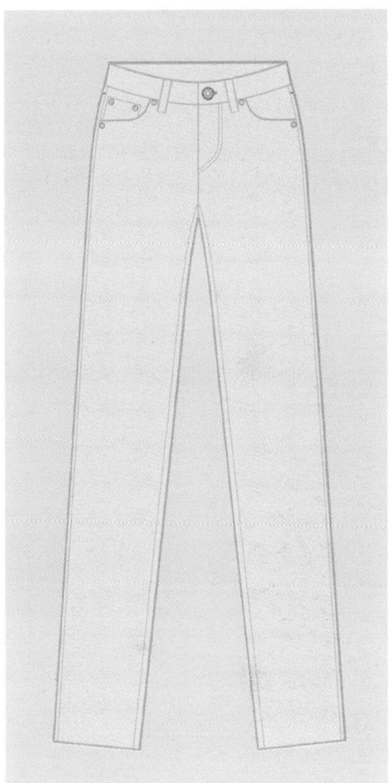

14 設計橫擋。

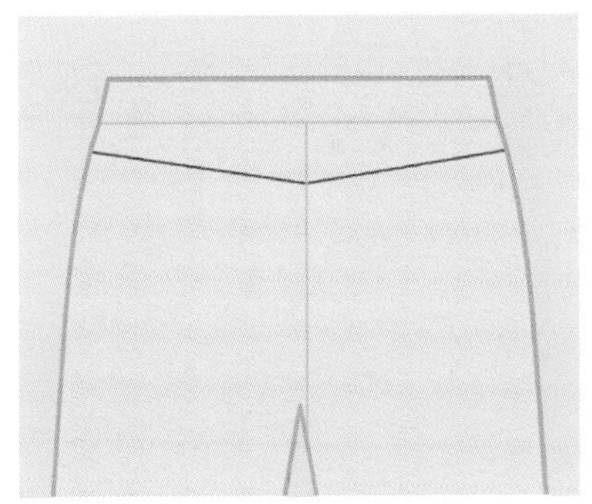

15 背面圖。從後面看橫擋的感覺。

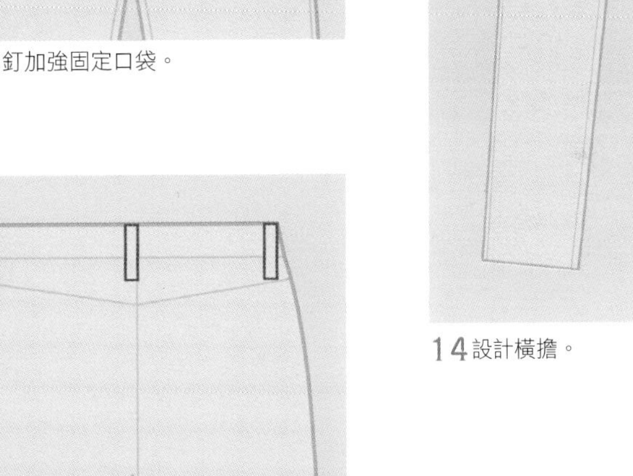

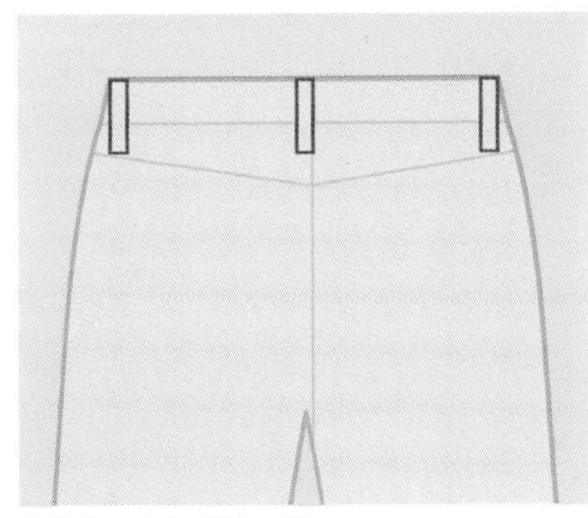

16 後面也設計褲耳朵。

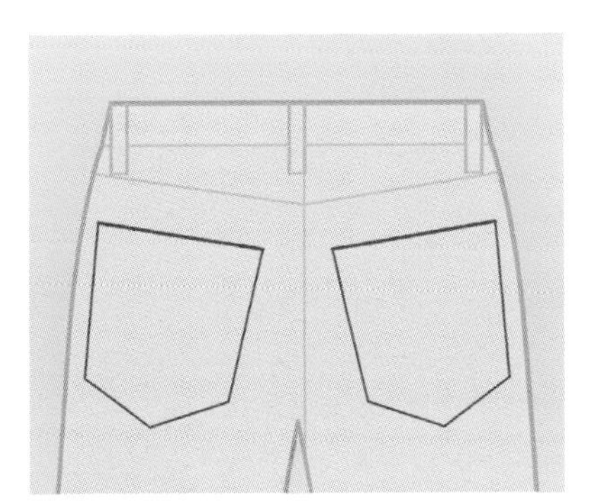

17 設計臀部口袋。

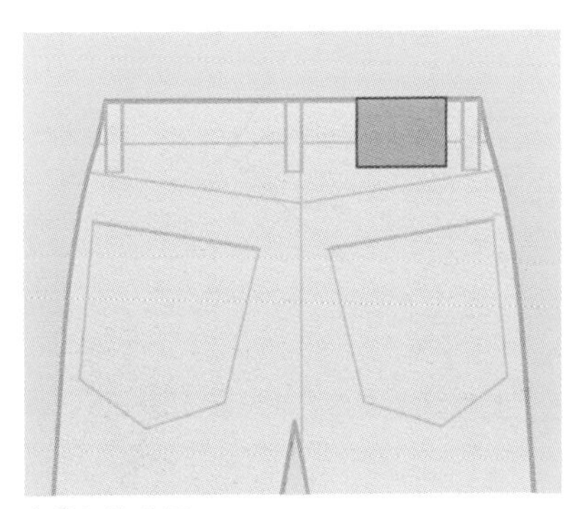

18 設計皮標。

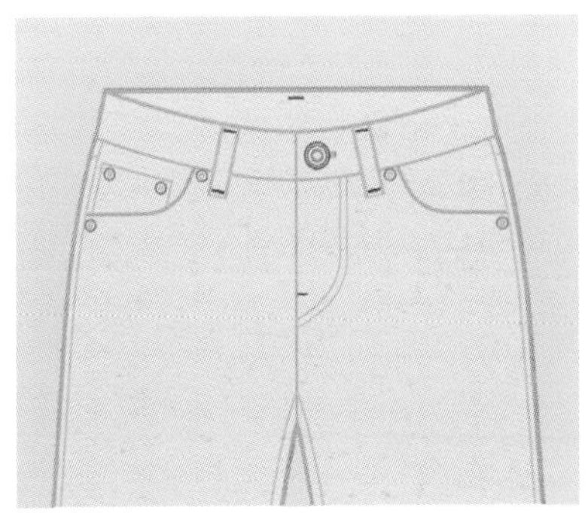

19 利用回針縫(→p072)做為加強止縫。

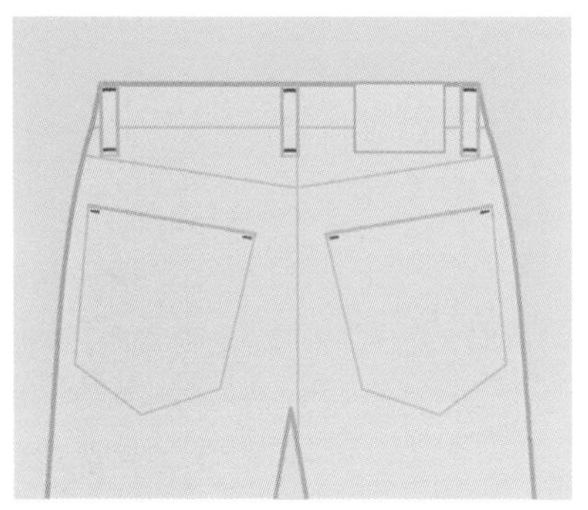

20 口袋容易破的地方設計回針縫。

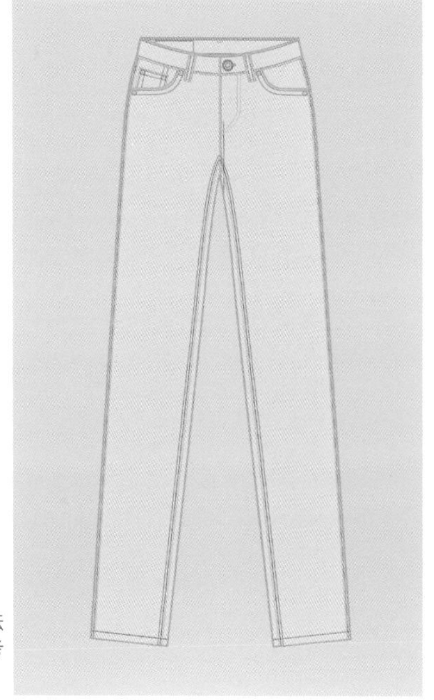

21 設計針法。(針法的設計變奏曲請參考P067-P072)

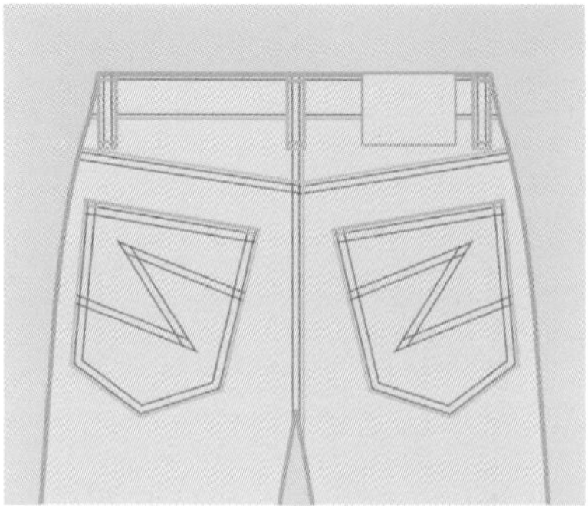

22 臀部口袋的針法是展現獨創性的重點。

23 完成

頭部飾品的設計流程

有邊帽子(hat)

1 只畫帽子感覺不出造型時，可以直接畫在臉部的插圖上。

2 帽口(p079)是橢圓形，設計時也要考慮到戴的方向。

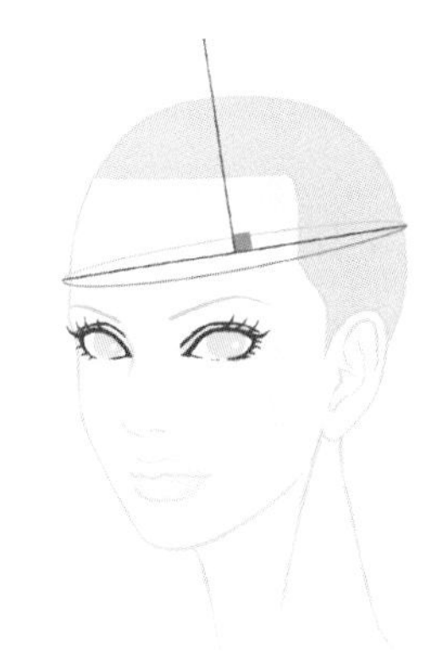

3 畫出要畫側冠(p079)時的引導線。從橢圓形的中心垂直畫出即可。

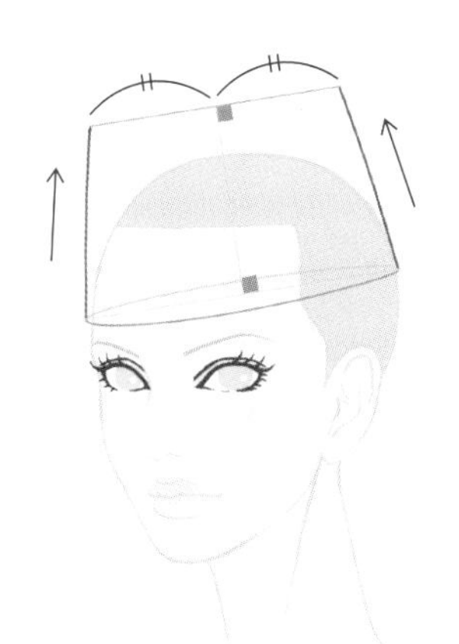

4 思考要如何戴在頭上。設計成往上稍微變窄的造型。

5 將頂冠(p079)畫成橢圓形。如此一來就決定了帽冠的高度。

6 畫出帽緣(Edge)(P079)。

7 畫出帽簷(Brim)(P079)的下垂部份。帽簷向下的帽子稱為鐘形女帽(cloche)。

8 帽簷像餡餅帽(Pork pie hat)一樣往上翻時，帽緣翻到帽口上面。

9 畫出帽簷的彎度。

10最下面和帽口平行。

11帽簷的前面軟帽一樣下垂，後面往上翻的帽子，帽緣斜斜畫出即可。

12帽簷的下垂從帽口往下，彎度往上畫。

13最下面和帽口平行。

14畫出帽圈。
❶決定高度。❷和帽口平行。

15畫出中折縫。

16畫出中央凹陷。

17決定顏色後就完成。設計成典雅的黑色。

無邊便帽(Cap)

1 帽口為橢圓形，也要考慮戴的方向再畫。

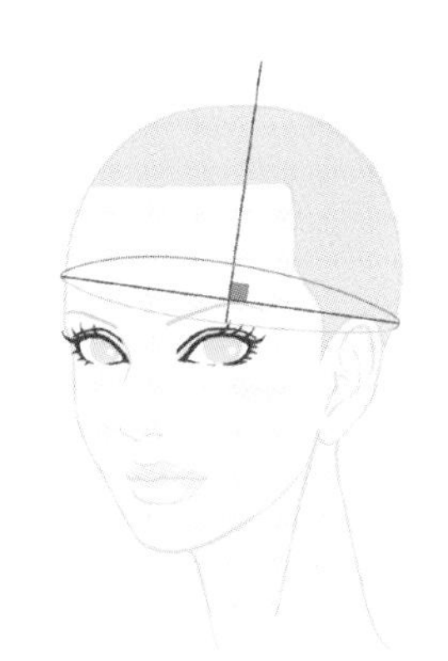

2 畫出要畫側冠的引導線。從橢圓的中心畫出垂直線即可。

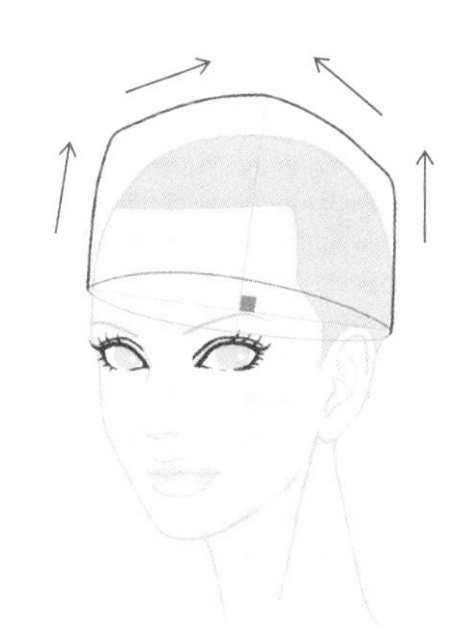

3 思考要如何戴在頭上。設計成往上稍微變窄，頂冠設計成山形。

4 決定帽簷的長度。

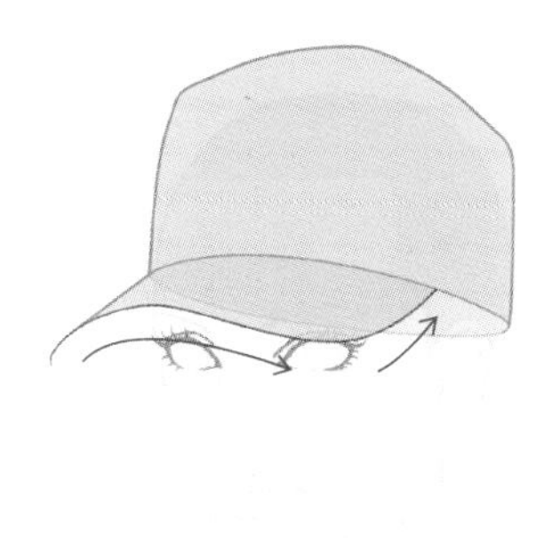

5 畫出帽簷的輪廓。帽簷有「方形帽簷」、「圓形帽簷」。本圖為方形帽簷。

6 畫出遮陽板和帽頂鈕。

7 本體有「六片」(六片接布)和「八片」(八片接布)二種。本圖為六片帽。

8 每片接布都有帽孔。然後再設計針法。帽簷針法是為了防止帽簷變形。

9 要設計成後半部是尼龍網的「半網帽back mesh」，所以畫出透過網子看到的「定型止汗帶」。

10 畫出網子。

11 配色。設計成白色和桃紅色。

12 加入標誌就完成。

成果如何呢？這些都是簡單的服飾及飾品，經過階段性的檢討下就產生這樣的結果。
試著將「輪廓」「各部構造」「細部」做各種組合搭配設計出更多的造型。

Section 2 服飾的解體及重組

設計服飾時要從將服飾的每個結構分解開始。要讓原有的設計更加美麗究竟有多少可能性。逐一檢討每個結構是很重要的。現在就讓我們以雙排扣附腰帶(防雨)短大衣(Trench coat)為例來進行設計。

主題的設定

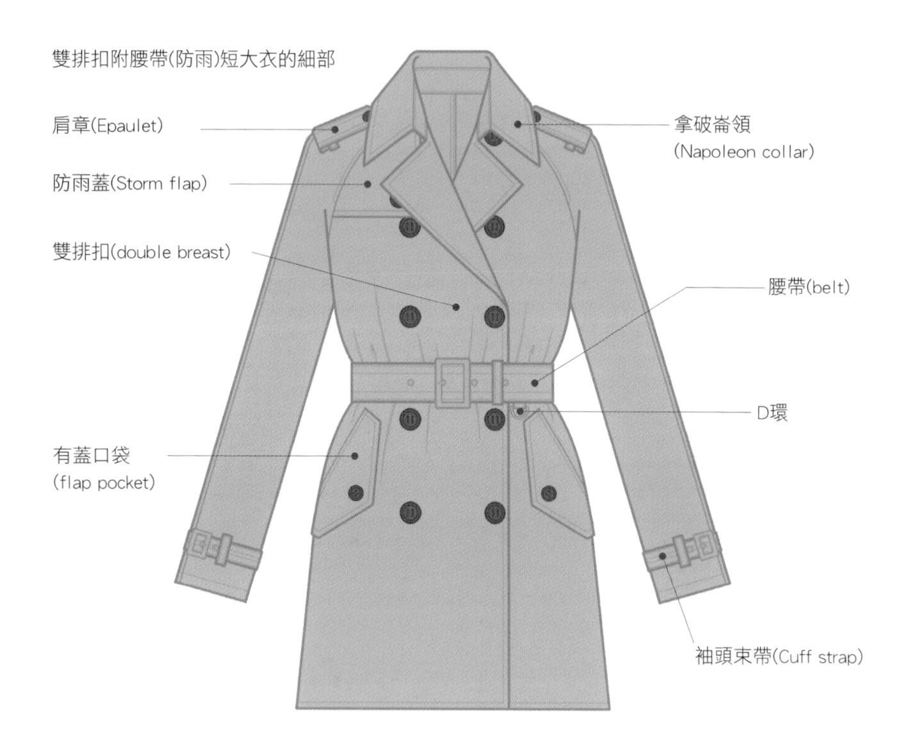

首先來了解它的歷史。雙排扣附腰帶(防雨)短大衣是在第一次世界大戰英軍用來在「壕溝」抗戰所穿的大衣。據說英國的Burberry和Aquascutum這二家公司的製品是始祖。因為實用性高又兼具機能美，所以是很受歡迎的冷酷的男性時裝。近年來對男性服飾觀念有所改變，有用來做為女性服裝的傾向。此次就用雙排扣附腰帶(防雨)短大衣來設計成女性的連身裝。

這些細部當中如果特別改變拿破崙領和雙排扣的話，就不再是雙排扣附腰帶(防雨)短大衣，所以解體和重組時這二點不要漏掉。

設計的方法論

輪廓

即使外型不同也成服飾時，就再檢討輪廓(長度和寬度)看看。

細部

現在是衣服超越保護身體的範圍進而追求美麗的時代。重新設定原本細部的機能性及實用性的意義，重新檢討設計。做法有以下三點。

調配位置
改變尺寸
over decoration

設計繪圖

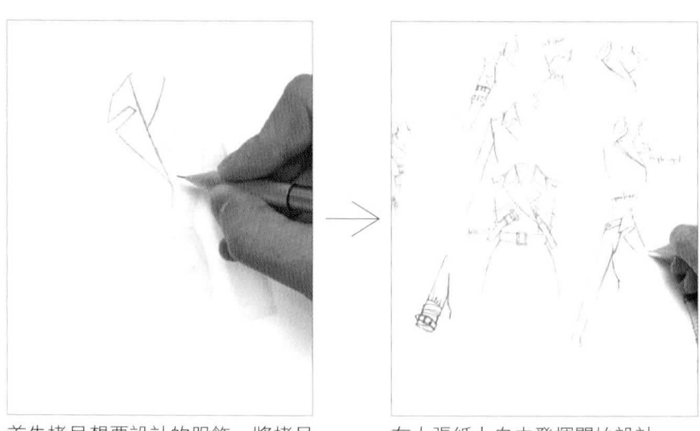

首先拷貝想要設計的服飾。將拷貝好的圖放在下面描摹展開設計會比較容易。

在大張紙上自由發揮開始設計。

輪廓

決定此下襬線。

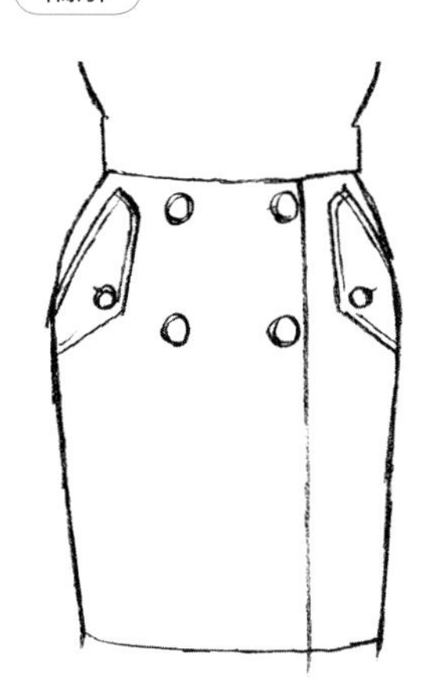

下半身好像可以有各種變化所以從下半身開始試試看。首先是繭形線條。感覺很有韻味。

其次是喇叭形下襬線。能自然展現女性美，所以決定採用這種下襬線。

拿破崙領(Napoleon collar)

決定此領形。

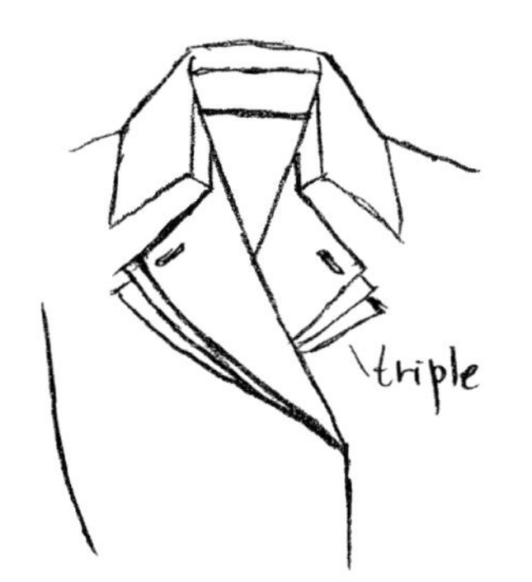

接著是細部。從重點所在的衣領開始設計。嘗試重疊三片下領片。

V區的角度很大。嘗試使用花瓣領(Petal collar)。最後決定此領形。

前後身

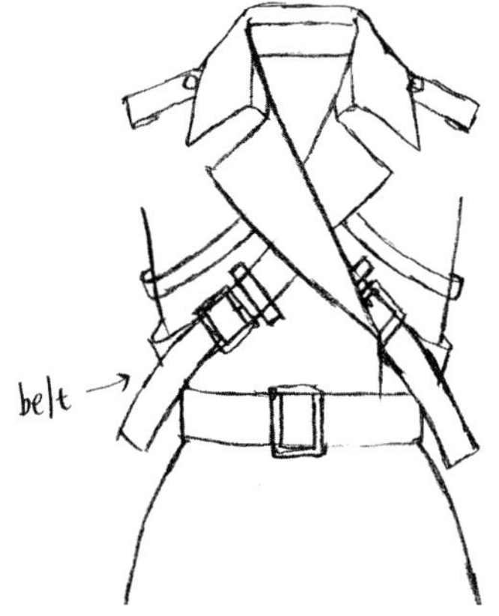

進行細部的「改變尺寸」和「調配位置」。將袖頭束帶設計在前身。

把肩章(Epaulet)拿來當褲耳朵使用。

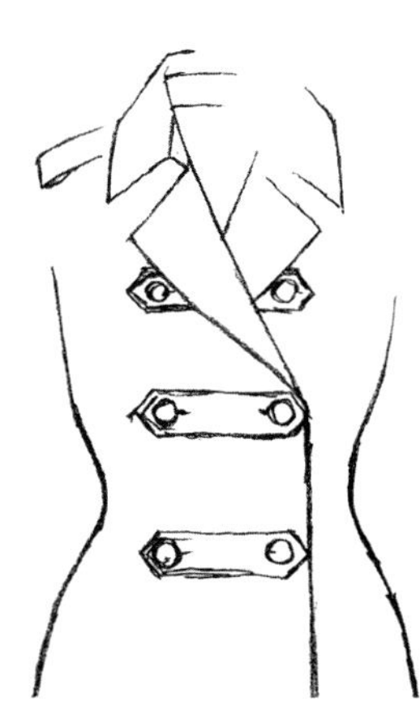

將腰帶(back belt)設計在前身。

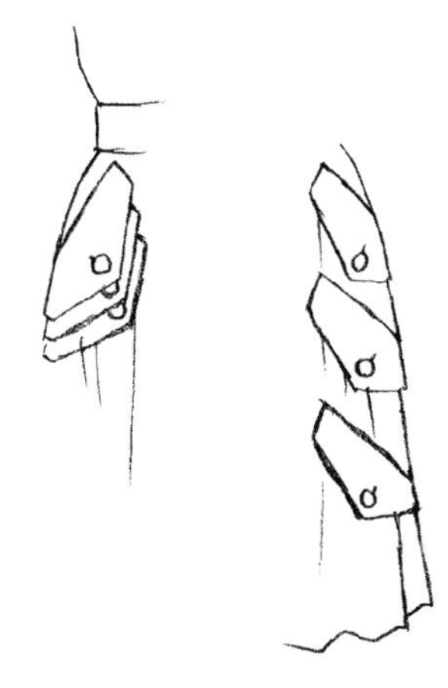

「overdecolated」設計好幾層的口袋。

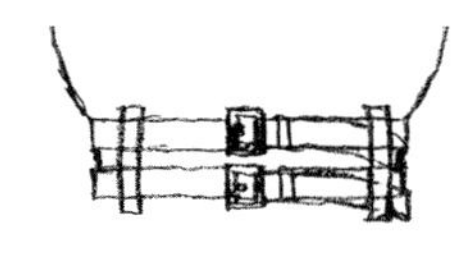

腰帶也是「overdecolated」。

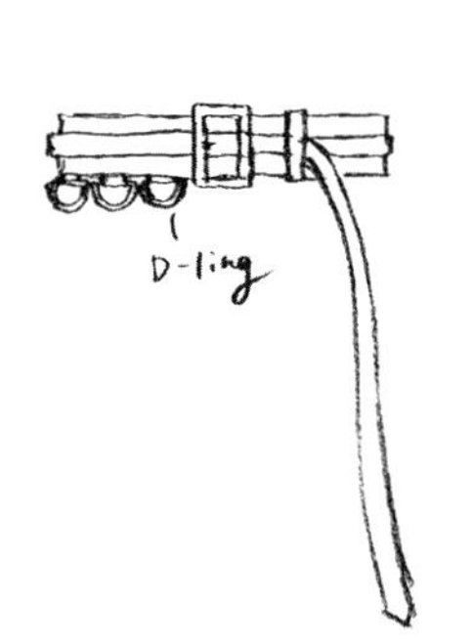

D環是用來掛手榴彈用的耳朵。最近大都將它省略，所以就試著再加上去。

採用此設計。

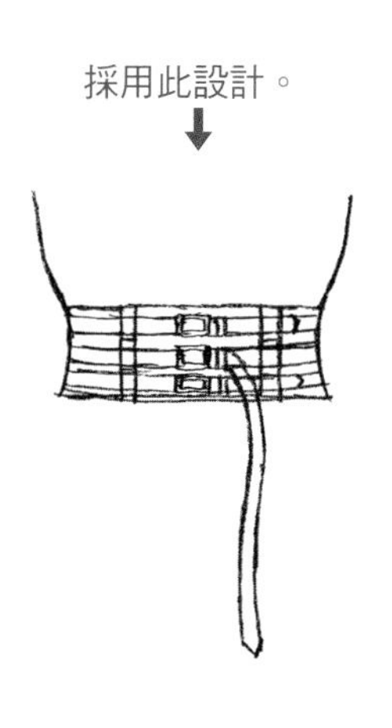

在粗的腰帶上設計三條細的腰帶。決定採用此設計。

有考慮過使用絲綢的布料，一部分使用花邊，不過還是嘗試看皮革和毛皮搭配會產生何種質感。還是感覺很厚實。

衣袖

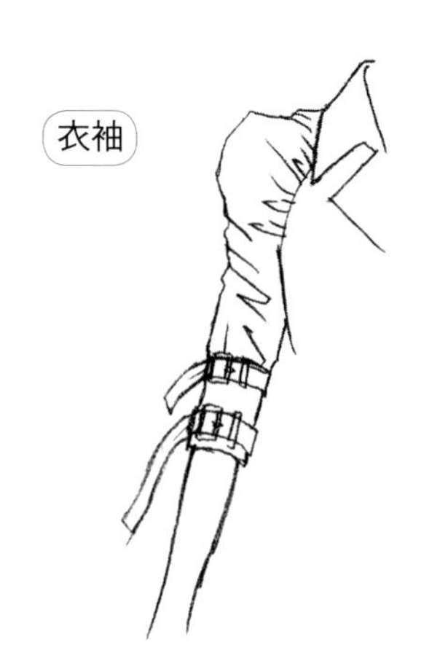

衣袖會影響到輪廓，所以還是仔細的設計出來。羊腿袖(Leg of mutton sleeve)的袖頭束帶的「overdecolated」讓布料自然下垂。有點過度複雜。

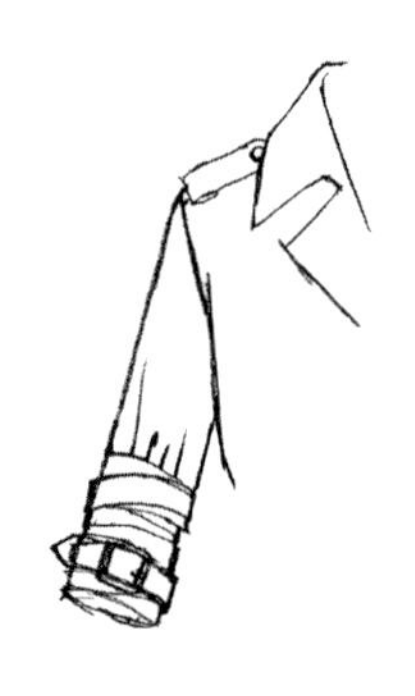

設計成七分袖，用袖頭束帶將袖子紮起來。

有的會乾脆設計成無袖。

設計成(American sleeve)將肩章的方向倒過來。設計有袖頭束帶的手套。

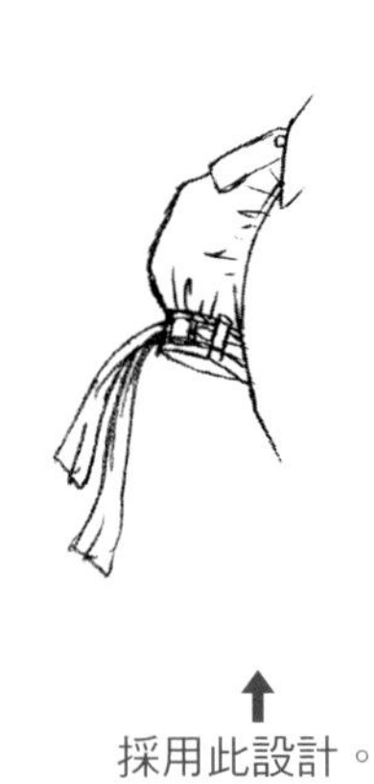

採用此設計。

泡泡袖(Puff sleeve)。雖然簡單卻有可愛感。採用此造型。

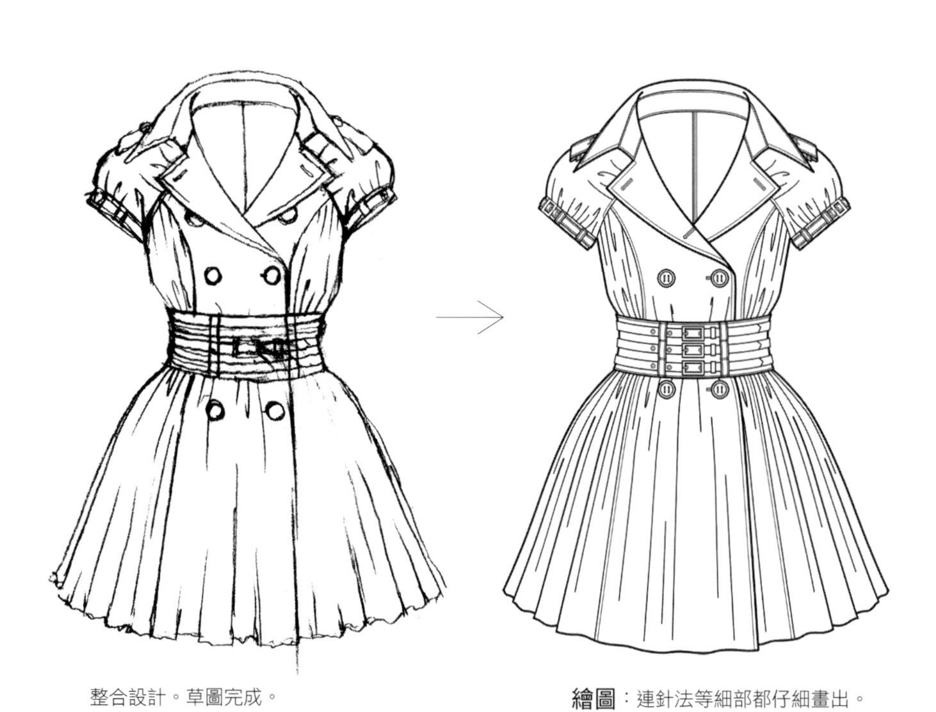

整合設計。草圖完成。

繪圖：連針法等細部都仔細畫出。

完成：

後面圖設計上來自於雙排扣附腰帶(防雨)短大衣(Trench coat)的設計的(Caped back)。

顏色變奏曲：

首先塗上服飾基本色。服飾基本色有四色，有接近膚色的米色、茶色、強調肌膚的透明感和光澤的藏青色及無彩色(白、黑、灰色)。從這些顏色都被用來做為制服的顏色就可以知道這些是適合男女老少的顏色。

然後也考慮此服飾特有的顏色。因為是春夏季服飾，所以也試著設計淡色系列。透明感給人感覺非常好。

感覺如何呢？相信各位已經了解掌握住服飾每一種外型的特徵，重新檢討每個結構是很重要的。來挑戰分解及重組各種結構吧。

Section 3 創意設計

依循一個主題設計衣服時，整體的感覺是很重要的。此時，不是從單一結構而是要從整體的角度去思考。

來自輪廓的構想

設計輪廓

本次是以「水滴」為主題。
各位也自己設計看看。

1

輪廓1：
單純的橢圓形。

輪廓2：
設計成水滴形的下垂狀。

輪廓3：
被風吹拂的水滴。

輪廓4：
被風吹拂下垂的水滴。

決定此設計。

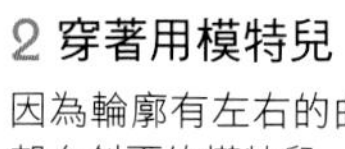

決定胖瘦豐腴感

試想輪廓該如何穿在人身上。改變尺寸或穿著部位感覺也會不一樣。

2 穿著用模特兒

因為輪廓有左右的曲線，所以決定用朝向斜面的模特兒。

3

著裝1

包住頸部以下到下襠。最標準的著裝法。

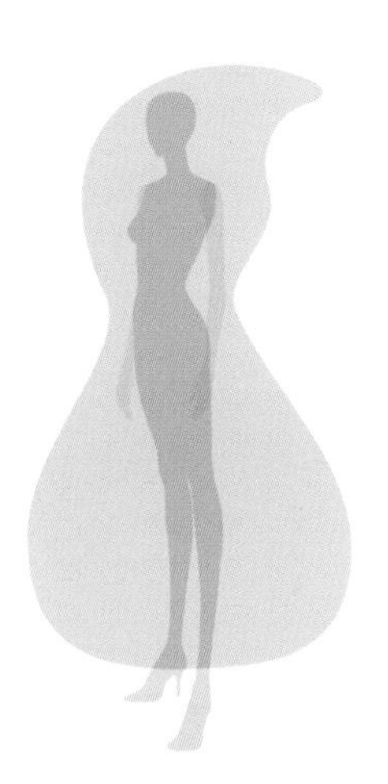

著裝2

包著全身。最不可能的著裝法。

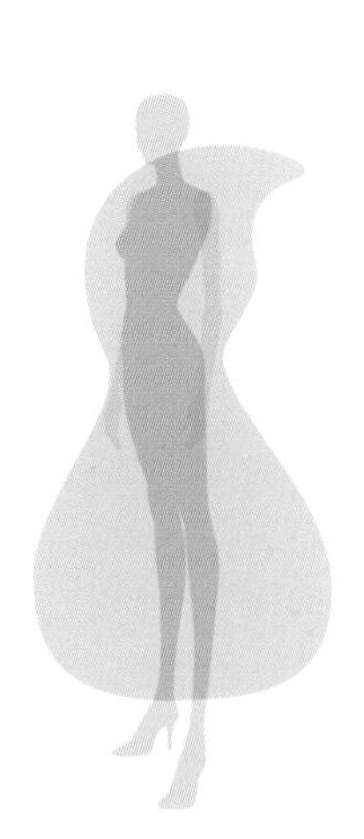

著裝3

像長裙般的包覆住身體。不容易呈現出曲線感。

著裝4

包住整個上半身。臉部週圍的設計畫面似乎變得很有趣，採用此著裝法。

決定此設計。

開始設計服飾 試著利用輪廓開始設計。

設計圖

4 首先畫出輪廓，調整整體的均衡之後再畫出每一小部份。

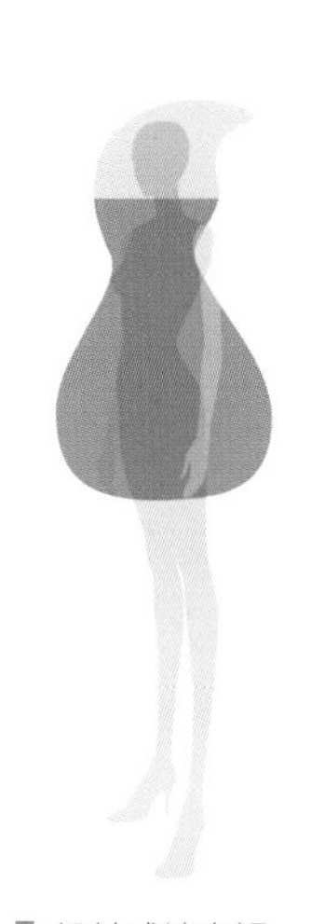

5 設計成連身裙。

臉部週圍的輪廓設計成髮型，雖然可愛但沒有新意。

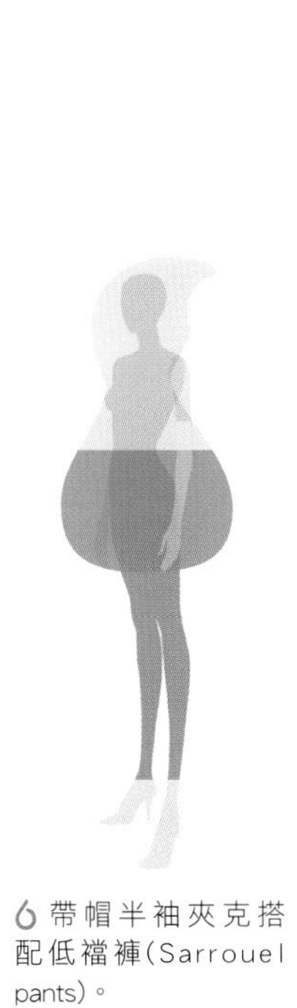

6 帶帽半袖夾克搭配低襠褲(Sarrouel pants)。

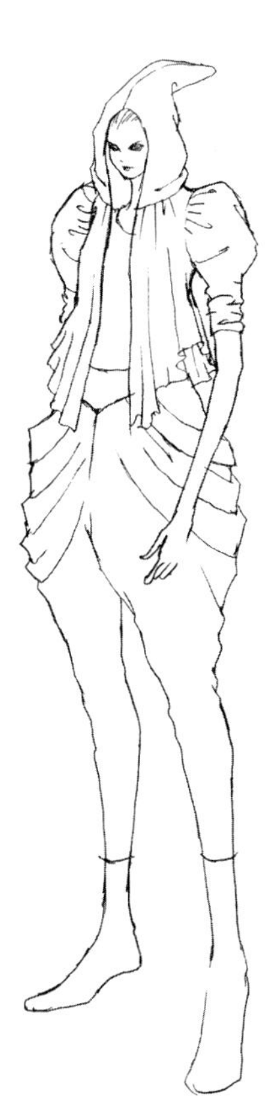

低襠褲紮上皮帶下半身更豐腴。

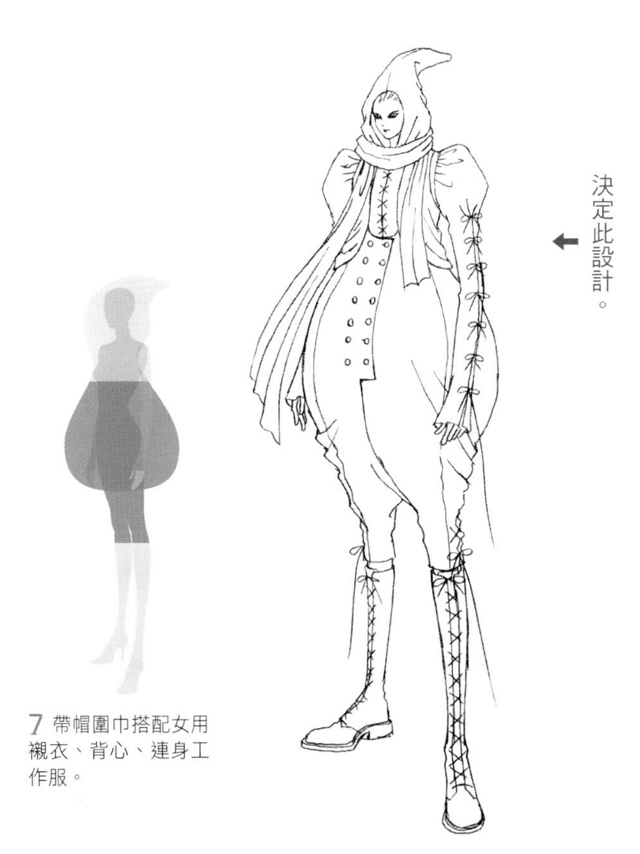

7 帶帽圍巾搭配女用襯衣、背心、連身工作服。

← 決定此設計。

褲子的膨鬆感很有趣。採用此設計。蝴蝶結也是重點所在。

8 設計圖

將整個設計確實分割成每個主結構，確實畫出構成輪廓的構造線(縫線和省道、縮皺等)。了解原本的服飾的基本結構進行設計是很重要的。

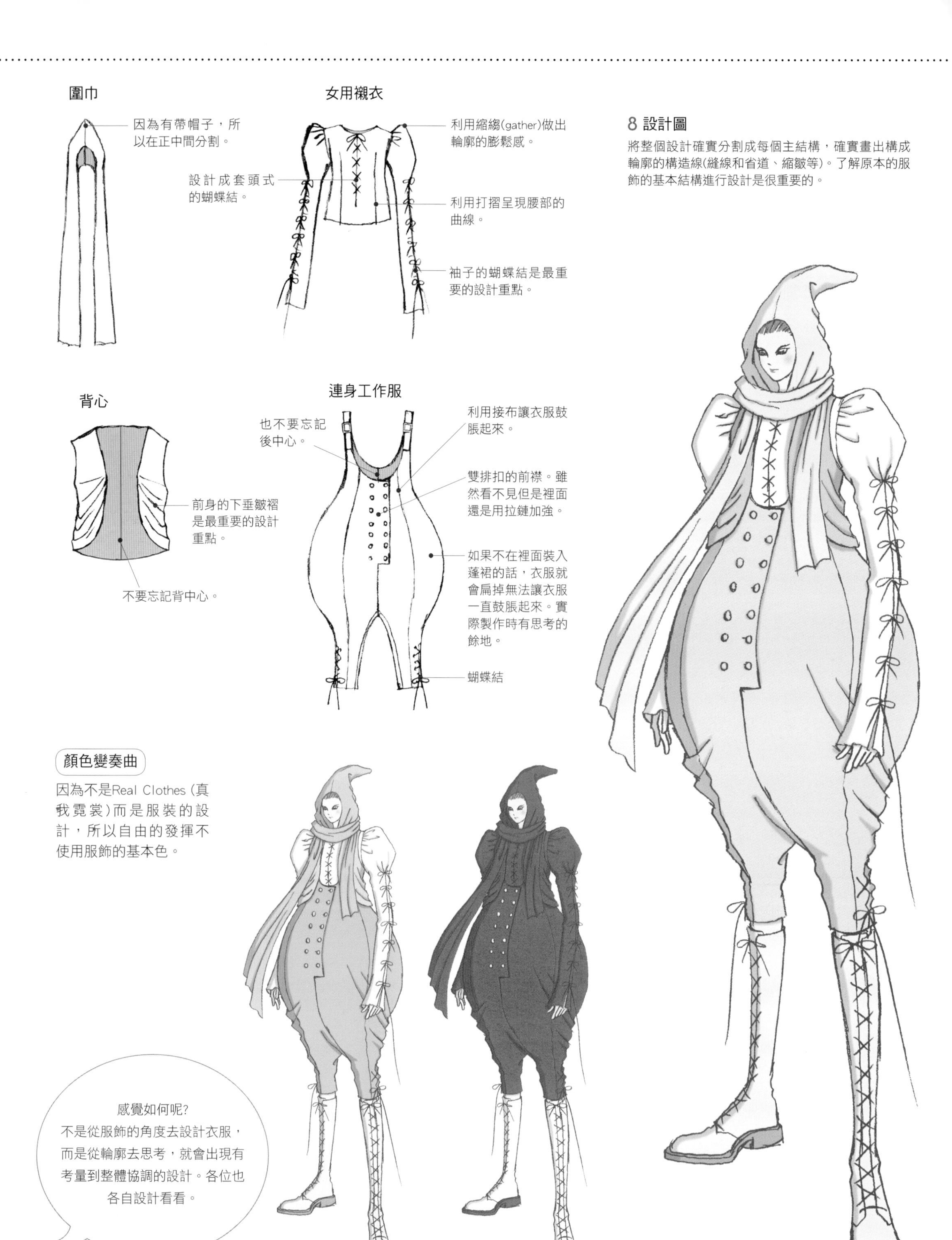

圍巾
因為有帶帽子，所以在正中間分割。
女用襯衣
利用縮縐(gather)做出輪廓的膨鬆感。
設計成套頭式的蝴蝶結。
利用打摺呈現腰部的曲線。
袖子的蝴蝶結是最重要的設計重點。
背心
前身的下垂皺褶是最重要的設計重點。
不要忘記背中心。
連身工作服
也不要忘記後中心。
利用接布讓衣服鼓脹起來。
雙排扣的前襟。雖然看不見但是裡面還是用拉鏈加強。
如果不在裡面裝入蓬裙的話，衣服就會扁掉無法讓衣服一直鼓脹起來。實際製作時有思考的餘地。
蝴蝶結

顏色變奏曲

因為不是Real Clothes(真我霓裳)而是服裝的設計，所以自由的發揮不使用服飾的基本色。

感覺如何呢?
不是從服飾的角度去設計衣服，而是從輪廓去思考，就會出現有考量到整體協調的設計。各位也各自設計看看。

來自周遭主題的構想

尋找主題 我們周遭有著各種形狀的物體。從動植物、風景等自然界的造型到建築物、電腦、手機、汽車、書籍、AV機器、等人工的造型各式各樣都有。觀察乍看之下和服飾無關的東西，深入對於「輪廓」的研究。

1 用家裡的瓶子做為主題。充分利用直線和曲線的曲線感。

設計草圖 重點在於將主題設計在服飾的哪個部位。從整體的輪廓到細部結構的各個角度試試看。
*採用主題圖片的紅色部份進行設計。

設計服飾

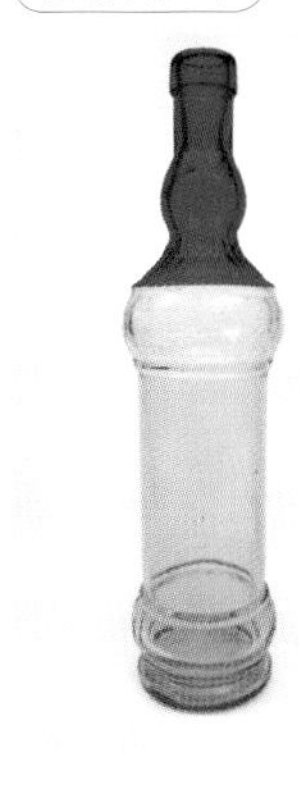

2 連身裙
用瓶口變寬的部份設計成風箱褶(Accordion pleat)。

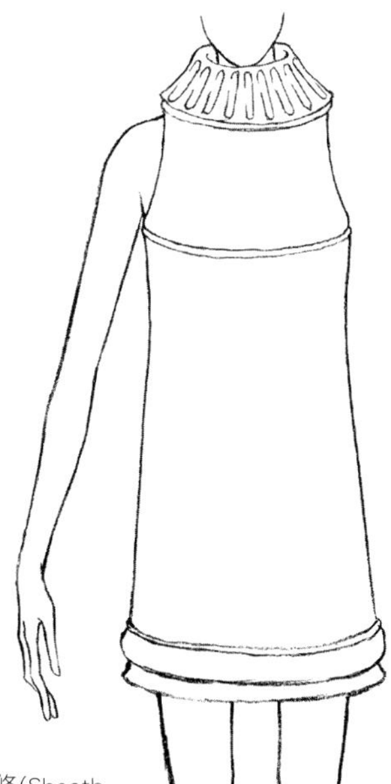

3 連身裙
直接利用瓶身，設計成鞘形線條(Sheath Line)。重點在於利用瓶口變寬的部份做為衣領。

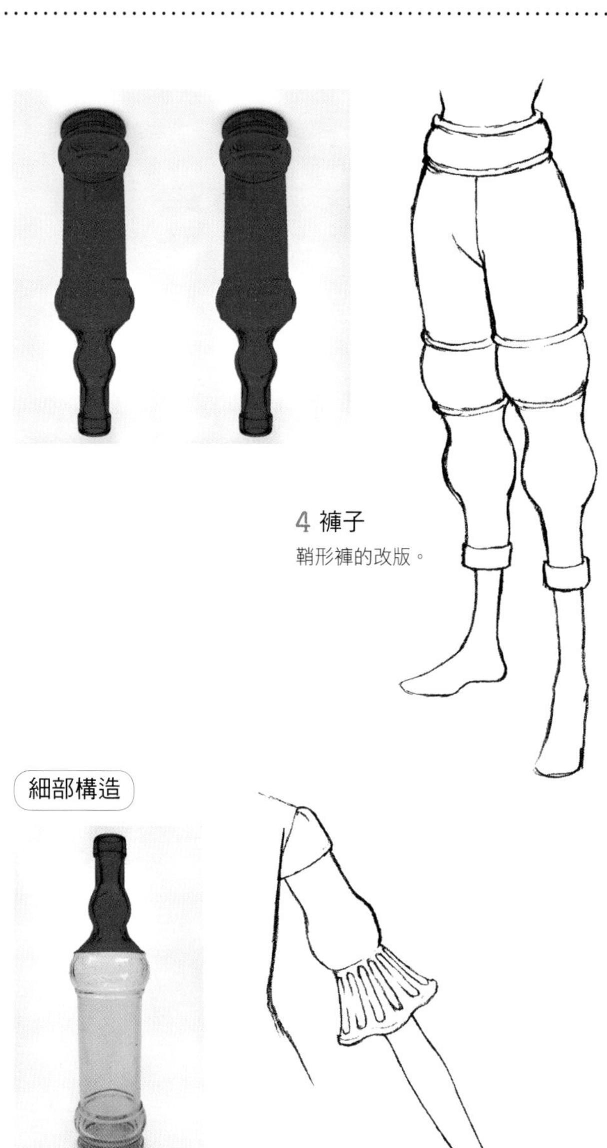

4 褲子
鞘形褲的改版。

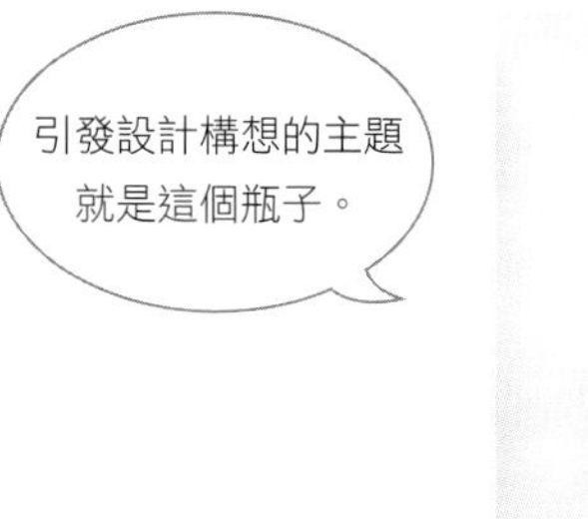

細部構造

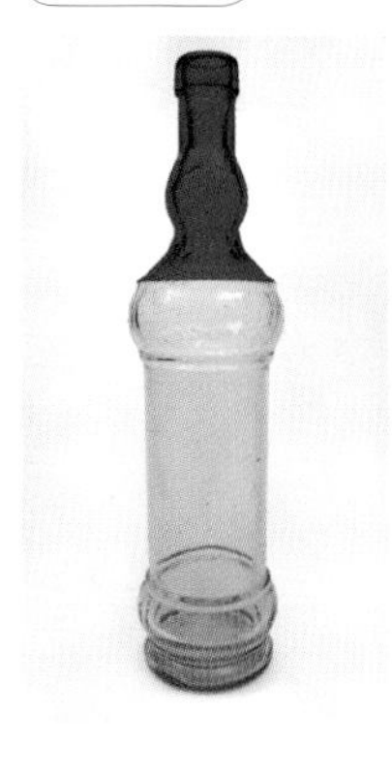

5 袖子
寶塔袖(Pagoda sleeve)的改版。

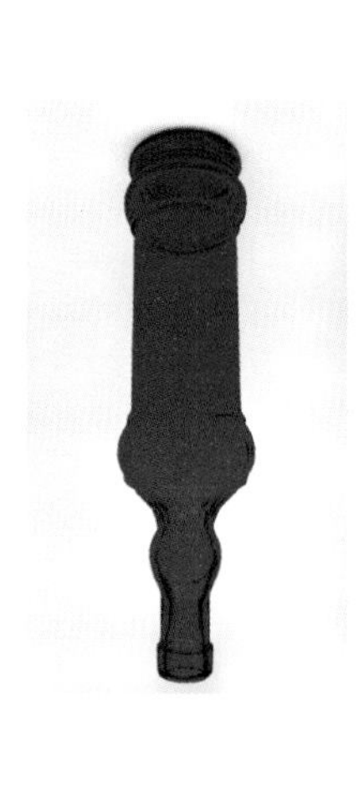

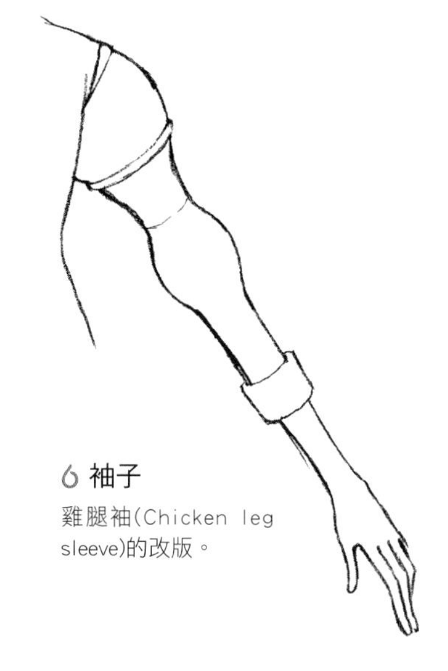

6 袖子
雞腿袖(Chicken leg sleeve)的改版。

其它

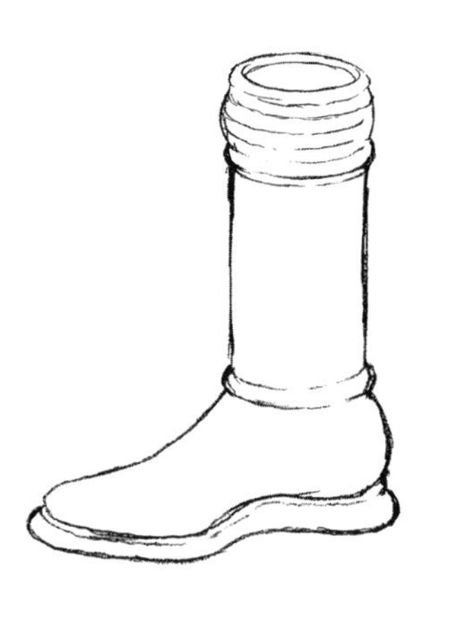

7 靴子
加上腳尖就變成靴子。鞋口的圓形和鞋底為其特徵。

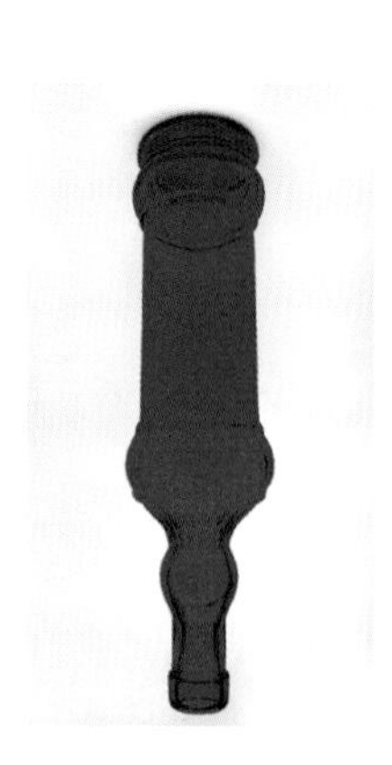

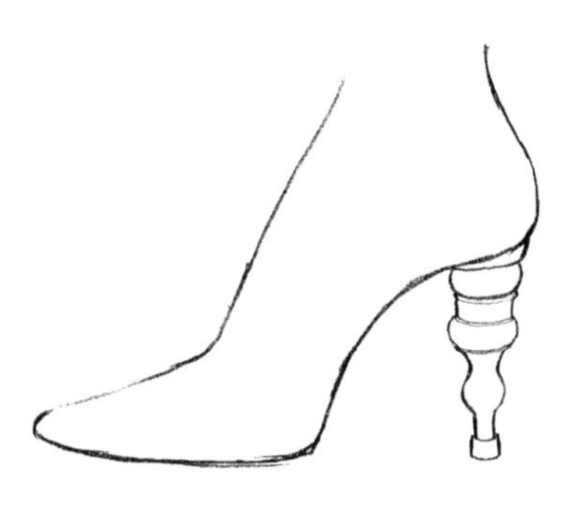

8 鞋跟
建築式的鞋跟很有未來感。

來自油畫的構想

據說1965年聖羅蘭(Yves Saint Laurent)所設計的「Mondriaan look」的靈感來源是來自於荷蘭畫家蒙德里安(Pieter Cornelis Mondriaan)的畫冊。

周遭沒有靈感來源時，也可以自己畫畫看。

油畫

1 畫材是使用不透明水彩(筆者是用Nickerc畫具公司的Designers colour)。所使用的畫材和顏色沒有特別指定，一種顏色用一隻筆比較方便。

2 不要去想衣服，隨著筆走。

3 將紅、蘭、黃三種顏色的筆握著一起畫，讓自己更無意識的畫下去。將畫筆放在手指上，直接畫在畫面上也很有趣。

4 完成。

設計

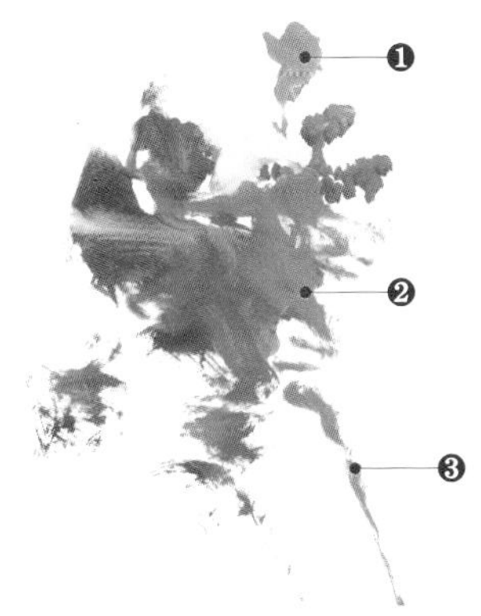

5 用各種角度看畫好的畫。稍微往左傾斜的畫看起來❶是臉、❷是衣服、❸是腳。感覺在往右跳。

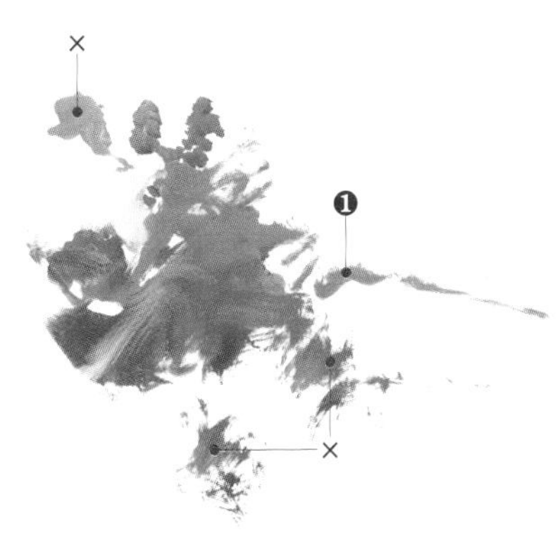

6 再斜一點看的話，看起來像是連身喇叭裙。X記號是要清除的。❶感覺像是手臂上有綁著絲帶。

7 清除不要的部份的狀態。❶好像變成衣領。箭頭是服飾整體當中有曲線感的部份，所以想用來做為細部構造。

8 構圖想好之後就剪掉多餘的部份，貼在人體上。

9 準備模特兒。本次決定使用第126頁行走中的模特兒。將圖畫放大或縮小拷貝比對身體試試看。

10有電腦的人掃描後利用photoshop加工試試看(解析度200以上)。首先影印油畫的圖像，貼在模特兒的畫像上。藍色部份是油畫的圖層(layer)。下面的模特兒被油畫遮住。

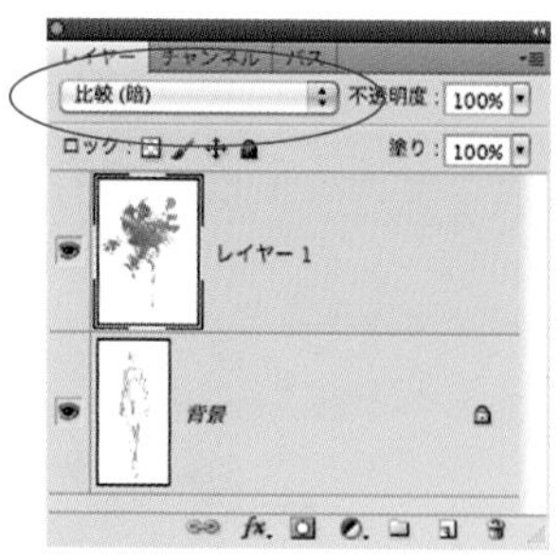

11從功能表列點選「視窗window」→「圖層layer」，點選好之後圖層繪板就會跑出來。然後將油畫的圖層從「一般」改為「比較暗」之後，模特兒就變透明的。

12模特兒的透視狀態。

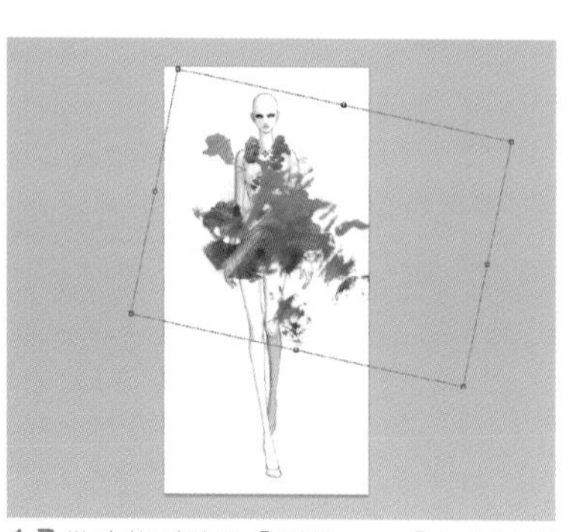
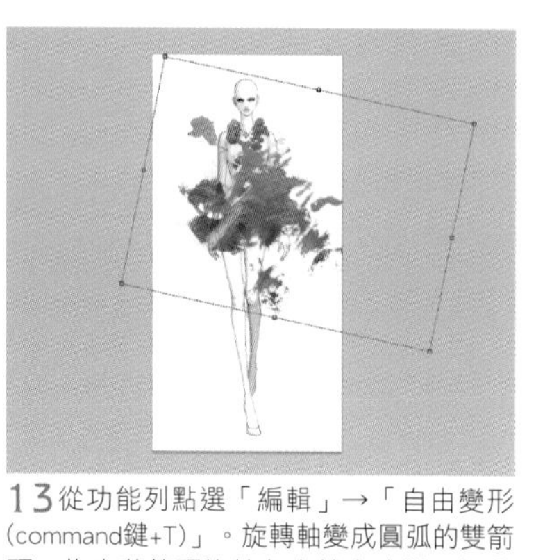

13從功能列點選「編輯」→「自由變形(command鍵+T)」。旋轉軸變成圓弧的雙箭頭，拖曳著箭頭旋轉角度就會改變，押著SHIFT鍵拖曳旋轉軸維持長寬的比例既可以放大縮小。

14完成。
和剪貼一樣的感覺。

15畫出設計圖的草圖。首先從輪廓開始。仔細觀察油畫，掌握住特徵。想重現上半身貼身，往下變寬的輪廓。

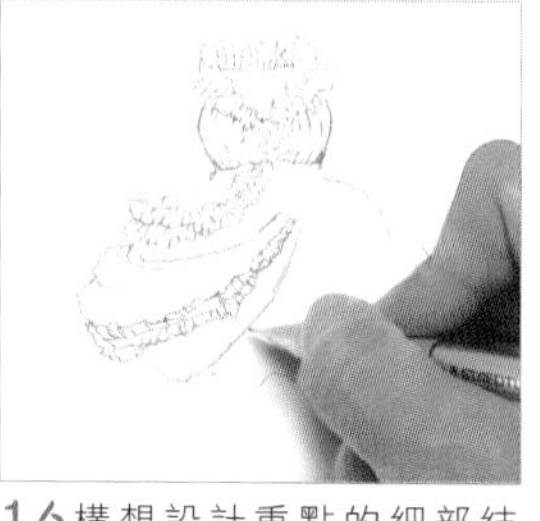

16構想設計重點的細部結構。左右下垂大小的帶子如果直接下垂感覺很笨重。所以設計成雪紡綢的波浪形飾邊。

17也設計其它的細部構造。注意油畫的色澤、筆的方向來設計衣服。裙子的裙襬利用重疊好幾層的塔形(tiered)來呈現。

18完成。

感覺如何呢？
我們生活周遭的所有東西都可以用來做為時裝的設計來源。利用各種物品做為主題，展開設計，來提高設計能力。

Chapter3
紡織原料

所謂紡織原料…

是指布料、花樣，又稱為織品(fabric)。

關於本章的圖片的尺寸 除了一部分以外，是實際尺寸的40%。畫B4大小的設計圖時，將圖片又再縮小成1/2的大小來畫即可。縮小成可以看出圖案的樣子的20%的圖片標示為「20%」。本章是對照B4大小的設計圖的圖案的大小。

紡織物

指所有直的紡織線和橫的紡織線互相交錯編織而成的布料。
它的特徵是不同於編織物即使受到拉扯也不會變長。

線的粗細

決定衣服整體的型。因為會左右整體的感覺所以非常重要。

支數 表示紡紗(紗)粗細的單位。

重量相同(一磅或一公斤)長度是一支的一倍的稱為二支，三倍的稱為三支，支數越多的其粗細成反比的為1/2、1/3。毛線主要的支數，梳毛線為48支(1kg重，長度為48km的線)。60支雙絲紡毛為14支單絲。綿線為以20、40支單絲為主，斜紋棉織布(denim)為10～14支，府綢(poplin)為30～50支，薄府綢(broadcloth)為60支以上的細線。越使用細支的線的紡織品越薄，表面光滑，為高級品。

丹尼爾(denier) 表示纖維或纖絲粗細的單位。

長度9000m的纖絲重量1g的為1支，和支數相反丹尼爾數越大越粗。用S表示，60^{S}(20支單絲)、$60^{S}/_{2}$(60支雙絲)。所謂雙絲是用二條絲搓揉成一條的絲線。一條稱為單絲，三條稱為三絲。

布料(編織物)的三原組織

布料的編織方法分為三大類。

平紋 最單純的織物組織，經紗和緯紗一條一條交錯編織而成的。觸感涼爽。如薄府綢、細麻紗(lawn)、牛津布(oxford)、塔夫塔布(taffeta)、喬其紗(georgette)等。

綾紋 經紗或緯紗在織物的表面交支構成斜線的織物。具有比平紋組織柔和，具伸縮性，不容易起皺等優點。如丹寧布、粗棉布(dungaree)、法蘭絨(flannel)(棉絨)、葛城、軋別丁(gabardine)、嗶嘰(serge)等。
別名：斜紋。

緞紋 盡量減少經紗和緯紗的交織，經緯交錯點並不連續而是分散的，所以有經浮紗的經緞紋和緯浮紗的緯緞紋。具有光澤及柔軟性，觸感亦佳。緞子(satin)為其代表。

1. 天然纖維 取自天然的植物、動物、礦物的纖維的總稱。

植物纖維 指由植物所構成的天然纖維。

種子毛纖維

從植物的種子取出的纖維。指棉紗(cotton)(棉花、木綿)。

1 絨面呢(broadcloth)(broad)

有光澤的平紋，白襯衫布料的代表。紗線越細越高級，高級品觸感就像絲綢。別名：府綢(poplin)

2 牛津布(oxford)

紋路稍粗的平紋，通氣性佳，綿紗製造質地較厚的布料。扣結領(Button down collar)襯衫的代表性布料。大多是白色或淡藍色的淺色布料。

3 丹寧布(denim)

和粗棉布(dungaree)不同，是用靛藍色的經紗和沒有經過漂白或白色的緯紗所織成的斜紋布。不過最近沒有和粗棉布分得很細，將薄的稱為粗棉布，厚的稱為丹寧布是一般的區分標準。白色丹寧布(white denim)、黑色丹寧布(black denim)等粗棉布沒有染色的也稱為丹寧布。

4 錢布雷布(chambray)

是先染成靛藍色的經紗和沒有漂白或白色的緯紗交織而成的平紋布，呈現出獨特的雙色混紡的降霜效果。質地薄的布料。

5 粗棉布(dungaree)

使用未經漂白或白色的經紗和靛藍色緯紗交織而成的布料。質地比錢布雷布厚。

6 絲光卡其軍服布(chino cloth)

比絨面呢厚的斜紋布。使用於卡其褲(chino pants)。

7 葛城

厚的斜紋布，常用於工作服。

8 仿麂皮布料(suede cloth)

單面起毛類似起毛革的布料

9 Burberry防水布(burberry)

棉織軋別丁(cotton gabardine)的一種，倫敦Burberry公司所開發的防水加工布料。質地細緻且有光澤，觸感極佳的紡織品。

10 燈芯絨(corduroy)(菱紋棉天鵝絨)

有縱向綾紋的棉布。縱向綾紋細的(細條燈芯絨)適合做襯衫，粗的(粗條燈芯絨)用來做褲子或夾克。

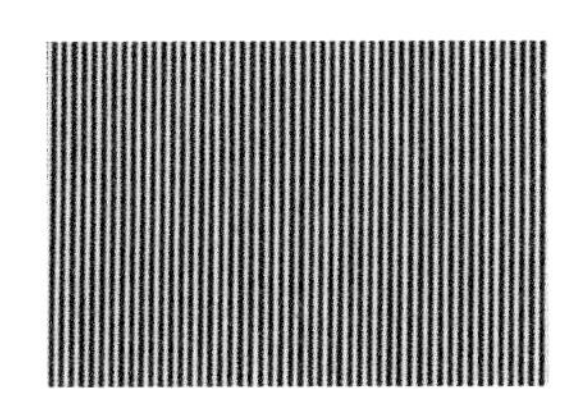

11 細條紋布(cordlane)

夏季服裝用的布料，其特徵是有細條凸紋狀的條紋。

12 凸紋布(pique)

有縱向粗條凸紋的布料。不只有棉布，還有絲綢、人造絲。

13 多臂提花布(dobby cloth)(dobby stripe條紋提花布)

指一排排小圖案的花式織布。

14 華爾紗(voile)

質地很薄透明可見的布料。

15絲絨(velvet)

用經紗起絨(pile)，長毛經紗的紡織物。又稱為天鵝絨(veludo)的布料像絲綢或人造絲是使用長纖絲(filament)。※長纖絲是指長纖維。像絲綢一般一條條纖維接成長長的纖維。反之稱為短纖絲(短纖維)。

16平絨(velveteen)

用緯紗起絨，短毛緯紗的紡織物。就是棉天鵝絨，燈芯絨也是同樣的組織所製作而成的。

17蜜絲絨(velour)

語源來自於意思為毛髮濃密的拉丁語，分為以下三種。①將長毛絨編織(plushstitch)的絨毛剪斷，織成像短的天鵝絨般的立毛絲絨。②和長毛絨(plush)相同意思，將絨毛剪斷，表面露出長毛的編織物。絨毛比絲絨長且厚。③蜜絲絨加工完成的紡毛織物。用於女裝或大衣。

18府綢(poplin)

在緯紗的方向鑲入細條紋的平紋織布，條紋比絨面呢粗。

19波紋布(ripple cloth)

有著像水波般皺褶的布料。不僅有像泡泡紗(seersucker)條紋狀的，還有很多種形狀。

20細棉布(lawn)

薄而細緻且光滑的布料，經紗是使用60～80支，緯紗是使用80～100支。以前是用亞麻纖維編織，現在是以棉紗為主流。

21紗布(gauze)

紋路粗的平織布。質地輕且柔軟，吸水性佳。

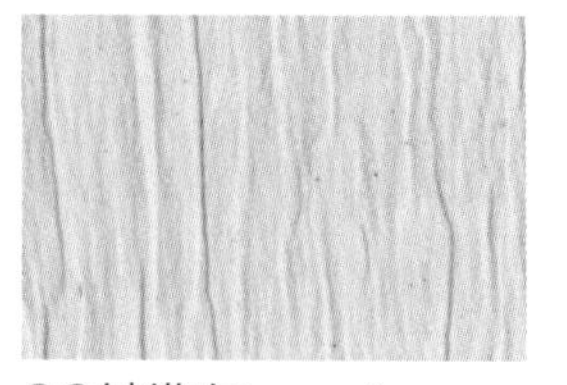

22皺織布(crepe)

表面有皺紋的布料。皺紋是形成在編織物表面的細小凹凸的地方。別名：皺綢。

23楊柳皺
(striped crepe)

縱向有條紋狀的皺紋。

24水洗布(washer)

洗滌後讓布料產生皺紋加工成像皺織布一般的布料。

25縫布(quilting)

在布的上面車上縫線讓包在兩片布之間的羽毛、棉花等固定不動的布料。

韌皮纖維(bast fiber)

取自植物的莖的纖維。

26 亞麻(linen)

耐用且吸水性佳，不易起皺。一般提到麻，就是指亞麻。以比利時及荷蘭產的亞麻(couturai 亞麻)為佳。韌皮纖維除了亞麻以外，還有黃麻、大麻、苧麻等。

葉脈纖維

取自植物葉子的纖維。不用來做衣料。有馬尼拉麻(manila hemp)和西波爾麻(sisal hemp)。

動物纖維 取自動物的纖維。

絲綢

取自蟬繭的纖維，具有最佳的光澤。

1 雪紡綢(chiffon)

將單股線的生絲織成粗平紋的薄而柔軟的絹織品。

2 蟬翼紗(organdy)

一種平紋織布，質地薄且半透明。觸感較硬且有光澤為其特徵。

3 緞(satin)

緞紋編織柔順有光澤的編織品。

4 塔夫綢(taffeta)

極細的橫條紋的平紋織布。經紗編織稠密，使用稍微粗一點的緯紗。

5 富士絹

原本為富士紡織公司的商標，比純白紡綢較沒有光澤。

6 純白紡綢

有光澤質感柔順的平紋織布，也有斜紋和緞紋。

7 廣東皺綢
(crape de chine)

中國的縐紗的意思，據說是參考中國的皺綢所作成的。其特徵是柔軟且有細細的皺紋。

8 喬其紗
(georgette crape)

薄而清透可見涼爽有皺紋的編織物。觸感稍微硬，除了平紋織布以外，也有緞紋喬其紗(satin georgette)或犁地織(像梨子皮一樣粗糙有細小凹凸的織法)的織布。

9 波紋綢(moire)

波紋圖樣的編織物。

10 山東絹(shantung)

名稱取自於柞蠶絹產地中國山東省，一節一節的表面為其特徵。

羊毛(wool)

採集自羊毛的纖維。羊毛有細長光滑的梳毛(worsted)和粗短不密實的粗呢(tweed)。廣義上也包含羊以外的山羊、駱駝、及兔子。別名：毛呢

梳毛(worsted)

1 軋別丁(gabardine)

密緻堅韌的斜紋布，斜紋呈60度角。耐用、保溫性佳，除了羊毛以外也使用棉、麻、聚脂纖維。

2 嗶嘰(serge)

羊毛中實用性最高的斜紋布。斜紋的角度為45度。

3 克爾賽呢(kersey)

非常堅韌的厚斜紋布。其特徵是條紋很明顯。使用於需要耐穿的軍服。

4 羊絨皮(doeskin)

表面類似雄鹿皮的梳毛的五經緞紋組織。質地稍厚、有光澤，最高級的羊毛皮，用來製作禮服。

5 夏季衣料(tropical)

用細支數的線織成粗密度的平紋織布。為夏季服裝的薄衣料的代表性衣料，其特徵是很涼爽。

6 鯊魚布(sharkskin)

經、緯紗用白紗和染色沙一條條交錯而成的斜紋織布。利用清除加工除去表面的細毛。質感好像鯊魚皮因而命名。

7 花式斜紋布
(fancy twill)

為梳毛布，質地厚、沉穩的光澤的斜紋布。寬且稍微凸起、角度大的凸紋為其特徵。

8 威尼斯緞紋布
(venetion)

緞紋的梳毛布。光滑有光澤的厚布，用於製作禮服。

9 波拉呢(poral)

梳毛平紋織布，透氣性佳、觸感涼爽的夏季衣料。

粗呢(tweed)

10法蘭絨(flannel)

輕而柔的粗呢織物。布料的表面有起絨所以很溫暖。棉織物的稱為綿絨或棉法蘭絨(otton flannel)，用於格子花紋的工作衫。

11棉結粗花呢
(nep tweed)

指愛爾蘭的多尼戈爾郡(Donegal)出產的手工編織粗花呢。為3～5支的單股粗呢，用白色的經紗、混有彩色棉結的緯紗的平紋織物。別名：多尼戈爾粗花呢(Donegal tweed)。

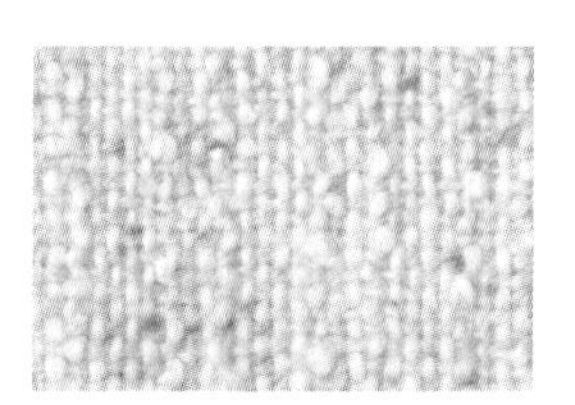

12雪特蘭粗花呢
(Shetland tweed)

取自英國蘇格蘭(scotland)的雪特蘭島(Shetland)上羊群的毛所編織的粗毛呢，質感柔軟膨鬆。

13海力司粗花呢
(harris tweed)

產於英國蘇格蘭的西北部外赫布里群島(outer hebrides)的起毛粗花呢，織的不密實厚重的毛織品。

14環狀粗花呢
(loop tweed)

海力司粗花呢的一種，英國蘇格蘭西北部路易斯島(Lewis)產的手工紡織呢(homspun)。

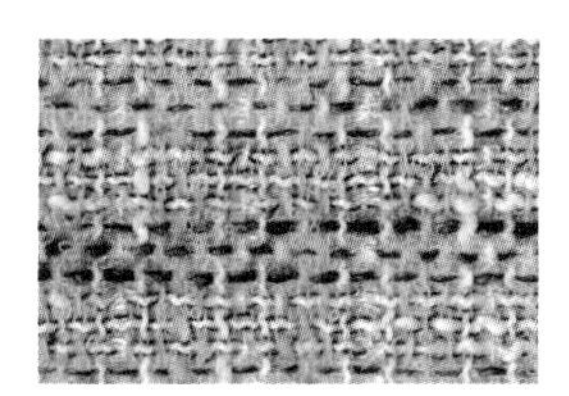

15花式粗花呢
(fancy tweed)

圖案和織法與眾不同的粗花呢。。

16莫爾登呢(melton)

經紗和緯紗都是使用粗而柔軟的粗呢線，表面的絨毛較短的毛織物。觸感柔細質的非常厚，所以適合防寒用。

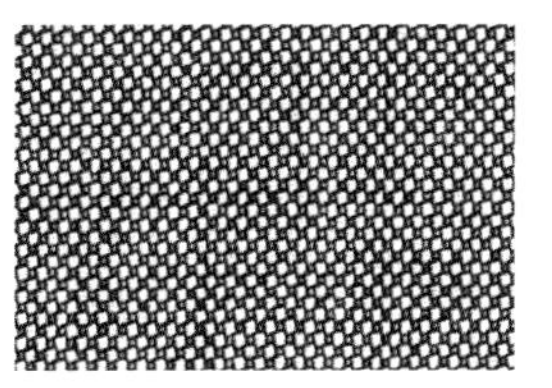

17鳥眼花紋毛織物
(bird's eye)

羅列著像鳥眼般小且有白色圓點的毛織物。

18(mosser)

質感像青苔的粗呢。

獸毛纖維

指羊毛、蠶絲以外的以動物為原料的纖維。

19喀什米爾羊絨
(cashmere)

喀什米爾山羊的毛所編織而成的，毛質細而柔軟，是最高級的羊絨。

20安哥拉羊毛(mohair)

取自安哥拉山羊質感滑順、色澤白且帶有美麗光澤的纖維。纖維非常長，用來做為高級布料。

21安哥拉兔毛(Angola)

安哥拉兔毛編織而成的，和一般的羊毛混合使用。其特徵是輕而保暖。有的也指安哥拉山羊。

2. 化學纖維

指經過化學處理所製作出來的纖維。

有機纖維

指由有機物當中的植物、動物、石油等所製作出來的化學纖維。

再生纖維

將纖維素(cellulose)利用藥物溶解之後再製造而成的化學纖維。

1 人造絲(rayon)

原料為紙漿(pulp)。具有如絲般的光澤，染色性也高，容易起皺。

2 銅氨纖維 (cuprammonium rayon)

原料為棉絨(cotton linter)。經過銅氨加工的纖維。由極細的線所製造而成，具有光澤感。

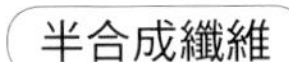

半合成纖維

使用天然纖維的原料所合成的化學纖維。

3 醋酸纖維 (acetate fiber)

原料為棉絨紙漿(linter pulp)或木材紙漿。由醋酸纖維素和纖維素製作而成的醋化度45%以上的纖維。具有接近絲絹的光澤及觸感，但抗磨損性差。

4 三醋酸纖維 (triacetate fiber)

醋化度59.5%以上的纖維。和醋酸纖維同樣帶有近似絲絹的光澤及觸感，但這種纖維更佳。吸濕性差但耐熱性高。

5 牛奶纖維(promix)

由丙烯腈(acrylonitrile)和牛奶所製作而成。具有如絲絹般的美麗光澤和觸感。

合成纖維(合纖)

由石油、煤炭、石灰石等有機物所製作而成的化學纖維。

6 丙烯腈系纖維(acryl)

類似羊毛膨鬆柔軟。

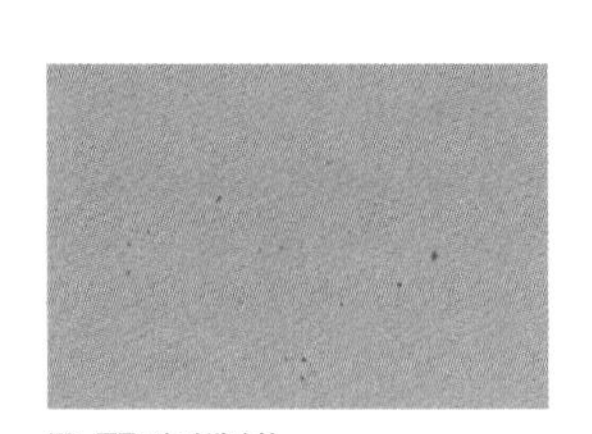

7 聚酯纖維 (polyester fiber)

原料為石油或天然氣等。具有韌性不易起皺，快乾不易吸水。利用高科技技術製作而成的新合纖具有天然纖維所沒有的獨特質感，不同於單純的聚脂纖維具有高級感。

8 尼龍(nylon)

耐用且輕，不易起皺。用於長筒襪。是很有名的世界首創的合成纖維(1936年)。

9 聚氯乙烯纖維 (polyvinyl chloride,PVC)

原料為煤炭、石油、天然氣。帶有負靜電。

針織物(knit)

編織物。將一條毛線打出環狀的結，編成布料。因為具有伸縮性，所以不需構造線也很容易做出合身的服飾。織法有環結往橫的方向連結編織成布料的橫織，和環結往質的方向連結編成布和環結往質的方向連結編成布料的直織。
別名：針織品
※針距(gauge)：1.5英吋(3.8cm)中的針數。

1 低針距(low gauge)
目數≦3～5的針織物。必然要使用粗的線。

2 中針距(middle gauge)
目數在6～10的針織物。

3 細針距(fine gauge)
高針距當中使用特別細號數的線編得很緊密的針眼。

橫織

4 平織
橫織最基本的織法。用於T恤等。別名：天竺織。

5 鬆緊編
看起來有直向條紋。用於針織物或防寒外套的領子或袖口。別名：羅紋織。

6 內裏毛織
外面感覺和平織一樣，但是裡面是起絨的內裏，質厚保暖性高。用於運動外套或派克大衣(parka)。

7 鹿子針織
由平織變化而來的編織法，針眼圖案為其特徵。用於polo衫。

8 特里科經編(tricot)
針眼為二層的編織法。

9 網眼編
網狀的編織物。用於網子或薄紗(tulle)。

針法(stitch)

針眼、織法的總稱。

花式織法(fancy stitch)(變針)的變奏曲

1 麻花編(cable)
Tilden 毛衣(Tilden sweater)和艾蘭毛衣(Aran sweater)常見的繩狀圖案編織。別名：鎖鏈編、繩編。

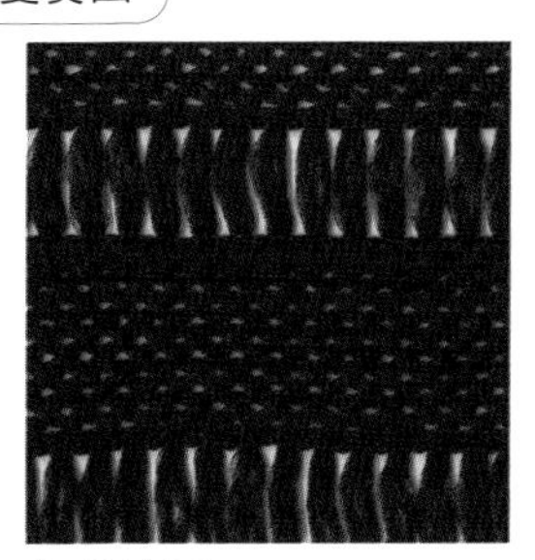
2 蕾絲編
如蕾絲般有洞可以看透過去的編織物。

3 提花(jacquard)
指讓圖案浮現出來的編織物。

其它紡織品

蕾絲(lace) 空隙多，有設計圖案的紡織品。

1 薄紗蕾絲(tulle lace)

tulle是指六角形網眼的薄紗。在薄紗上設計圖樣的紡織物。

2 塑膠蕾絲
(chemical lace)

利用化學處理設計圖案的蕾絲。

圖案的變奏曲

條紋 **stripe** 指條紋圖案。狹義上指直條紋。

素材：棉

1 針尖波點條紋
(pinstripe)

最細的條紋花樣。

2 鉛筆細條紋
(pencil stripe)

好像用鉛筆畫的細條紋，比粉筆條紋細，比針尖波點條紋粗。

3 倫敦直條紋
(London stripe)

底色和條紋寬度一樣的條紋花樣。寬條紋的稱為塊狀條紋(block stripe)。

4 極細線線條
(hairline stripe)

細條紋緊密的排列著。

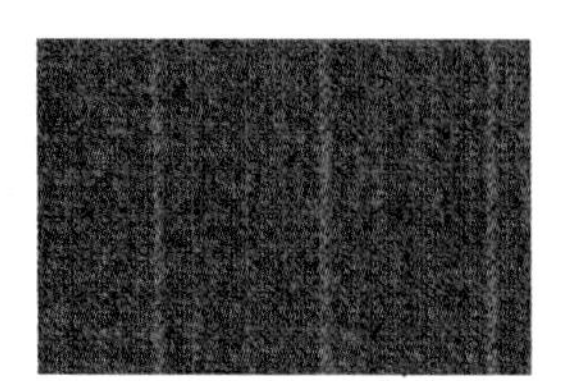

5 粉筆條紋(chalk stripe)

像用粉筆畫的細條紋。

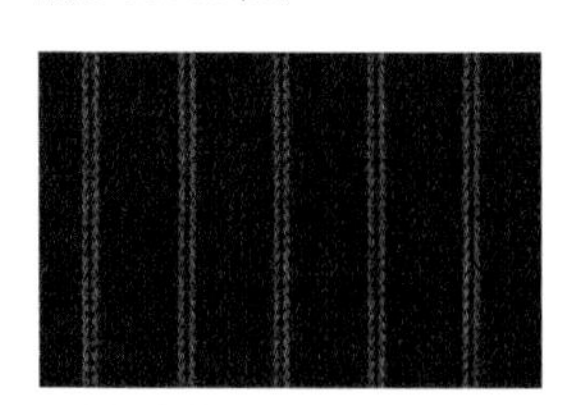

6 雙線條(double stripe)

指二條一組的線條。

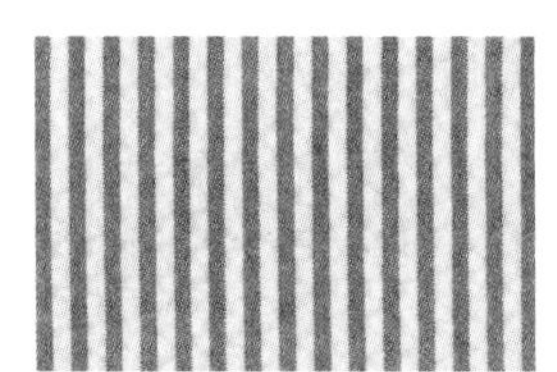

7 皺條紋
(seersucker)(sucker)

表面有波狀的伸縮。棉質運動衫布料、白底配上單色的條紋為其特徵。

8 藍白或棕白條子斜紋襯衫布(hickory stripe)

斜紋織的棉布底配上條紋花樣是很普遍的。經常使用於工作衫(工作用的襯衫)或連身工作服。

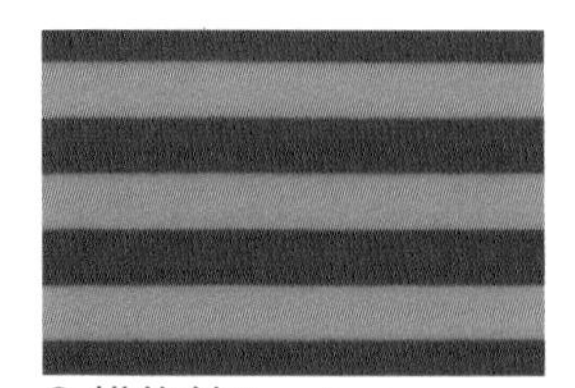

9 橫條紋(border)

指橫的條紋。

素材：羊毛

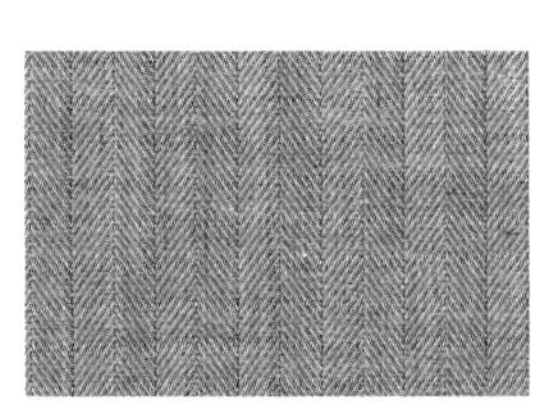

10 人字紋
(herring bone)

模倣鯡魚骨頭的花樣所構成的條紋。

格子紋(check)

素材：棉

11格紋(gingham)

用細支數的染色線和漂白線織成平紋的格子花樣。

12馬德拉斯格紋(madras check)(20%)

底色和花紋的寬度相同的花樣。寬的圖案稱為塊狀條紋。

13塊狀格紋(block check)(20%)

白色和黑色、或同顏色濃淡不同的二個顏色交錯成棋格狀排列的格子紋。

14蘇格蘭格紋(tartan check)(蘇格蘭彩格布tartan plaid)(20%)

原本是蘇格蘭所編織稱為clan的氏族特有的格子紋做為名門家傳的家徽。每個氏族的花樣類型不同，據説有一百種以上。使用棉絨等厚的布料。

15Burberry格紋(20%)

又稱為「Haymarket 格紋」或「Burberry經典格紋」。一開始是1924年Burberry用在風衣(trench coat)的內裏。現在Burberry有登記註冊商標。

素材：羊毛

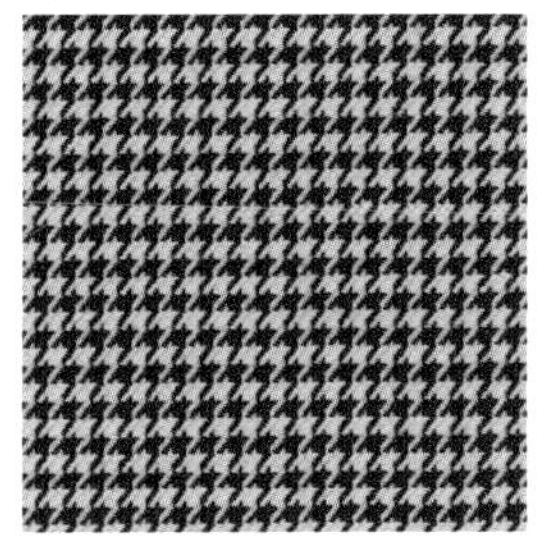

16千鳥格紋

(hound tooth check犬牙格)狀似犬的牙齒的圖案所構成的格紋。別名：星格紋(star check)、犬牙格(dog tooth)

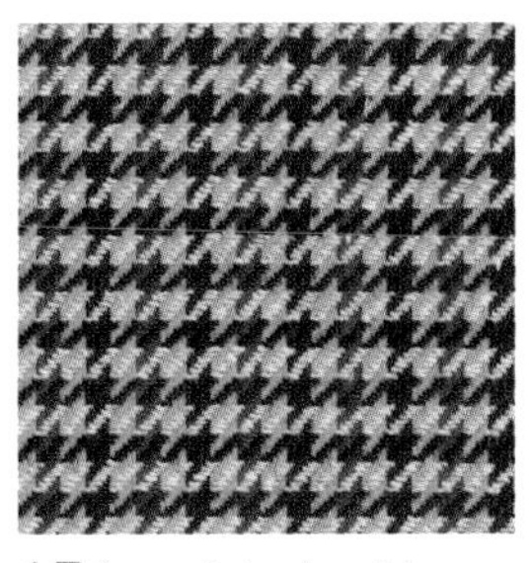

17(gunclub check)

使用二種顏色的千鳥格。

18牧羊人格紋(shepherd check)

(兩種顏色的小方格紋)白底上有搭配有色紗線的小方格花樣，黑色塊狀條紋裡的白色斜線看起來像是從右上斜下來。

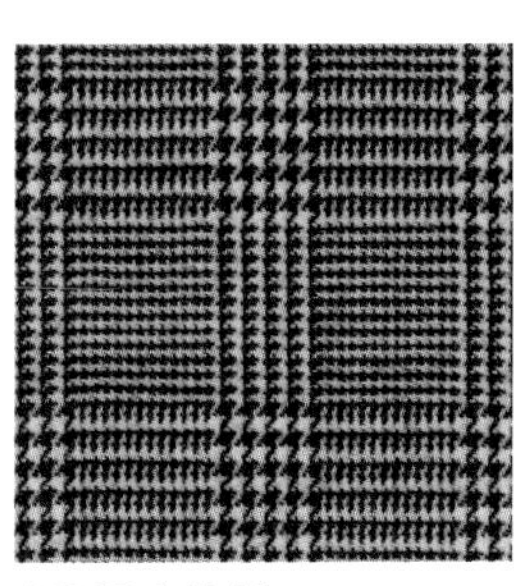

19黑白格紋(glen check)

(glenurquchart check)由千鳥格和細格紋所組合成的格紋。別名：格倫格子呢(glen-plaid)

其他花樣

圓點(dot) 指水珠圖案

20 針狀小點(pin dot)

點狀斑的小圓點。

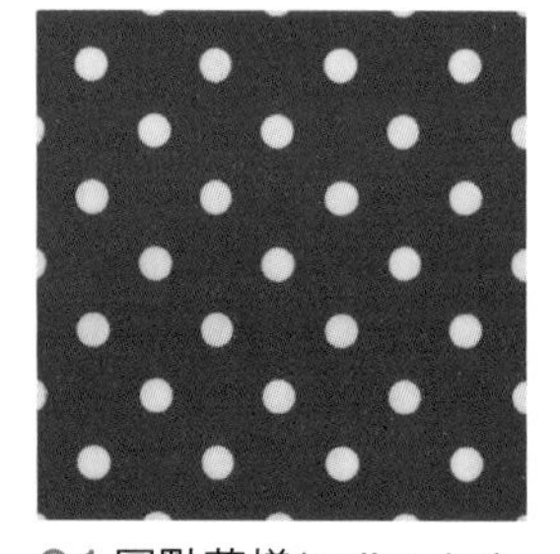

21 圓點花樣(palka dot)

直徑0.5～1cm左右的水珠圖案。

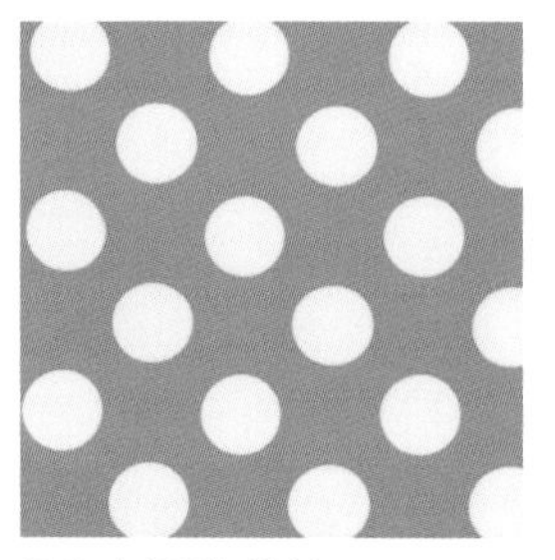

22 大圓點花紋(coin dot)

如硬幣般大小的水珠圖案。

23 較大圓點圖案(spot)

比大圓點花紋還要大的圓點。

24 印花圖案
(flower print)(20%)

花朵圖案。顏色和形狀等有很多的圖案。

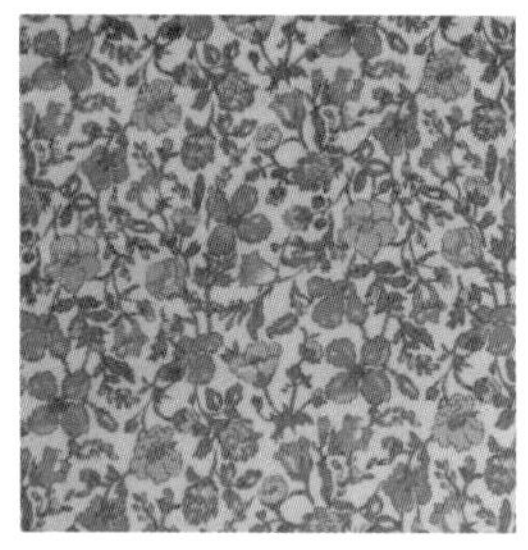

25 碎花圖案
(liberty print) (20%)

1874年創立的倫敦Liberty公司所創的圖案。或是指模倣其圖案的碎花圖案。初期的圖案是稱為新藝術派(Art Nouveau)從十九世紀末到二十世紀初席捲歐洲的世紀末藝術樣式的有機花朵為其特徵，這是受到日本傳統工藝和浮世繪很大的影響。

26 佩斯利渦旋紋
(paisley) (20%)

原本是印度的喀什米爾的喀什米爾披肩所使用的圖案。十八世紀初，此圖案被引進蘇格蘭的佩斯利市，由該處傳到世界各地。

27 透明布(see through)

可以看到裡面的布料的總稱。使用蟬翼紗(organdy)、喬治紗(georgette)、巴里紗(voile)等輕而薄的紡織物。素材為絹、綿、毛、麻、人造絲、聚酯纖維等。

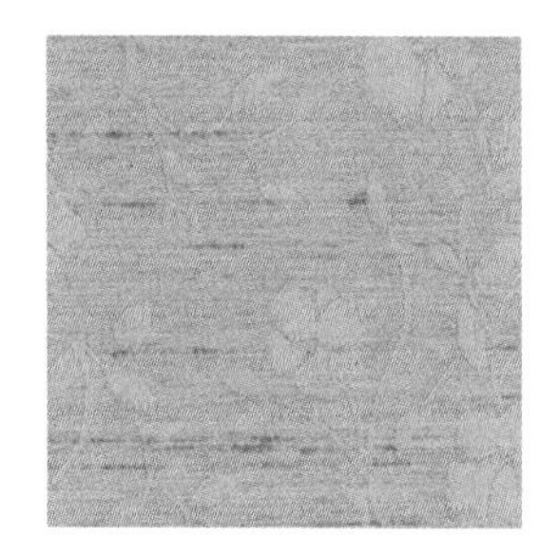

28 緹花(jacquard)

使用可以織出大花紋的穿孔卡的設備的織紋。

29 鏈圈印花
(chain print)(20%)

以鏈子為主題的印花圖案，有高級華麗的感覺。

30 刺繡

在布料表面施與裝飾手藝又稱為“線畫的繪畫”的花樣。

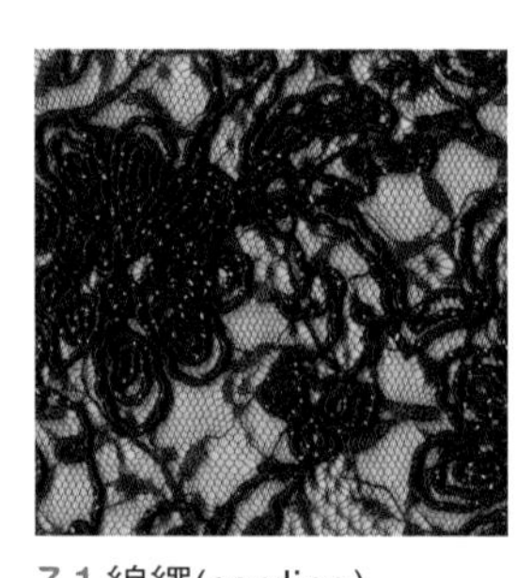

31 線繩(cording)

施與繩繡的圖案。

皮革

皮是指將動物的皮剝下來的生皮。大動物稱為hide，小動物稱為skin。

革是指避免生皮腐爛經過加工的製品，大動物稱為leather，小動物稱為skin。

動物皮革/家畜動物皮革

牛

1 胎牛皮

毛色光澤非常美麗。除了牛以外還有馬。剛出生的小牛的毛皮革，是牛皮中的最高級品。別名：腹子(unborn)

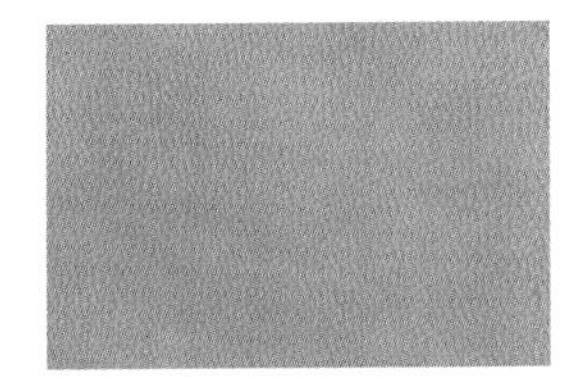

2 小牛皮(calfskin)

出生六個月以內的小牛的皮革。皮革損傷少，肌理細緻光滑。是牛皮中的高級品。

3 幼牛皮(kipskin)

出生一年以內的幼牛皮革。光滑度比小牛皮差一點。

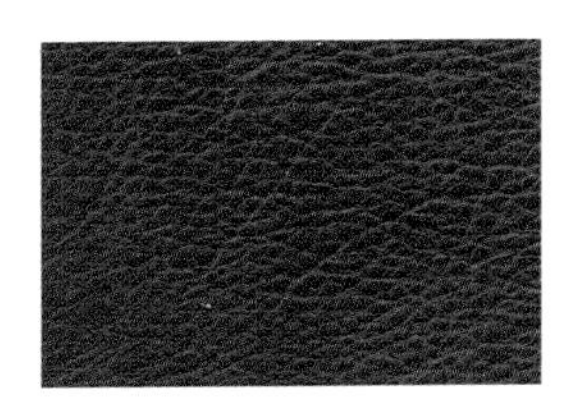

4 閹牛皮(steerhide)

出生後3～6個月以內就閹割的二歲以上的公牛的皮。質地硬而堅韌。占牛皮產量的70%。

羊

5 小羊皮(lambskin)

指小羊的皮。皮革柔軟輕薄耐用。最受歡迎的皮革。

6 綿羊皮(sheepskin)

成羊的皮革。肌理細緻韌性強。

山羊

7 小山羊皮(kidskin)

指小山羊的皮。薄而柔軟價格昂貴。

8 山羊皮(goatskin)

成年山羊的皮。薄但有彈性。有很多小傷，但不會變形，有高級感。

鹿

9 鹿皮(deerskin)

指鹿的皮。柔軟質厚堅韌。皺紋是它的特徵。

豬

10 豬皮(pigskin)

指豬的皮。表面有獨特的毛孔花樣。透氣性佳，耐磨。常被用來做為襯裡。

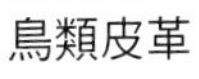

鳥類皮革

11 駝鳥皮(ostrich)

指駝鳥的皮。拔掉羽毛痕跡的旋渦狀毛孔為其特徵。

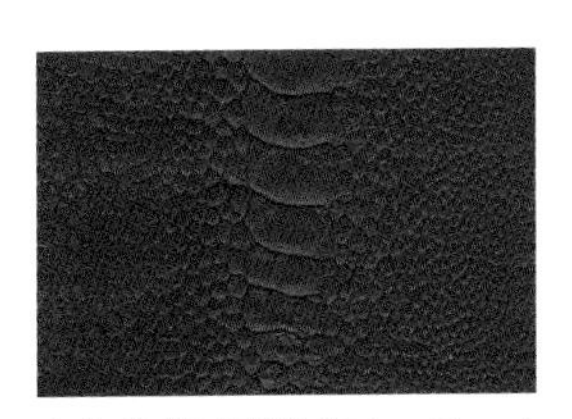

12 倫駝鳥腳皮(ostleg)(20%)

指駝鳥腳的皮。

爬蟲類皮革

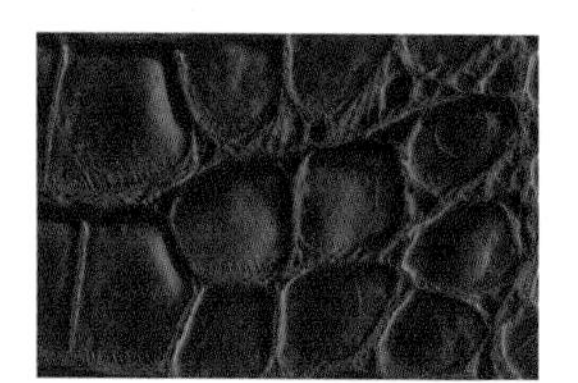

13鱷魚皮(crocodile)

鱷魚皮的一種。是鱷魚皮中的最高級品。

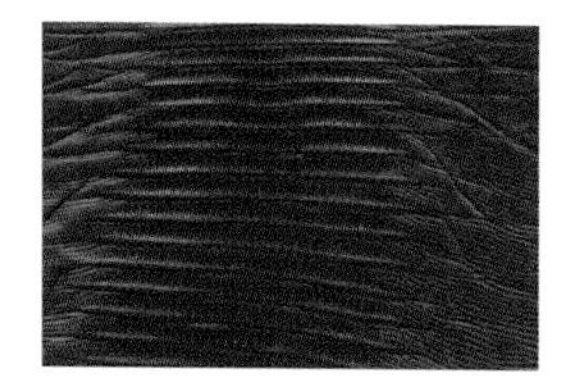

14蜥蜴皮(lizard)

蜥蜴的皮革的總稱，用來製作高級包包或錢包、皮鞋等。

15鬣蜥蜴皮(iguana)

主要生活在中南美洲。從頭部到背部、尾巴佈滿鬃毛狀的鱗片，所以使用所以使用腹部做皮革。

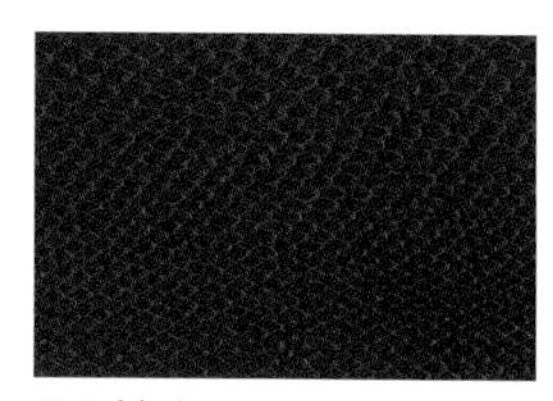

16蛇皮(snake)

指小蛇的皮。大蛇稱為蟒蛇皮(python)。

17蛇腹皮

指蛇的腹部。

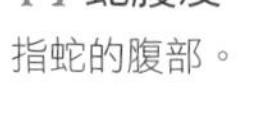

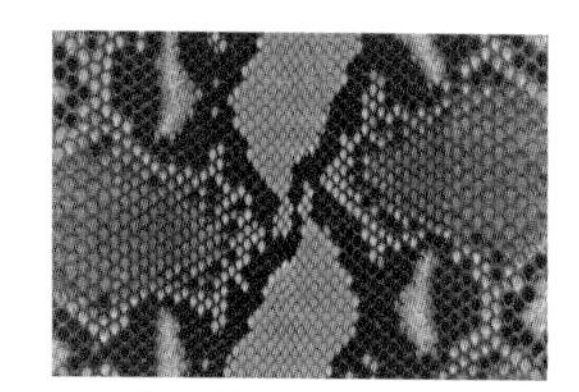

18鑽石蟒

(diamond python)(20%)

蛇鱗片狀如鑽石的蛇。

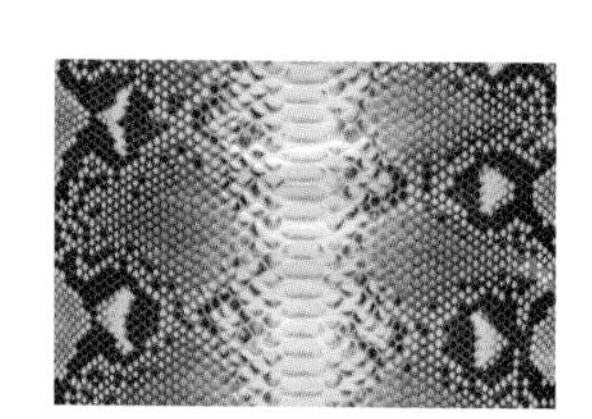

19小型鑽石蟒

(baby python)

鑽石蟒的小型種。鱗片比鑽石蟒小，所以用來做成小物品。

水棲類皮革

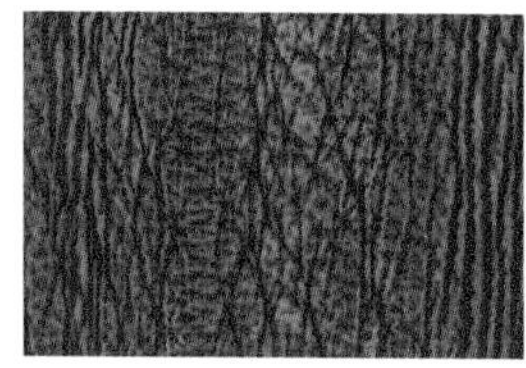

20鯊魚皮(shark)

指鯊魚的皮。常用來做小東西。

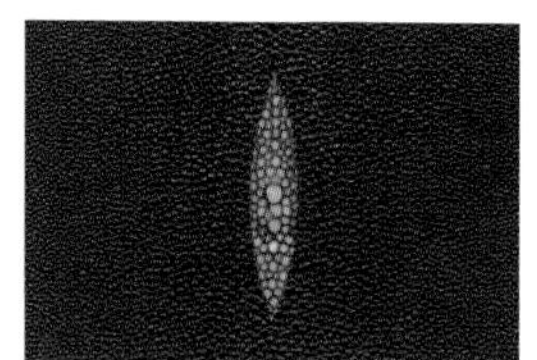
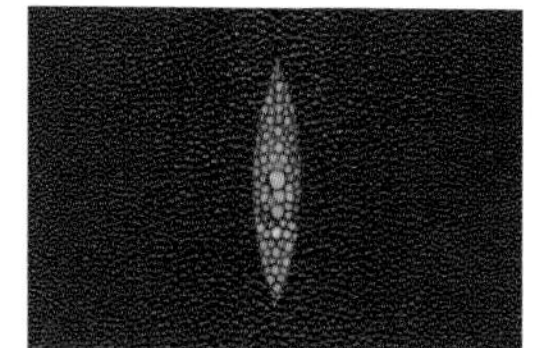
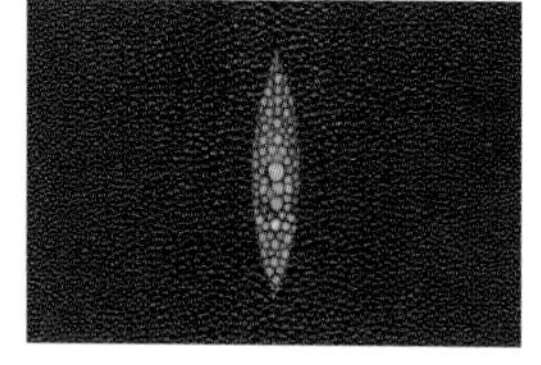

21魟魚(ray)

鯊魚的近親。生活在熱帶、亞熱帶及溫帶海域。使用背部部份做皮革。

皮革的潤飾及加工

22起毛革(suede)

用細砂紙磨皮革內側讓皮革起毛的製品。

23天鵝絨(velour)

用砂紙磨成牛皮的內面使其起毛的製品，毛絨比起毛革長且粗。

24鹿絨皮(buckskin)

buck是指公的有角獸，將鹿皮的銀面(皮革的表面)用砂紙等磨擦讓表面起毛的製品。

25牛巴戈皮(nubuck)

用砂紙輕輕的磨擦牛皮的銀面讓皮革起毛的製品。

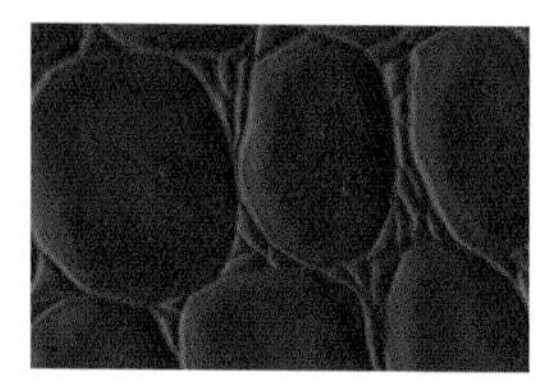
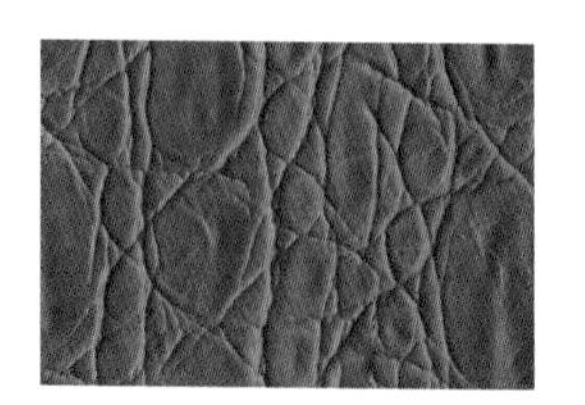

26銀面革

施予鉻鞣保存銀色加工成很有質感的製品。

27漆皮

(enamel leather)

表面塗上合成樹脂使表面有光澤的製品。

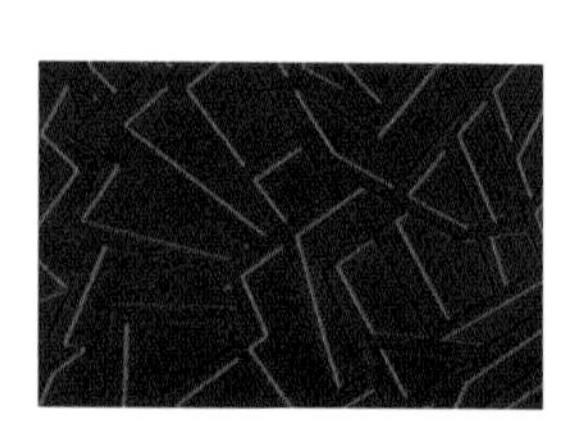

28壓紋(emboss)加工

指壓出浮雕圖案。利用熱和壓力加壓模子製造圖案的製品。

毛皮(fur)　動物皮表面有帶毛的皮革。是服飾史最開始使用的素材。

1 貂(mink)

指鼬科的小動物。毛色美麗觸感也很好且耐用，所以是毛皮中最受歡迎的。本圖為藍寶石水貂(sapphire mink)。

2 狐狸(fox)

指狐狸。毛很長，有彈性所以很有充滿野性的感覺。有白金狐皮(platina fox)、銀狐皮(silver fox)、紅狐皮(red fox)、染色狐皮(dyed fox)、藍狐皮(blue fox)等毛色種類繁多。本圖為藍狐皮。

3 兔子(rabbit)

指兔子的毛皮。短毛天鵝絨狀的毛為其特徵。

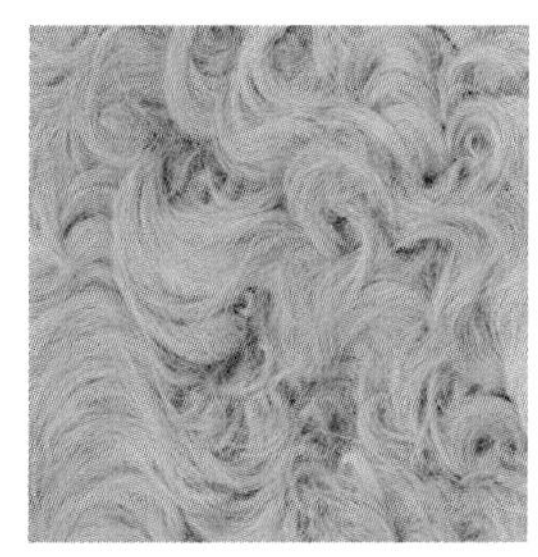

4 小羔羊(baby lamb)

指剛出生的小羊的皮。毛是捲曲的。

5 羔羊(lamb)

指小羊。種類很多，由長毛到短捲毛的都有。

6 綿羊(mouton)

將羔羊的捲毛剪短加工過的毛皮。

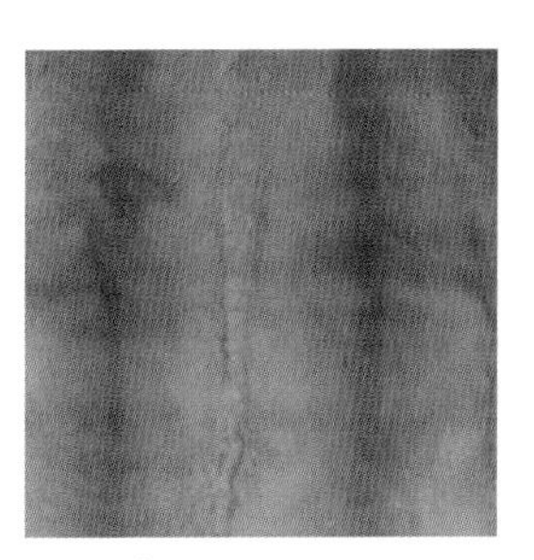

7 土狼(coyote)

生長於北美到中美洲的狼的近親。

8 鼬鼠(weasel)

指鼬鼠的毛皮。和水貂很類似，但在柔軟度和光澤上較遜色。

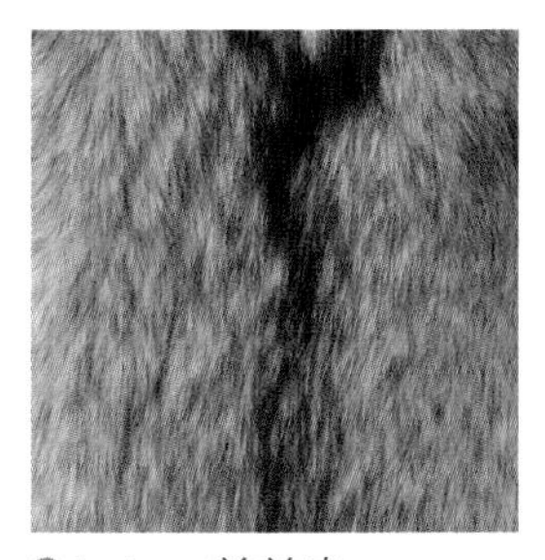

9 kalgan羔羊皮(kalgan lamb)

中國產的代表性羔羊的一種。白色捲毛是它的特色。毛的長度稍短，毛質稍微柔軟但較沒有光澤。

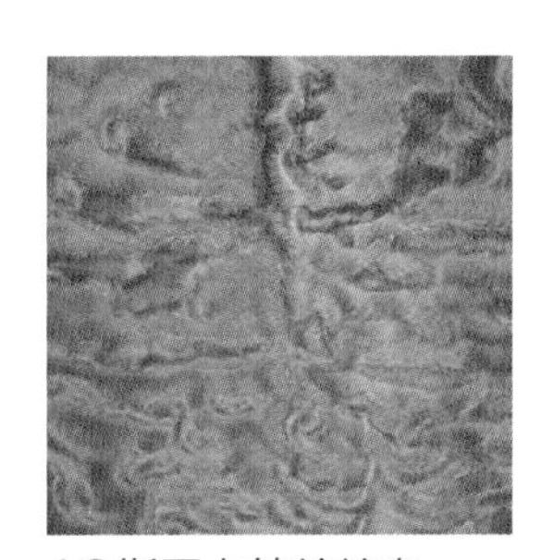

10 斯瓦卡拉羔羊皮(SWAKARA)

指在母羊腹中胎羊的毛皮。光澤非常豔麗而且是捲毛有著獨特的風采。超高級品。

11 海狸鼠(nutria)

西班牙語是指水獺(的毛皮)的意思。原產地在南美洲。

12 人造皮(fake fur)

仿毛皮製造而成的紡織物。假皮草。

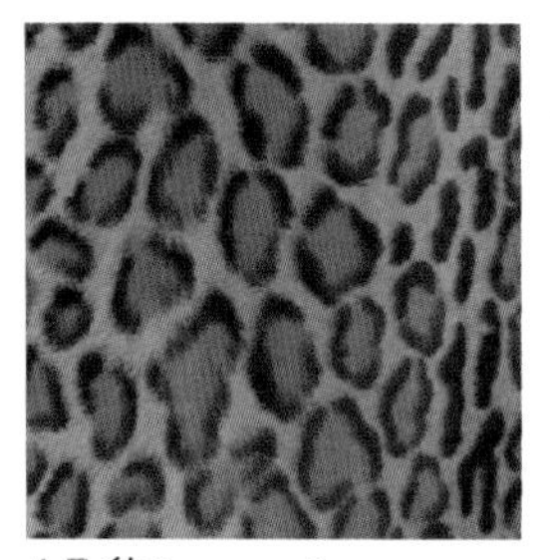

13豹(leopard)
指豹。其特徵是黑色圓形圖案。

14斑馬(zebra)
指斑馬。黑白條紋為其特徵。

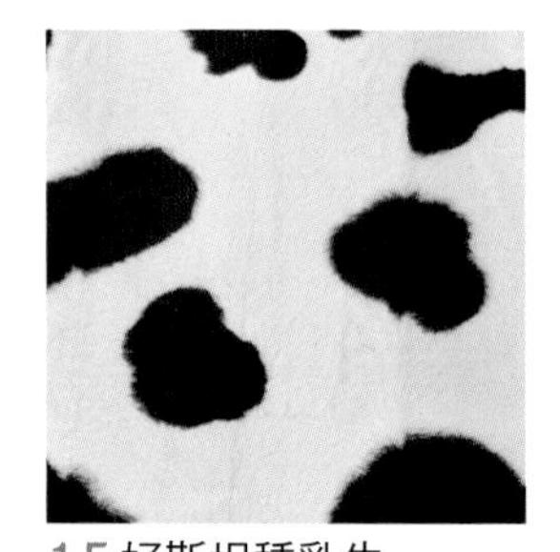

15好斯坦種乳牛(holstein)
牛的一種。黑底白斑為其特徵。

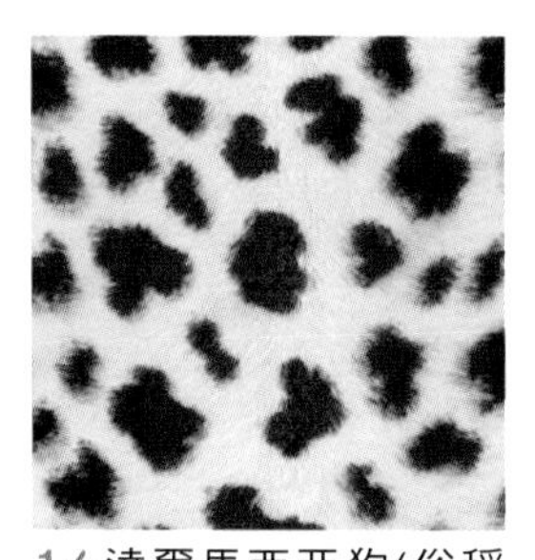

16達爾馬西亞狗(俗稱大麥町狗)(dalmatian)
狗的一種。黑白花紋為其特徵。

17松鼠
短而柔軟的毛為其特徵。質感非常輕。俄國的懶猴(loris)被認為是最高級品，灰色和白色的美麗對比很有魅力。

印花人造毛皮

毛皮的印花加工是為了讓便宜的毛皮素材看起來更美觀的處理方法。但是近年來演變成人工設計圖案，可能性無限延伸。

18千鳥格紋
本圖的底布是淺咖啡色貂皮(pastel mink)。

19雙色相間方格花紋
本圖的底布是珍珠色貂皮(pearl mink)。

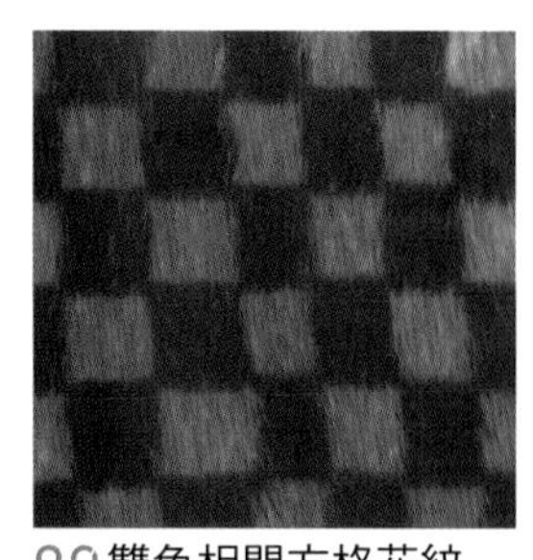

20雙色相間方格花紋
本圖的底布是鐵灰色貂皮(blue iris mink)。

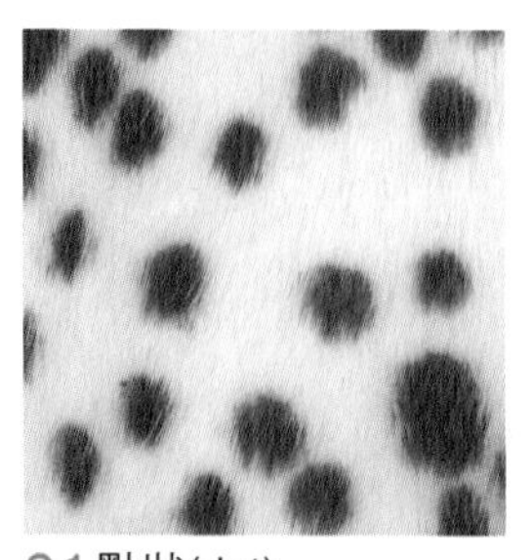

21點狀(dot)
本圖的底布為白色貂皮(white mink)。

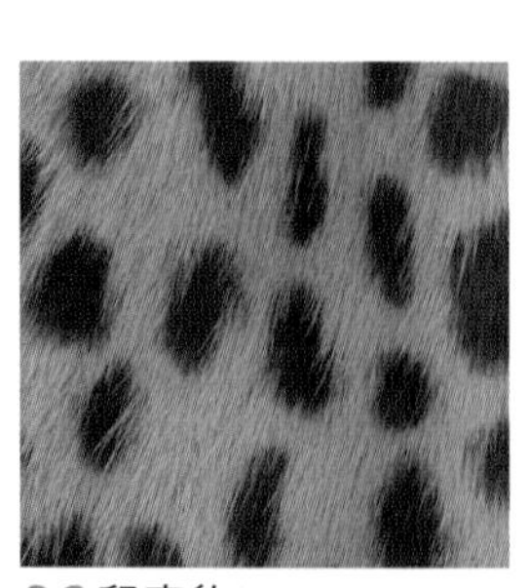

22印度豹(cheetah)
本圖的底布為海狸鼠皮(nutria)。

Chapter4
服飾設計表現技法

現在我們來研究服裝設計的表現技法。
將自己腦中的設計圖畫出來讓別人知道的圖稱為設計圖，大致分為二個部份。

造型圖 (風格圖、版型)：指表達服裝造型的「人物畫」。因為是畫出人穿著服裝的模樣，所以不僅是服裝的外形，連款式(穿著)也可以畫出來。
項目圖 (衣架圖、平面圖、版型)：指詳細畫出服飾的造型及構造的「平面圖」。
有正面設計圖(front style)(FS)及背面設計圖(back style)(BS)。

項目圖於「Chapter 2設計構想」就已經提過，所以本章節來我們討論關於造型圖。

Section 1 設計圖的造型圖

成衣製造商的造型圖具有將穿著的感覺具體表現出來的設計圖的功能。畫這類造型圖時有三大重點，那就是「人體」、「著裝」、「上色・陰影」。
那麼接下來我們就來探討這三大要素。

人體 比例(propotion)

這世上穿起衣服最好看的就是時裝模特兒。服裝設計圖所畫的人體的比例就是參考他們的身材。就讓我們實際來看看究竟他們是擁有怎樣的身材。

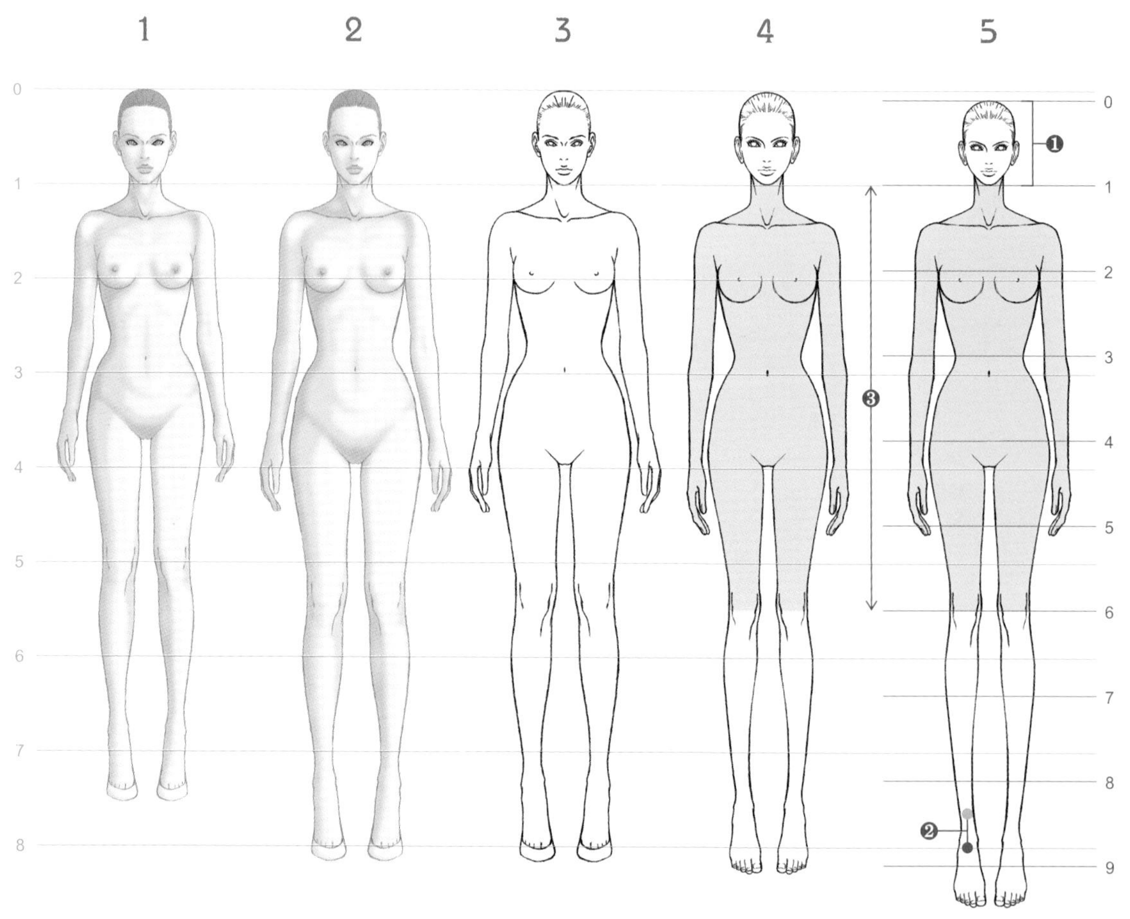

❶將八頭身的臉部縮小10%
❷將腳踝的位置移到⑧。
❸粉紅色的部份是要穿上衣
的部份。這部份模特兒和一
人沒什麼兩樣。此部份比例
均衡的話，就會像造型圖一
做不出實際的服裝，所以不
是八頭身或九頭身，最重要
是不要隨便變更穿上衣服的
份的比例。

姿勢 服裝設計圖的姿勢只有站姿。不用像漫畫家要畫出用餐的畫面或行走的畫面等人類生活全部的模樣。視線高度也經常保持在正面，所以不需要考慮俯瞰或仰望等姿勢的變化。也就是說，確認關節的位置，可以一面維持關節之間部位的形同時移動的話，就可以畫出美麗的站姿。一定要注意的是經常描繪同樣比例的人體。如此一來不但可以正確的畫出衣服的輪廓(長度和寬度)，也會提升設計能力。

九頭身人體的關節位置 ●記號為關節。

❶正中線。指軀幹。通過身體正中間的線，為服裝前中心重要的線。有頸部、軀幹、腰三條。
❷前頸點(front neck point)
❸腰線(waist line)
❹臀線(hip line)
❺從前頸線延伸下來的垂線為重心線。雙腳站立時重心線延伸到步伐的中央。

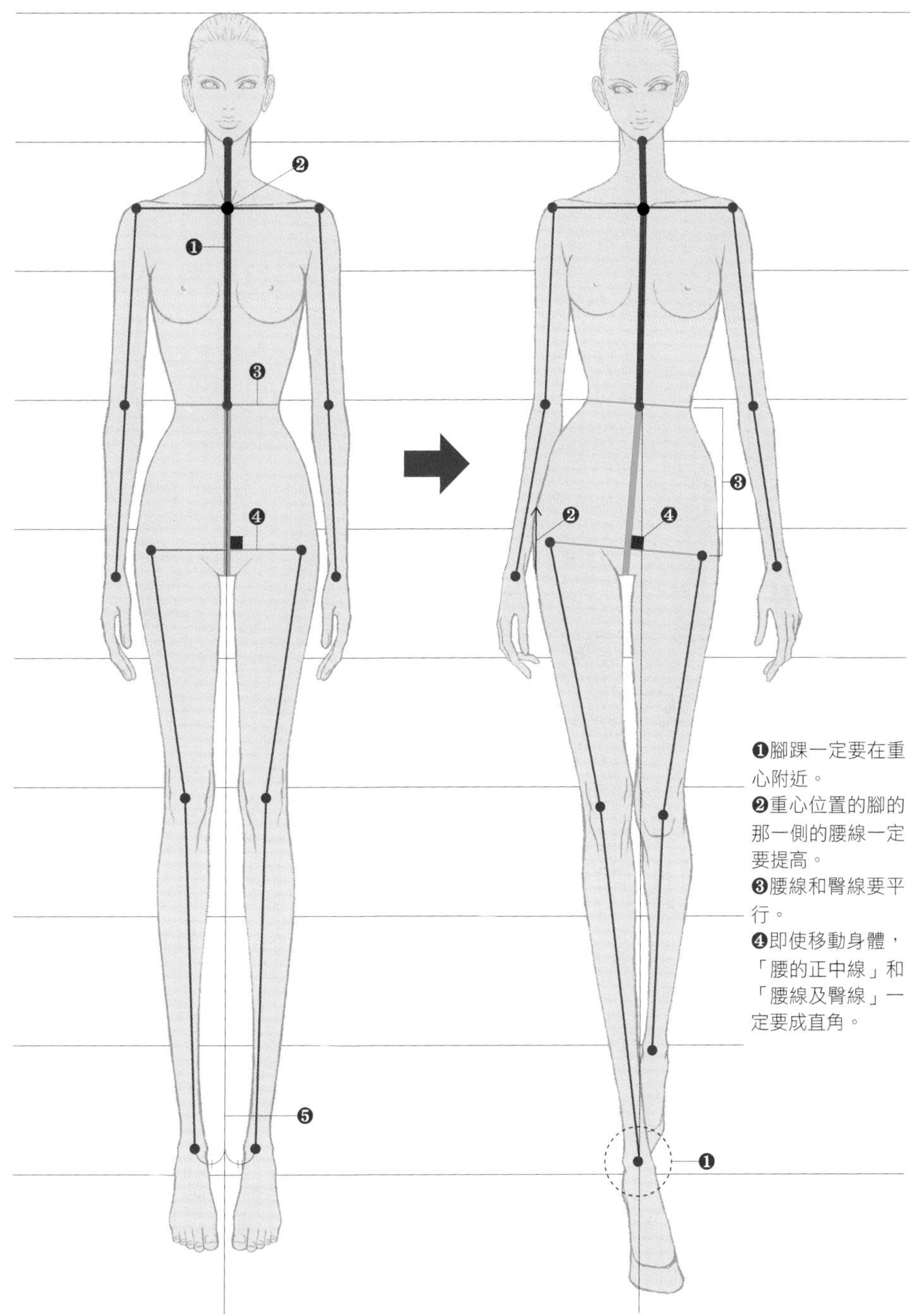

❶腳踝一定要在重心附近。
❷重心位置的腳的那一側的腰線一定要提高。
❸腰線和臀線要平行。
❹即使移動身體，「腰的正中線」和「腰線及臀線」一定要成直角。

1 一般人的體型的複製版
介於七頭身到八頭身之間。

2 時裝模特兒的體型的輪廓的複製版
八頭身。比起一般人手腳較長，頭較小，所以服裝要講求比例。本圖雖然是正確的描摹模特兒的體型，但是看起來有點胖。將立體平面化時看起就會比較胖。

3 時裝模特兒體型的線圖
如果沒有陰影，看起來就會更胖。

4 造型圖的八頭身模特兒
沒有畫什麼陰影的時裝設計圖，參考模特兒的比例輪廓再小一號。

5 九頭身模特兒
為了更強調服裝而採用九頭身模特兒。應用八頭身模特兒描繪。八頭身模特兒其模特兒描繪的基準的關節和胸部的位置正好是頭身的號碼，或剛好來到正中間，所以比例剛好很好畫。(例如：胸部是②、腹股溝是④、膝蓋是⑤和⑥的正中間…等。但是，如果分成九等份就很難定出基準位置。)

擺姿勢 以各關節為起點移動身體。據説利用其中一隻腳支撐身體的「單腳重心的姿勢」是最美的站姿，走路也是其中一種。有以下二點特徵：
1 重心腳的該側的腰線一定要往上斜。
2 用單腳支撐體重時，支撐腳的腳踝一定要在重心線附近。

著裝

依照人體身體的動作和角度讓模特兒穿上衣服。要以人體的正中線為服裝的前中心著裝。

上半身衣物(tops)：注意手臂的運動量，肩膀和腋下要有足夠的活動空間為重點。不過，無袖的上衣腋下則要合身。

下半身衣物(buttons)：配合腰部的動作著裝。布料的紋路和腰線成直角。

那麼我們就用第二章的3「創意設計/來自油畫的構想(p105~106)」幫模特兒穿上自己所設計的服裝吧。

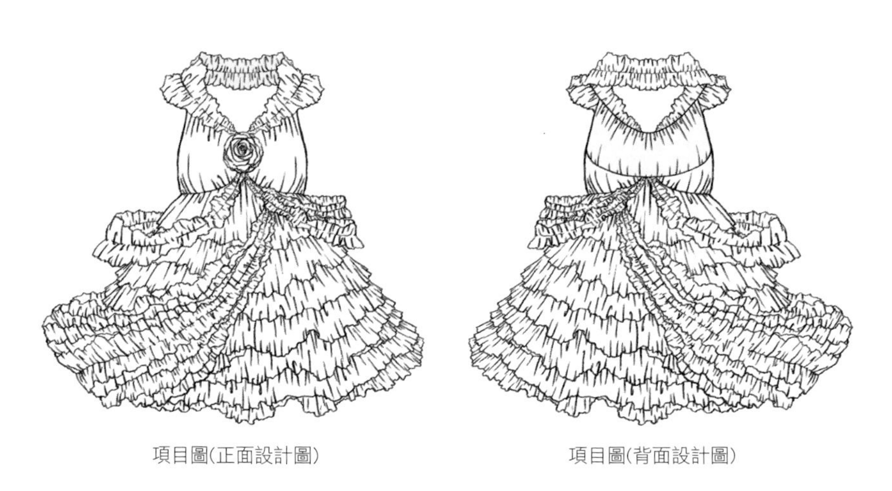

項目圖(正面設計圖)　　項目圖(背面設計圖)

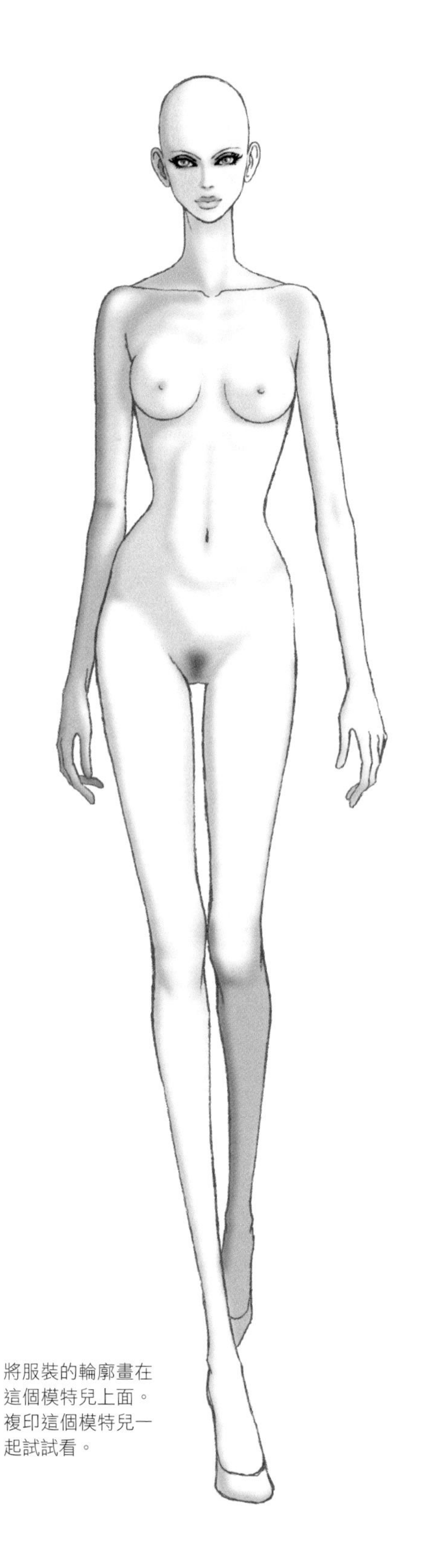

將服裝的輪廓畫在這個模特兒上面。複印這個模特兒一起試試看。

❶前頸點

❷軀幹的正中線

❸腰線是連結左右變細的部份的一條線。因為重心在面對的左腳，所以稍微斜往左上方。

❹腰的正中線和腰線成直角。這條線為下半身衣物的布料紋路走向。

❺因為是朝向正面，所以和腰的正中線距離同寬。

❻因為是無袖的，所以腋下要合身。

1 首先將服裝的輪廓畫在模特兒上面。

2 接著畫出服裝的細部構造。

3 斜披的大小的皺褶飾邊的帶子是這個服裝的設計重點。

4 仔細的畫上和項目圖等比例的每一處設計。

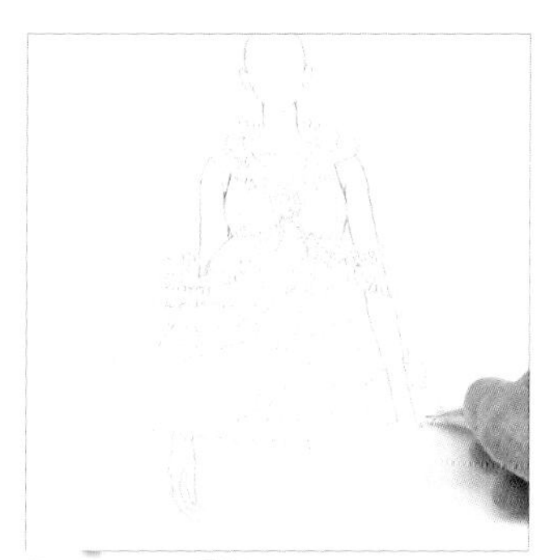

5 塔型的裙子呈不規則形狀。

6 畫上縮皺等更細小的地方。

7 髮型。

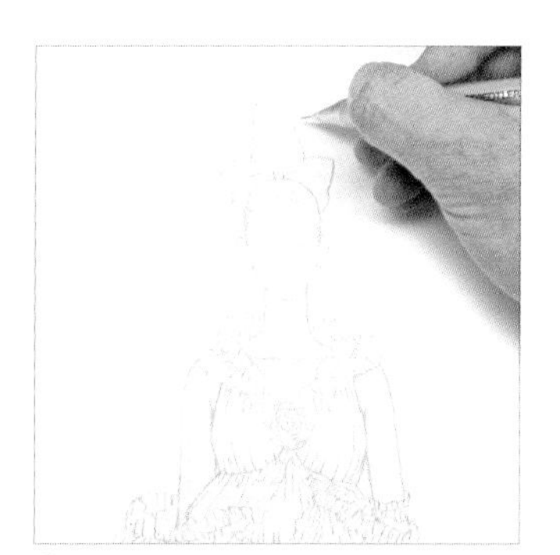

8 畫好輪廓之後，再畫上頭髮的細部線條。

9 畫出套在手上皺摺狀帶子的髮圈。

10完成。

陰影

成衣商除非是展示用的插圖，否則很少會畫顏色和圖案，所以現在我們來探討陰影的畫法。畫上陰影之後，細部結構就很有立體感，具有讓設計更明確的優點。陰影大致上有三種。

輪廓的強調 在每一個圓柱體的輪廓線上平行的畫上陰影。

連身裝因為是一整個圓柱體，所以沿著左邊或右邊的輪廓線畫上陰影。因為是朝向光源斜向右上方，所以在輪廓線的左下方畫上陰影。

模特兒從頭部到軀幹為一個圓柱體。然後每一隻手和腳各為一個圓柱體，所以要分別畫上陰影。

立體部份

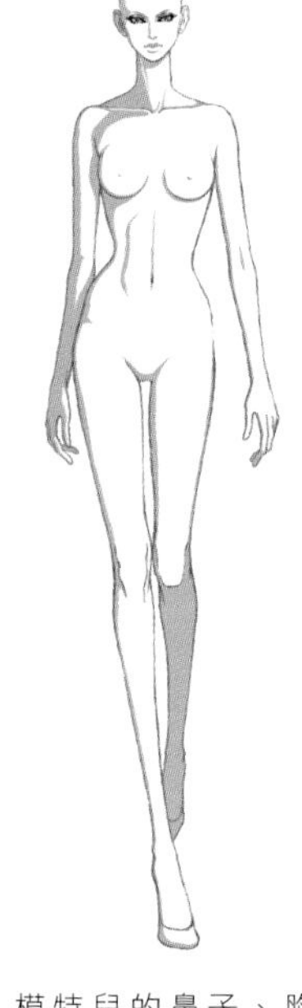

畫出衣服的線當中除了縫線以外的線基本上是立體的，所以要畫上陰影。
例如
袖孔的線：因為是縫線所以不畫陰影。
畫出皺摺的線：不是縫線，而是呈現出立體感的線，所以要畫上陰影。

模特兒的鼻子、胸部、彎曲的膝蓋下要畫上陰影。

皺摺

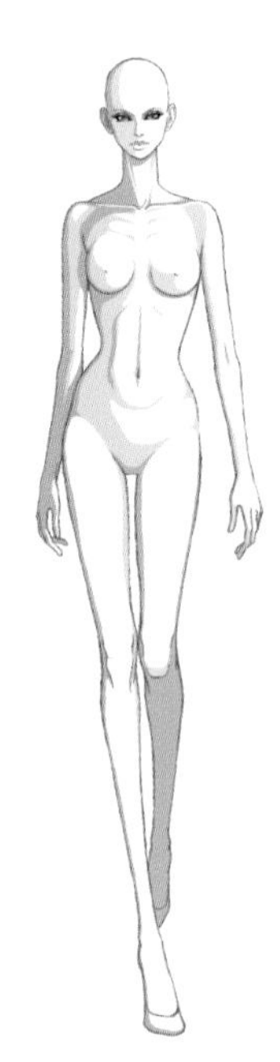

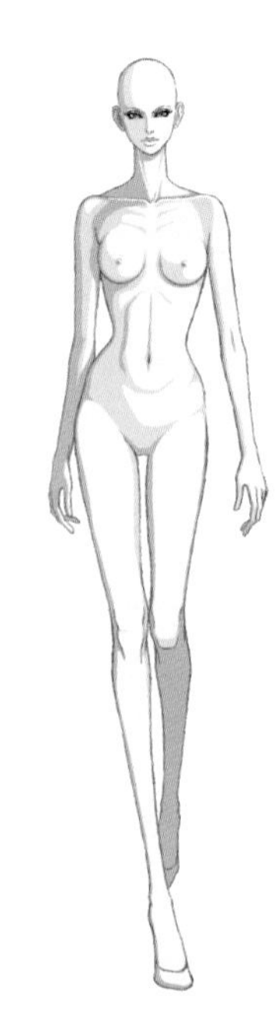

皺摺線的左下方畫上陰影。越深的皺摺面積越大。

畫上中間色呈現出人物光滑的局部。

再幫模特兒畫上光澤。因為光源位在右上方，所以全部畫在右側。

色彩變奏曲

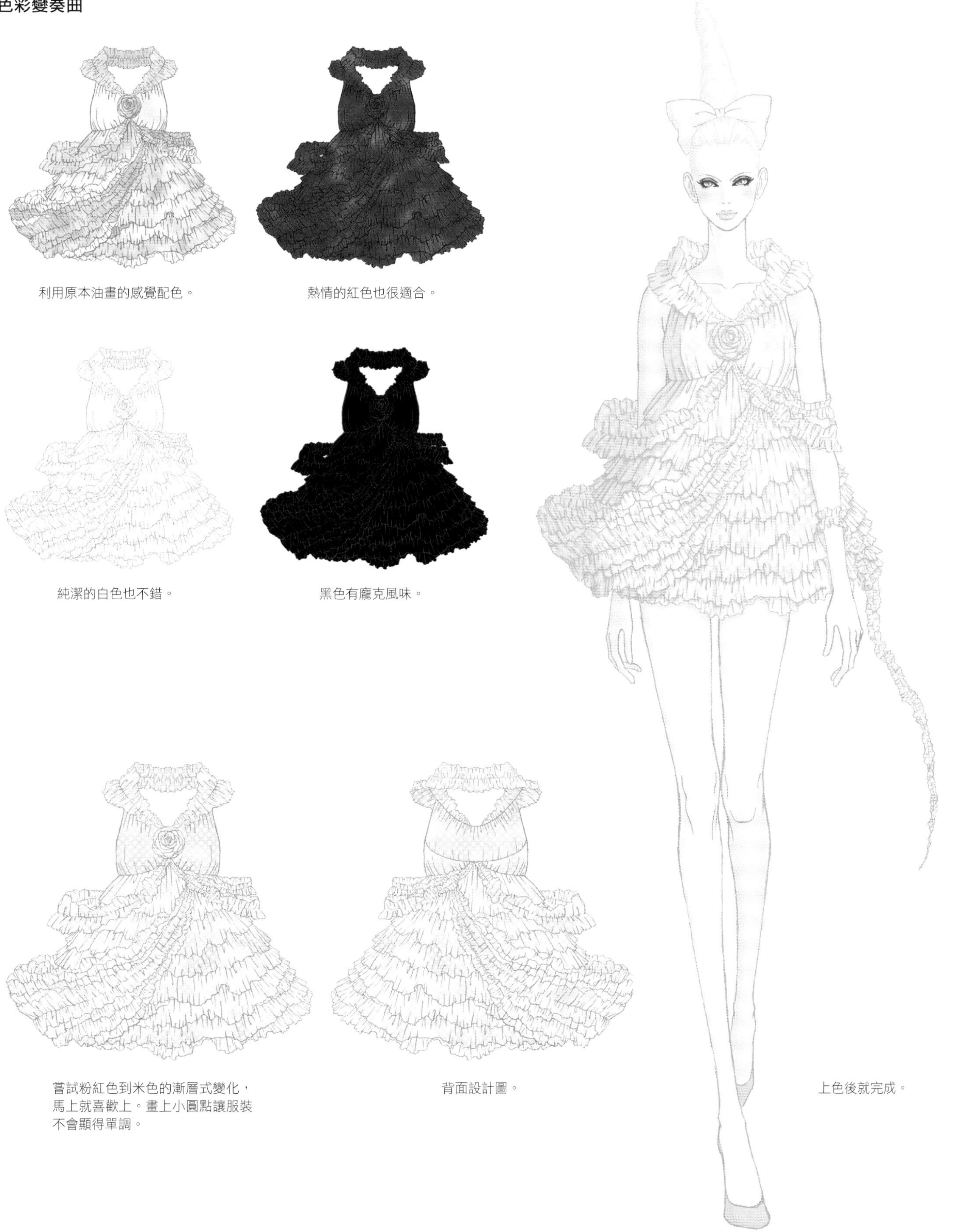

利用原本油畫的感覺配色。

熱情的紅色也很適合。

純潔的白色也不錯。

黑色有龐克風味。

嘗試粉紅色到米色的漸層式變化，
馬上就喜歡上。畫上小圓點讓服裝
不會顯得單調。

背面設計圖。

上色後就完成。

Section 2 以概念為優先的設計圖「時裝設計草圖」

看過時裝秀或時裝比賽的設計圖就會發現和真我霓裳的成衣製造商的設計圖明顯不同。

那就是服裝的設計或項目的設計圖的功能是把形象藏起來、優先表現設計背景的概念和精髓。

因為相對於採分工制的成衣製造商要求分成打樣師和MD的具體的設計圖，時裝秀和時裝比賽從頭到尾都是親手指導或製作，所以比起傳達服裝的細微造型或構造，更強烈講求呈現概念或世界觀、設計、精髓。

實際聽取比賽的審查委員的意見之後發現，有人對於乍看之下就可以想像出實物的設計圖不感興趣。

也就是説，他們要的是會激起好奇心想要知道「究竟會是什麼樣子的服裝？」，並且在好幾張候補的作品中找尋引人注目的設計圖。

要畫出這樣以概念為優先的設計圖，被認為最有效的技巧就是「時裝設計草圖」。

草圖是指利用素描捕捉對象物的本質，在短時間內呈現出來的技法。

抓住對象物整體的律動感是很重要的，第一眼給人強烈的印象，所以是最適合比賽的技法。

時裝設計草圖的重點是只擷取設計上重要的重點和精髓，極力排除不用畫也可以想像出來的部份。

在腦海中先畫好設計圖，設計出概念，概念成形之後，一口氣的在短時間內畫出來。

時裝設計草圖的步驟

時裝設計草圖是捕捉整體的大膽技法，不過很難隨心所欲的一下子就畫在白紙上。所以我們從精細的表現依序開始進行。

精密畫

首先仔細觀察輪廓和細部項目的特徵，精細的畫出來。如果連細微部份也能觀察到的話就能捕捉到對象物的陰影。陰影的畫法同P128。在「輪廓的強調」「立體部份」「皺摺」這三部份仔細畫上陰影。光源是面對的右斜上方。

1 複印第127頁的插圖，畫上陰影。將鉛筆橫放，輕輕的將筆心在紙上畫。

2 用棉花棒磨擦陰影讓它暈開。超出來的話用橡皮擦擦乾淨。

3 反覆這些動作就呈現這種感覺。

陰影的二段式變化

畫出強調整體陰影沒有灰色的黑白畫像，做為時裝設計草圖的影像來源。

用PHOTPSHOP掃描，進行「影像」→「色調補正」→「二段式變化」。變成一幅生動的畫像。

時裝設計草圖的練習

用水稀釋不透明水彩。墨汁的濃度最恰當。

準備A4紙，畫一條直線，下1/4畫出飛白是剛好的濃度。重要的是要將整隻筆沾滿水彩。

粗線是將筆橫臥畫得粗粗的。將筆尖用力往下壓，用筆腹畫。「壓、貼、用力壓」的感覺。

細線是將筆立起來畫出細細的線條。不要用力壓筆尖，只用筆尖畫。「嘶、沙、咻」的感覺。

時裝設計草圖的三項技法

時裝設計草圖依輪廓的畫法分為三種技法。
靈活運用這些技法找出自己的風格。
影塗法：整體的1/4塗色的技法。
面塗法：整體的3/4塗色的技法。
混合技法：上述二種技法搭配使用的技法。

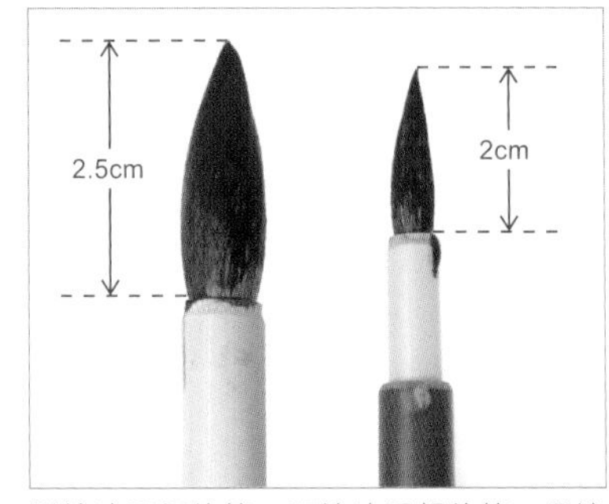

影塗法用細的筆，面塗法用粗的筆。用這種筆畫在B4的紙上。

影塗法

因為白色的部份較多，細部構造也可以表現出來為其特徵。

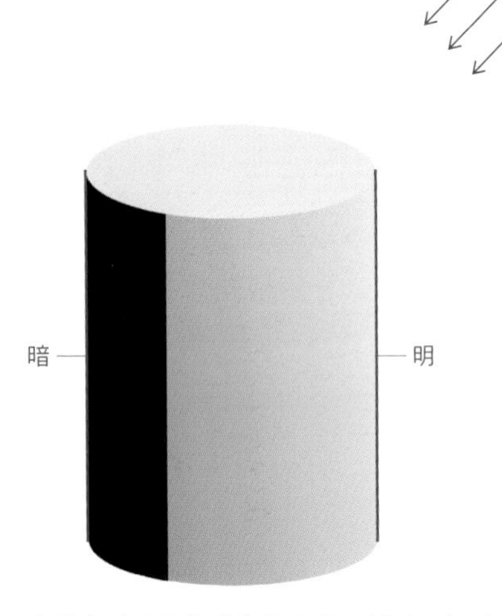

人的身體是圓柱體的集合體，所以要想到圓柱體的陰影。背光的左側會有陰影，所以左邊1/4處畫上粗線。

練習

1 陰影該側的輪廓線要畫粗。

2 決定寬度。※面向光源往斜向右上方，所以下面的輪廓線較粗。

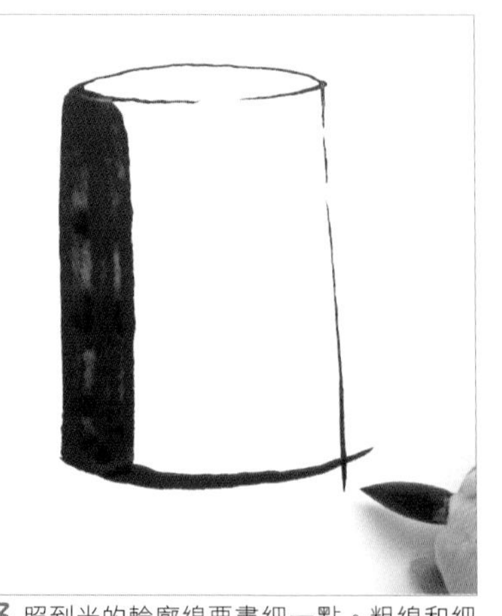

3 照到光的輪廓線要畫細一點。粗線和細線的比例約10:1。

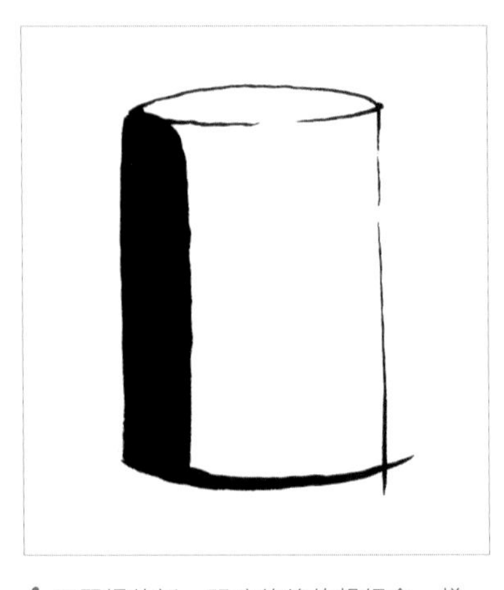

4 不習慣的話，明暗的線的粗細會一樣，如果可以確實畫出線的粗細度的差別，就可以畫出很棒的時裝設計草圖，所以要多練習掌握住訣竅。

利用影塗法畫畫看 模特兒。

1 空無一物會很難著手，所以可以將模特兒的精密畫(P126)墊在下面練習。所以紙張是使用可以看到下面的描圖紙。首先從臉部開始。有陰影的地方全部塗上。

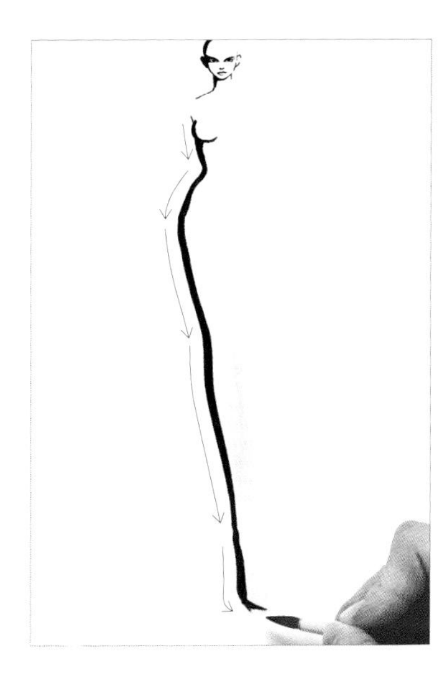

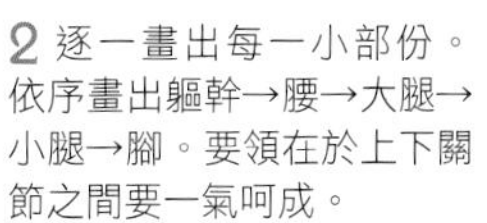

2 逐一畫出每一小部份。依序畫出軀幹→腰→大腿→小腿→腳。要領在於上下關節之間要一氣呵成。

3 手臂是從鎖骨連動下來的，所以要畫在一起。

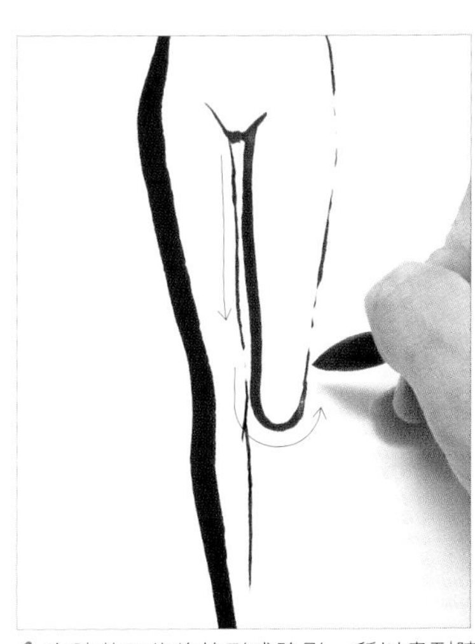

4 左膝蓋下往後抬形成陰影，所以畫到膝蓋。

5 將筆橫放用粗線一口氣畫出小腿的形狀。將筆立起來或橫放調整粗細度。

6 畫上左手臂，模特兒就完成。

著裝

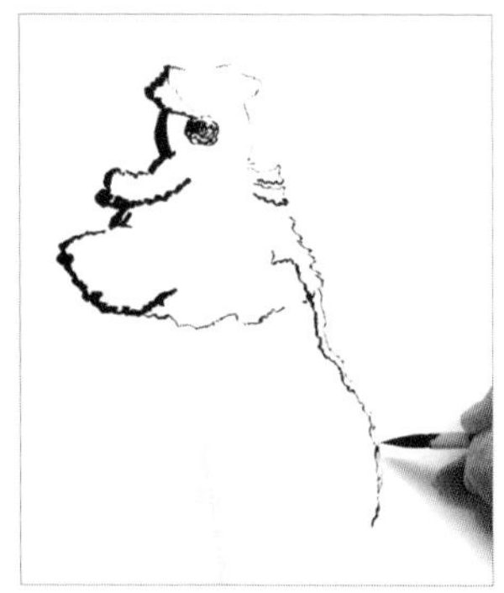

1 服裝也一樣將精密畫墊在下面描摹。首先畫出強調輪廓的陰影。左邊畫粗一點，右邊畫細一點。

2 畫出細部項目。想像光源在右上方，每一部分的左下方要畫粗一點。

3 塔裙要有韻律的畫上。

4 畫好服裝之後畫上人物，也畫上髮型和蝴蝶結。

5 完成。

應用　嘗試改變模特兒和服裝的顏色。顯得很生動。

塗上顏色顯得更加有生命力。多方面試試看吧。

面塗法 為幾乎沒有白色的部份，所以可以說是重視輪廓的技法。

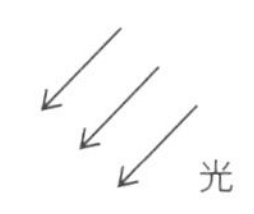

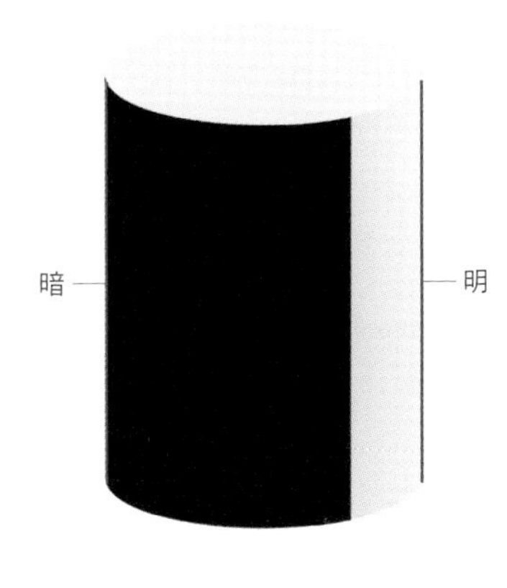

人的身體因為是圓柱體的集合體，所以要注意到圓柱體的陰影。背光的左側會有陰影，所以右邊1/4不上色。

練習

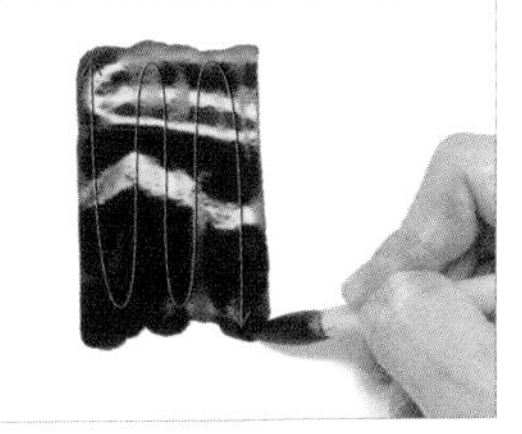

1 塗上陰影部份。因為面積很大，所以只有一隻筆的話畫不出來，所以要將筆橫放上下運筆。重點在於筆不要離開畫面直到畫完為止。

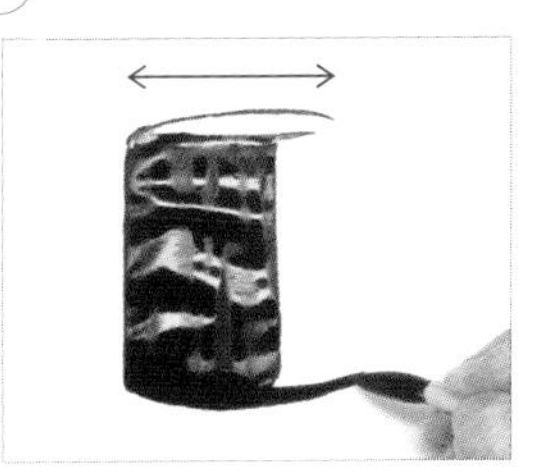

2 決定寬度。

3 細細畫出照到光的輪廓線。

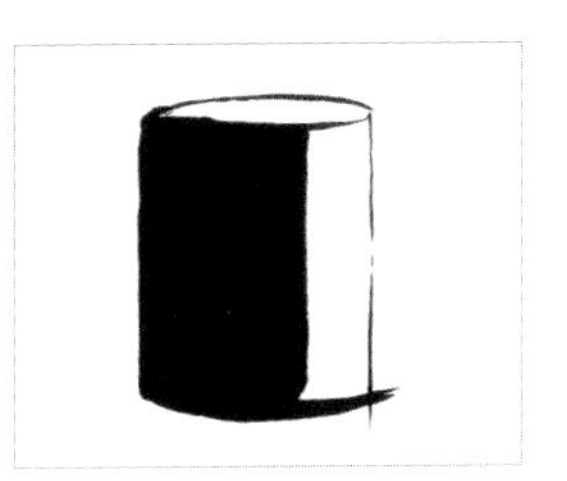

4 粗線和細線的比例為20:1。有很大的落差。此落差會產生對比效應。

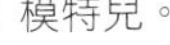

利用面塗法畫畫看 模特兒。

1 空無一物的話會很難著手，所以可以將模特兒的精密畫(P126)墊在下面練習。所以紙張是使用可以看到下面的描圖紙。首先從臉部開始。因為是面塗法，所以要用筆腹全部塗上。

2 逐一畫出每一小部份。從頸部→軀幹→腰一口氣塗滿。細的線之後再追加。

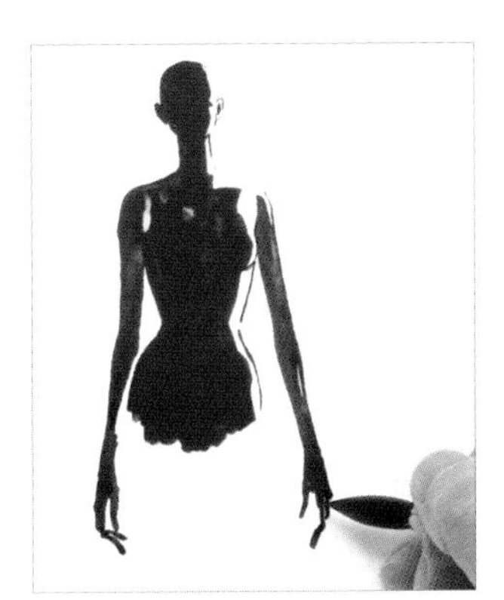

3 手臂因為較細，所以筆不要壓太用力，用筆尖畫。

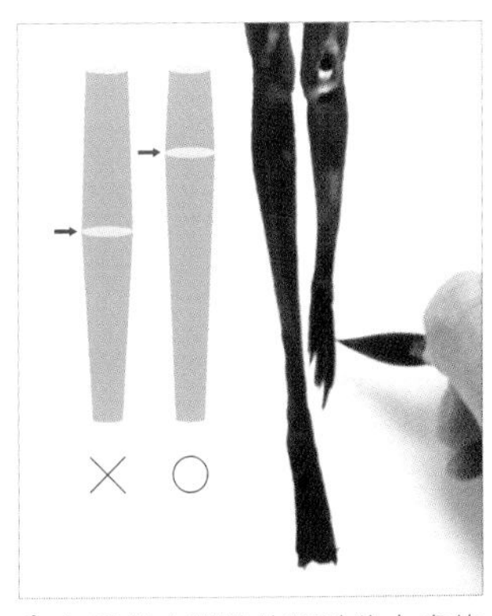

4 如果從小腿肚的頂點往上畫的話，腳看起來會比較長，不妨試試看。

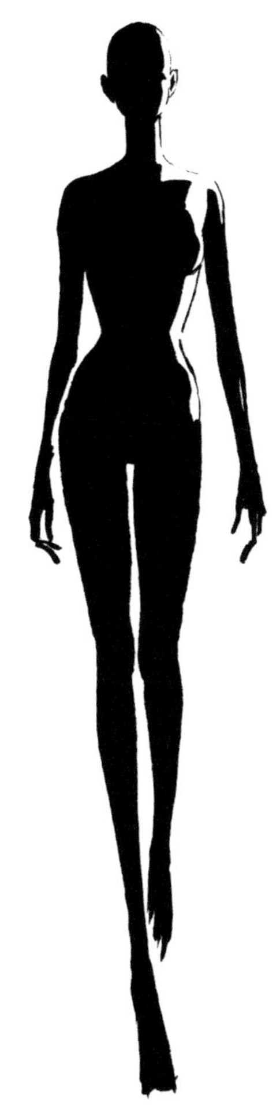

5 完成。

著裝

1 服裝也一樣將精密畫墊在下面描摹。首先畫出強調輪廓的陰影。皺紋飾邊用筆「咚、咚、咚」的有節奏性的像敲擊般的畫在紙上。大的皺褶飾邊就用力一點，小的飾邊就輕一點的點上去。

2 繼續畫上去。不要塗滿，保留空隙以便分得出每一細部構造。

3 畫好之後再畫上模特兒。

4 也畫上髮型和蝴蝶結。

5 完成。

應用 嘗試改變模特兒和服裝的顏色。會顯得很生動。

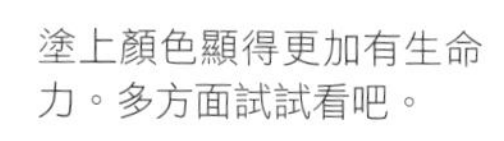

塗上顏色顯得更加有生命力。多方面試試看吧。

混合技法　以「面塗法」為底，再利用「影塗法」在上面畫出層次感。

練習

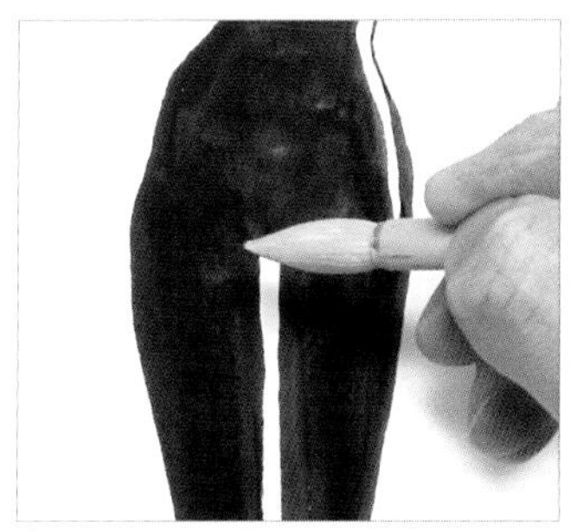

1 因為是使用不透明水彩，所以也可以在深色上面塗上淺色。

2 塗在上面的顏料的濃度稍微深一點比較好。

3 先塗一遍。來回塗的話底色會溶化，所以要俐落的塗上去。

4 看得到底層的顏色時就再塗一次。

5 面塗法塗完之後，再畫上影塗法。

6 接著畫上陰影。

5 完成。

將設計圖的造型圖(左)和以概念為優先的項目圖「時裝設計草圖」(右)左右並列看看。果然是右邊的圖比較生動。

利用混合技法畫畫看。

影塗法用黑色的混合技法。很有層次感。

變奏曲

陰影的色澤畫淡一點，在連身裙和蝴蝶結上畫小點點的是範例的插圖。

1 畫出「精密畫」模特兒。發現利用「混合技法」畫出的服裝的視覺效果更佳。

2 服裝的色彩變奏曲①

用「面塗法」畫模特兒、「混合技法」畫服裝，強調出服裝的立體感。要讓有透明感的白色服裝更加顯眼也可以用深色的背景。

3 服裝的色彩變奏曲②

利用「混合技法」讓模特兒白色的比例多一點，用「面塗法」讓黑色部份的比例多一點來強調服裝，設計出龐克的感覺。用粉紅色做背景，製造出顏色的對比。

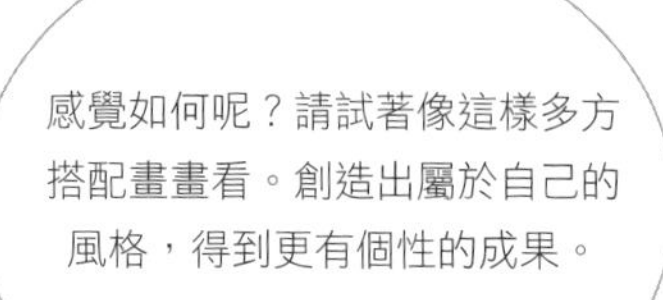

感覺如何呢？請試著像這樣多方
搭配畫畫看。創造出屬於自己的
風格，得到更有個性的成果。

Chapter5

時裝設計圖的設計流程

從“設計構想”到“畫設計圖”

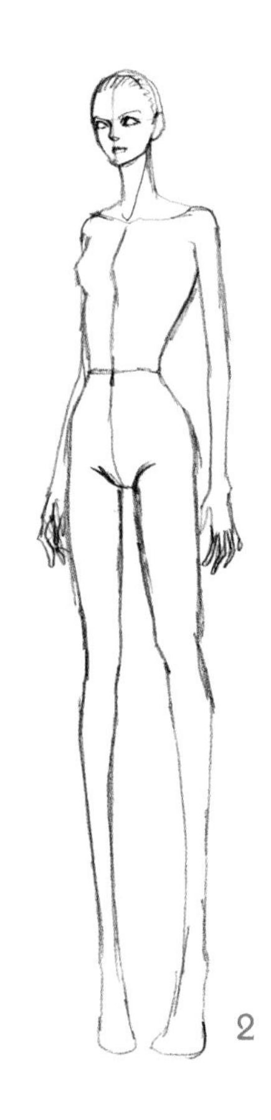

1 我們來看看以五頁的「服裝」為主題的時裝師設計圖的過程。首先是設計構想。服裝的款式有很多，因為想說裙子的長度比內衣短得很少，所以就嘗試設計看看。時裝設計草圖的表現方法是適合輪廓鮮明的服裝，所以有注意到要讓輪廓鮮明生動。

2 設計姿勢。因為想要凸顯後面的帶子，所以讓模特兒斜向一邊。

3 模特兒著裝草圖的完成。因為髮型的造型是懸空的，所以模特兒朝向側面比較看得清楚髮型。

從“畫筆盒”到“PHOTOSHOP掃描”“線條畫的透明化”

4 將草圖墊在下面在描圖紙上畫時裝設計草圖。全部用「影塗法」。畫好之後用PHOTOSHOP(CS5)掃描。「檔案」→「讀取」→設定手邊的掃描機。
色彩：灰階
解析度：400dpi

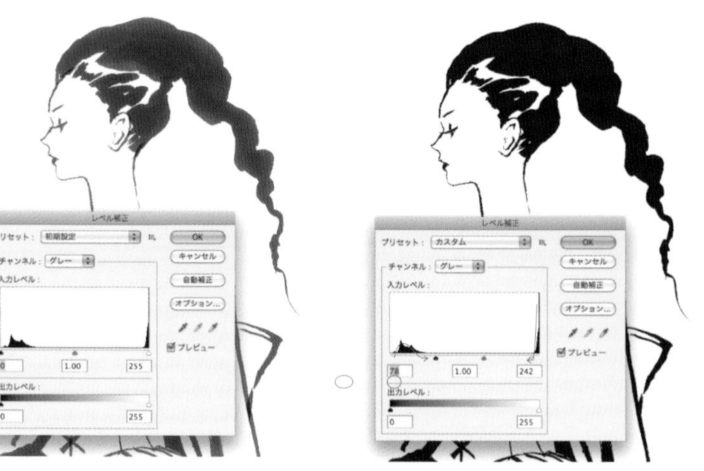

5 掃描之後會發現部份變色，所以要進行色彩校正。「影像」→「色彩校正」→「色差校正」

6 移動左右的滑塊讓明暗度更鮮明。要領在於設定越過底點。

7 色彩校正完成結果。

8 讓線條畫的背景變透明。

❶叫出圖層(layer)的調色板。「window」→「圖層」

❷點選圖層右上方的三角形。選擇「複製圖層」製作「複製背景」

❸從工具列選擇自動選取工具(「※」有一條槓的)，點選「複製背景」的白色部份。

❹選擇所有白色部份。「選擇範圍」→「相近色的選擇」

❺用del鍵消去白色部份

❻消除原本的線條畫。點選調色板的「背景」圖層的名稱部份，點選「選擇範圍」→「全選」，按del鍵。

❼點兩下「複製背景」的圖層的名稱部份，用鍵盤將名稱改為「Line」。

點一下「背景」圖層的點選格隱藏起來，確認是否只呈現線的狀態。

結構分解

9 用套索工具選擇頭髮。

10「選擇範圍」→「用快速遮罩模式編輯」。紅色部份為沒有被選到的部份。

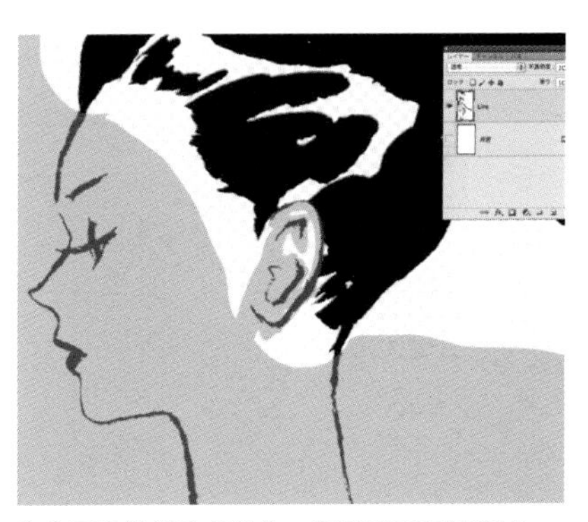

11 耳朵部份是多選的，所以刷子工具塗掉。

12 點選「選擇範圍」→「用快速遮罩模式編輯」，恢復到原本畫面，點一下調色板右上的三角形。選擇「複製圖層」製作「Line的複製」，按del鍵去掉頭髮部份。

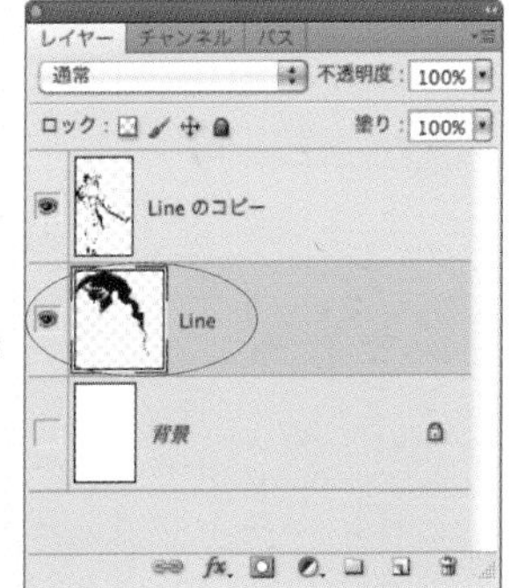

13 點一下「Line」的名稱部份。「選擇範圍」→「反轉選擇範圍」，按del鍵，製作只有頭髮部份的圖層。

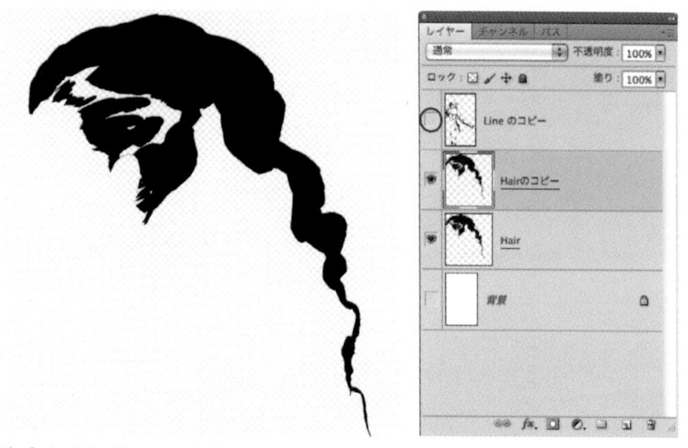

14命名為「Hair」複製圖層。點選頭髮以外的眼睛隱藏起來。

15然後點選「Hair的複製」圖層的點選格，點選調色板的「Hair」圖層的名稱部份，將掉色的部份用刷子工具塗滿。

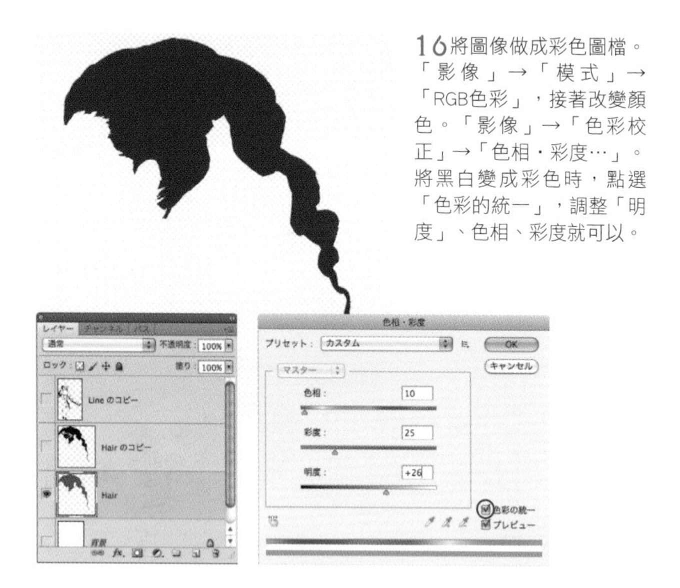

16將圖像做成彩色圖檔。「影像」→「模式」→「RGB色彩」，接著改變顏色。「影像」→「色彩校正」→「色相・彩度…」。將黑白變成彩色時，點選「色彩的統一」，調整「明度」、色相、彩度就可以。

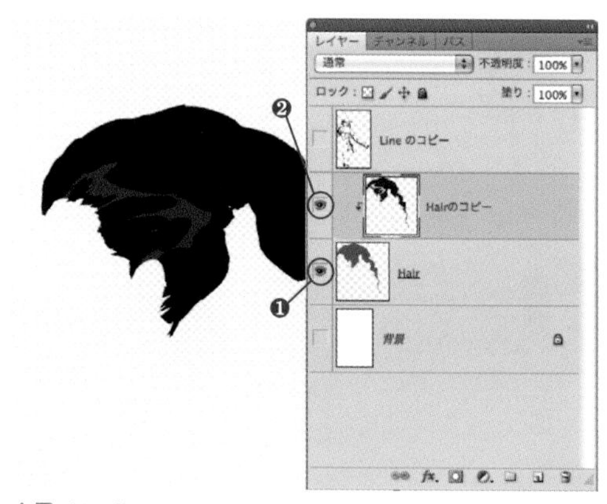

17點選「Hair的複製」塗層的名稱部份，再點一下點選格，讓圖層可以看得見，「圖層」→「製作剪裁遮色片(Clipping mask)」。下面的圖層❶是「面」的顏色，上面的圖層❷是「陰影或線」的顏色。反覆此動作就可以進行結構分解。

18將每個結構的面圖層和影(線)塗層分開，剪裁遮色片化之後的結果。注意調色板上圖層的位置。例如，細帶子因為在粗帶子上面，所以調色板上的細帶子(belt1)圖層也要再粗帶子(belt2)圖層上面。點選「背景」圖層的點選格變成白色。

從“色彩調配”到“圖案的設定”

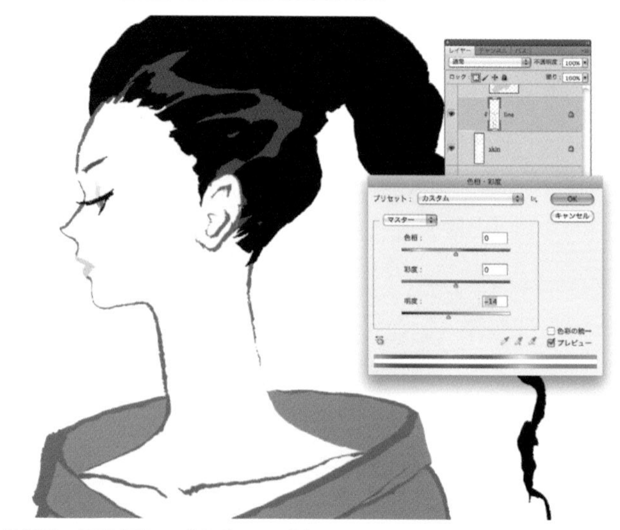

19逐一調整顏色。「影像」→「色彩校正」→「色相・彩度…」。顏色部份不用點選「色彩的統一」，直接利用滑塊調整。

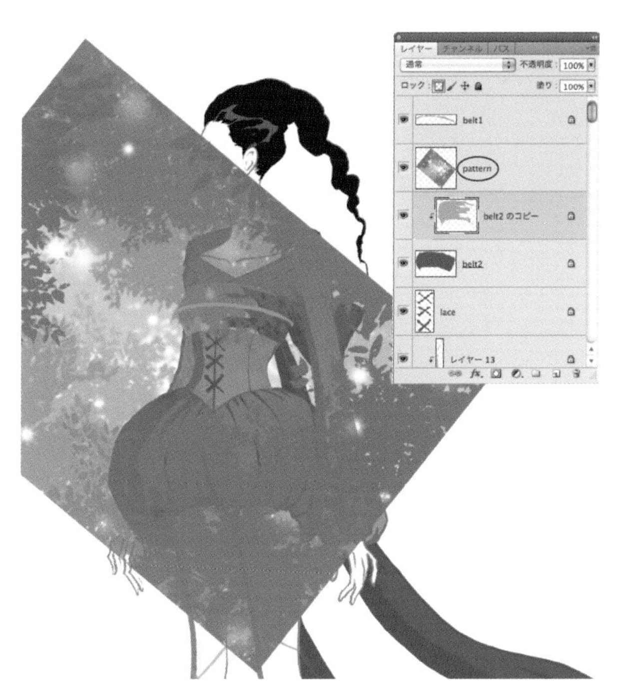

20可以加入其他方法做出來的圖案。首先打開圖案的檔案複製。「選擇範圍」→「全選」，「編輯」→「複製」。回到圖案的檔案「編輯」→「黏貼」。命名為「pattern」。

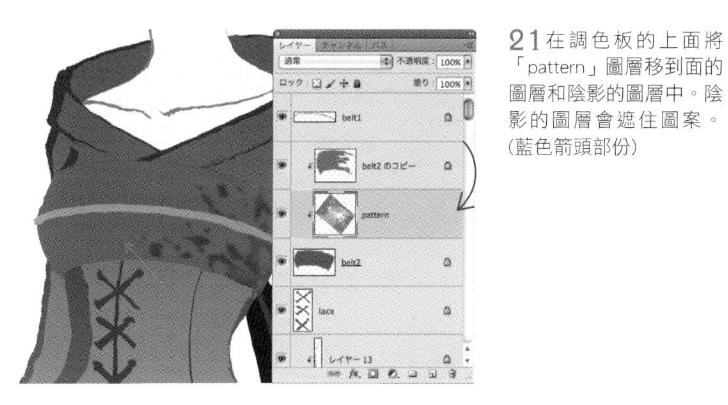

21在調色板的上面將「pattern」圖層移到面的圖層和陰影的圖層中。陰影的圖層會遮住圖案。(藍色箭頭部份)

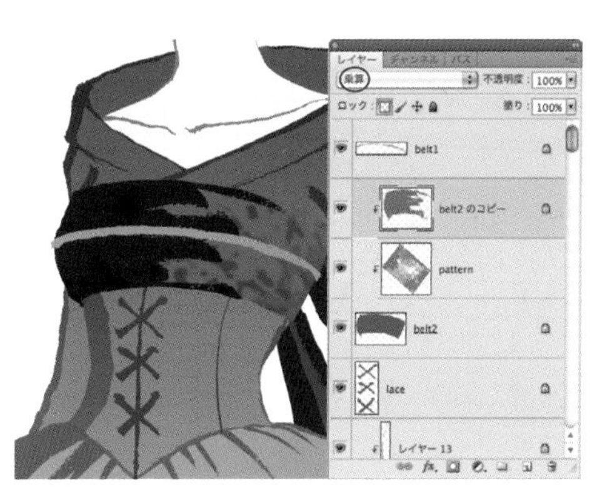

22將圖層由「一般」改為「乘法」，讓整個圖案都看得見。反覆此動作，進行「色彩調配和圖案。」

上妝

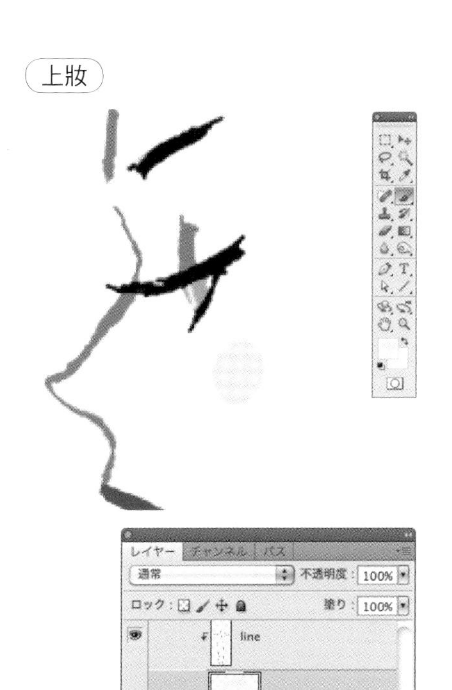

23畫腮紅。在皮膚的面圖層(「skin」)和剪裁遮色片化的線圖層(「line」)之間製作新的圖層，用刷子畫圓製作「腮紅(cheeks)」。

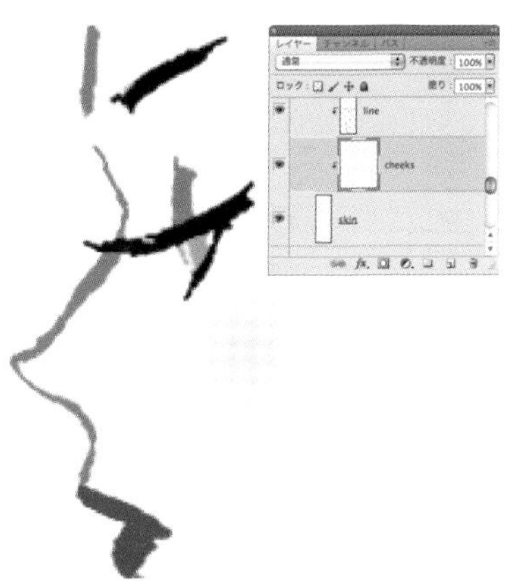
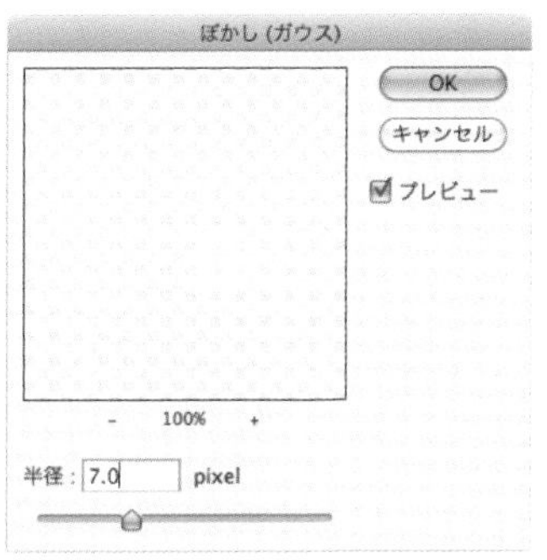

24選擇「濾鏡(filter)」→「漸層」→「高斯模糊濾鏡」半徑為7pixel。眼影也一樣，用刷子畫好之後做漸層處理即可。

25完成。

P004-005的其他設計圖也用同樣的技法繪圖。

結語

大家覺得如何呢？經常有新的設計構想，並且充滿個性的將構想表現出來，是一件很不容易的事。如果有提高想像力的方法的話，盡量不要保持著固有觀念。因為如果堅持己見的話，就不會有新的創意。
要能有「耶！這裡設計得很有趣」或「喔！這是新的設計」這種感觸，重要的是不能被自己以往的經驗所束縛。因為這就像曾被誇讚過「很適合你」之後就一直穿同樣的服裝一樣。要捨棄曾被誇讚過的事物是一件很難的事情，不過放眼前方繼續前進才是流行。
首先持續注意這一點試試看。
據說設計師必須要有察覺時代潮流的能力。什麼是時代的潮流。簡單說就是「過去沒有」的部份。去年所沒有的穿法或服裝。因為每年都會出現，所以流行是一直在進化的。也就是說，能不能注意到去年所沒有的東西是很重要的。以前看過的穿法但整體的比例不同，或是過去所流行的服裝但材料不同……等注意到小地方的變化。以及「為什麼現在會流行這種服飾呢？」根據時代背景來思考…這就是察覺時代潮流的能力。
這種能力是以細心學習為基礎所產生的。服裝的輪廓、細部構造、素材、表現技法……。自然而然的就不會漠不關心，仔細的觀察、理解會讓你更上一層樓。
加油！（^__^）
最後，衷心感謝一直鼓勵我的，從學生時代就認識的好友們，以及工作上認識的所有朋友。真的非常謝謝。

高村是州

TITLE

時裝設計 第一本教科書

STAFF

出版 三悅文化圖書事業有限公司
作者 高村是州
譯者 林麗紅

總編輯 郭湘齡
責任編輯 王瓊苹
文字編輯 林修敏 黃雅琳
美術編輯 李宜靜
排版 何佳芬
製版 明宏彩色照相製版股份有限公司
印刷 桂林彩色印刷股份有限公司
法律顧問 經兆國際法律事務所 黃沛聲律師

代理發行 瑞昇文化事業股份有限公司
地址 新北市中和區景平路464巷2弄1-4號
電話 (02)2945-3191
傳真 (02)2945-3190
網址 www.rising-books.com.tw
e-Mail resing@ms34.hinet.net

劃撥帳號 19598343
戶名 瑞昇文化事業股份有限公司

本版日期 2015年1月
定價 400元

ORIGINAL JAPANESE EDITION STAFF

編輯 永井麻理(グラフィック社)
書籍設計 山口至剛設計室（海老原洋司．金岡直樹・多菊祐介）

國家圖書館出版品預行編目資料

時裝設計：第一本教科書／高村是州著；林麗紅譯.
-- 初版. -- 新北市：三悅文化圖書，2012.03
144面；28x22 公分
譯自：ファッションデザイン・アーカイブ
ISBN 978-986-6180-96-5 (平裝)

1. 服裝設計

423.2 101003604